과학에 도전하는 과학

과학기술학STS을 만든 사람들

브뤼노 라투르 외 지음
홍성욱·구재령 엮고 옮김

일러두기

- ‘원주’라고 표기한 것을 제외한 모든 각주는 엮은이가 첨가한 주다.
- 장별 옮긴이는 각 장이 시작하는 쪽에서 확인할 수 있다.
- 단행본은 겹낫표(『』), 잡지는 겹화살괄호(《》), 논문은 낫표(「」), 보고서 및 강의 등은 화살괄호(〈〉)를 사용했다.

목차

책을 내며 4

STS 용어 해설 8

STS의 계보 24

1부 STS의 시작에서 전 지구화까지

1장 전 세계가 STS가 되고 있다 | 브뤼노 라투르 28

2장 항상 스스로 새롭게 만드는 STS | 쉴라 재서노프 60

2부 확장된 STS의 여러 얼굴들

3장 STS 공부와 실행의 길들 | 위비 바이커 82

4장 STS와 그 도전적인 의무들 | 도널드 맥켄지 106

5장 존재론적 불복종 프로그램으로서 STS | 스티브 울가 130

6장 스스로 깨서 거듭나는 STS | 해리 콜린스 156

3부 학문과 실천으로서의 STS

7장 공공 프로젝트로서 과학과 성찰적 이성 | 브라이언 윈 188

8장 대안적인, 더 나은 세계를 상상하며 | 아델 클라크 218

9장 과학기술사에서 STS로, 그리고 한국의 STS로 | 홍성욱 256

엮은이 후기 284

찾아보기 292

책을 내며

홍성욱

확실히 변화를 느낀다. 10년 전만 해도 "STS*를 합니다." 하면, 대다수는 그게 뭔지 다시 물었다. 요즘은 "아! 예, 중요하지요."라고 반응하는 사람들이 많다. 유럽의 중심에서 브뤼노 라투르는 "전 세계가 STS가 되고 있다."라고 일갈했는데, 한참 떨어진 동아시아 한반도에서도 뭔가 꿈틀거리고 있음을 느낀다. STS를 향한 갈망이다.

STS는 현대 사회를 특징짓는 숱한 테크노사이언스와 비인간을 다룬다. 이 책에서 아델 클라크Adele E. Clarke가 지적했듯이, "인간 역사에서 한때 장식품이었던 과학기술이 이제 중요한 행위자가 되었다." 도널드 맥켄지Donald MacKenzie가 말하듯, 인문사회과학에서 말하는 근대는 하나의 테크노사이언스technoscience** 프로젝트이다. 근대에 머물러 있을 것인가, 근대를 넘는 탈근대를 막연히 꿈꿀 것인가, 아니면 근대의 본질을 꿰뚫고 거기서 나올 것인가. STS를 알면 마지막 기획을 할 수 있다.

STS는 인류세Anthropocene에 의한, 인류세를 위한 학문이다. 기후 위기의 본질을 간파하기 위해서는 기후가 자연이자, 과학이자, 정치임을 이해해야 한다. 그러나 높은 칸막이에 갇힌 기존의 인문학 및 사회과학 분과에서는 이런 통찰을 제공할 수 없다. 위기를 넘기 위해서는 테크노사이언스와 산업의 발전을 늦추거나 그 방향을 틀어야 하는데, 기술결정론, 경제결정론, 돈의 지배를 당연하게 생각하는 기존의 공학과 경제학은 엄두를 내지 못한다. STS는 인류세를 위해, 위기의 시대를 위해 힘을 키워 왔고, 이제 서서히 전면에 나서고 있다.

STS는 거대 이론 같은 것을 맹신하지 않는다. 작은 사례에 대한 경험적 연구를 중요하게 생각하고, 젊은 세대에게 이런 연구를

---

* 과학기술학(Science and Technology Studies). 종종 과학기술과 사회(Science, Technology and Society)의 약어로도 쓰인다.

** 테크노사이언스는 기술과 과학을 합친 표현으로, 적어도 근대에서는 과학 지식이 오로지 텍스트로 존재하지 않고, 기술 인공물 및 네트워크에 의해 만들어지고 지속된다는 점을 함의한다. 과학과 기술은 서로 연결되어 함께 성장하며, 과학 지식이 유지되거나 발전하기 위해서는 기술 인프라가 뒷받침되어야 한다.

수행하라고 독려한다. 일흔이 넘은 노학자도 테크노사이언스의 현장을 찾고 연구자를 인터뷰한다. 이론이 아니라 사례에서 테크노사이언스와 사회의 복잡하고 예측하기 힘든 상호 구성이 지닌 살아 있는 활력을 느끼고 포착할 수 있기 때문이다. 이로부터 STS가 갖는 급진적이고 전복적인 속성이 태동한다.

가끔 STS가 어렵다는 얘기를 듣는다. STS는 우리가 상식이라고 생각하던 관념에 도전하기 때문일 것이다. 과학은 객관적이다, 기술은 진보한다, 경제는 발전(해야)한다, 시장은 만능이다, 인간은 인간다워야 한다, 과학의 힘을 가지고 이데올로기와 싸워야 한다, 기계는 인간을 소외시킨다, 사물의 본질은 변하지 않는다, 세상은 본래 그렇다, 지구는 죽어 있다 등등. 이런 당연한 담론에 STS는 도전한다. 스티브 울가Steve Woolgar가 보이듯이, STS는 스스로 안정을 찾지 않으며, 어려운 문제를 찾아다닌다. 이것이 STS가 세상을 보고 느끼고 실천하는 법, 즉 STS 감수성의 꽃이다.

STS가 어려운 또 다른 이유는 STS가 쉽고 단순한 답을 제공하려고 애쓰지 않기 때문이다. 세상이 흑백이 아니라면 흑백 논리의 답은 존재하지 않는다. 그러니 학문이 명쾌한 흑백의 답을 내놓는다면, 이는 도덕적이지 못하고 정의롭지 않을 수 있다. 흑백의 답을 만드는 단순화 과정에는 배제되는 목소리가 있기 때문이다. 브라이언 윈Brian Wynne이 외치듯, STS는 "복잡함을 유지하라!"라는 구호에 공감한다. STS는 소수거나 힘없는 자들의 목소리와 실천을 분석에 포함하려고 노력한다. 그 과정에서 더 많은 이들에게 공통적인 것을 찾고, 이를 바탕으로 세계를 다시 만들려고 시도한다. 특히 무지와 억지가 진리가 되는 지금 시대에, STS를 열심히 공부하지 않는 것은 부당한 권력에 동의하는 일이다.

STS를 공부하는 방법에는 여러 가지가 있다. 대학에서 수업이나 책을 통해 STS를 공부하고, 사례 연구에 천착하는 것이 가장 좋을 것이다. 그런데 다른 학문에 비해 STS는 그 연혁도 짧고, 학문에 종사하는 사람도 적다. 그래서 대학 수업도, 대중 강좌도, 온갖 주제에 대한 친절한 설명을 담은 유튜브도 다른 분야에 비해서 월등하게 적다. STS 학문 공동체는 젊고 활력이 넘치지만, 아직 '임계 질량'에 도달하지 못했다. 갈증이 커지는 것을 알기에 이를 채워 줄 콘텐츠가 더 절실하다.

부분적으로나마 이런 갈증을 해소하기 위해 이 책을 기획했다. 책에 실린 인터뷰는(브라이언 윈의 것과 마지막 인터뷰를 제외하고) 모두 '4SSociety for the Social Studies of Science, 과학의 사회적 연구 학회'에서 출간하는 오픈 액세스open access 학술지 《Engaging Science, Technology and Society》 4호(2018년)에 실린 것들이다. 인터뷰 대상자(인터뷰이)는 STS 첫 세대에 속한 저명한 학자들이고, 인터뷰어는 STS의 커리어를 시작한 지 얼마 되지 않은 소장 학자들이다. 젊음과 노련함이 만나는데, 이런 만남을 통해 암묵지*가 전수된다. 첫 세대 STS 학자들은 STS라는 학문을 개척하는 과정에서 겪었던 흥미로운 에피소드를, 자신이 생각하기에 중요한 학문적 태도나 원칙과 함께 담담히 서술한다. 인터뷰에서 우리는 전기傳記를 통해 사람 냄새 물씬 나는 STS를 접하고 배울 수 있다.

내가 몇 년 전 서울대학교에서 진행한 STS 수업을 들었던 학부 학생들과 함께 이 인터뷰들을 읽고 번역하면서 책을 내자고 의기투합했다. 책을 공동으로 편집한 구재령 선생은 이때 학부생이었는데, 이제 STS 분야에서 어엿한 소장 학자가 되었다. 이 자리를 빌려 인터뷰 초역을 하며 의기투합했던 구재령, 김가환, 김은형, 박재승, 배상희, 배정남, 이지현, 조장현, 최석현, 황정하, 모두에게 감사한다. 아직 시장이 작은 STS 책의 출판을 선뜻 수락한 이음 출판사의 주일우 대표, 꼼꼼하게 책을 손질해 준 이유나 편집자가 아니었으면 책이 세상에 나오기 힘들었을 것이다. STS라는 학문의 묘목에 물과 거름을 준 모두에게 감사한다.

* tacit knowledge, 수영하는 방법을 열심히 읽는다고 수영을 할 수 없듯, 암묵지는 지식 중에서 글로써 전달될 수 없는 지식을 말한다. 사람들 사이의 상호 작용이 개입된 지식도 암묵지인 경우가 많다. 반대말은 명백지(explicit knowledge)이다.

STS 용어 해설

과학사회학/머튼주의Merton School

로버트 머튼Robert K. Merton의 작업을 토대로 1940년대 이후에 발전한 사회학의 한 분과이다. 초기의 머튼은 과학 자체의 사회적 구조보다는 '사회 속 과학'에 관심을 가졌는데, 예를 들어 17세기 영국의 청교주의와 과학의 관계를 통해 과학이 청교주의의 이념을 빌려 와 스스로 정당화했던 과정을 분석했다. 그러나 곧이어 머튼은 과학이 고유한 구조와 에토스ethos를 지닌 공동체라는 점을 깨달았고, '사회적 제도social institution로서 과학'을 연구하기 시작했다. 머튼에 따르면 과학자 공동체는 다음의 네 규범으로 구성된 에토스를 가진다.

(1) 보편주의universalism: 과학의 모든 명제는 보편적인 기준에 의해 평가된다.

(2) 공유주의communism: 과학은 사회적 협동의 결과이고 그 결과가 공동체에 귀속된다.

(3) 무사무욕disinterestedness: 과학은 경제적 보상에 연연하지 않고 지식 그 자체를 추구한다.

(4) 조직화된 회의주의organized skepticism: 과학에서 모든 주장은 경험적, 논리적 기준에 의해 검증되어야 하며, 과학자는 그때까지 회의적인 태도를 유지한다.

나아가 머튼은 과학자 사회의 보상 체계에 주목하였다. 머튼은 연구 성과에 대한 우선권을 주장하는 식으로 발현되는 전문적 인정에 대한 과학자들의 욕구가 과학적 보상 체계의 기초를 이룬다고 주장했다. 머튼이 정립한 과학사회학은 과학을 독자적인 사회적 제도로 파악함으로써 독립된 학문으로 발전할 수 있었다. 과학사회학자들은 산업 과학자, 과학자 사이의 소통, 과학자의 생산성 같은 주제들을 탐구했다. 이후 1970년대에 등장한 SSK는 과학사회학이 과학의 개념, 이론, 방법론 등 과학 지식의 내용은 빼놓고 과학자 공동체의 제도적인 측면만 살핀다는 점에서 한계가 있다고 지적했다. 이 지적은 일리가 있지만, 애초부터 과학자 공동체의 경계를 확인하고 과학자가 지식을 생산하는 동기와 규범을 포착한 과학사회학의 초기 작업이 없었다면 과학 지식의 내용을 분석하는 다음 단계로 진입하기 어려웠을 것이다.

SSK Sociology of Scientific Knowledge, 과학지식사회학

1970년대에 유럽에서 나타난 학문으로 머튼주의에 입각한 미국의 '과학사회학'에 대항한다는 의제를 포함했다. 과학사회학이 과학자 공동체의 규범과 제도에 주목했다면, SSK는 과학 지식의 내용에 초점을 맞추고 그에 대한 사회학적 설명을 제시하고자 했다. 과학의 가설 선택, 이론, 방법론, 관찰의 해석 등에 어떻게 사회적 요인들이 개입하는지 탐구한 것이다. (이는 실증주의 과학철학에 전면으로 도전한다는 의미도 있었다.) SSK의 작업은 '블랙박스 열기opening the black-box'로 불리기도 한다. 외부인은 마치 블랙박스처럼 과학의 기능은 알지만 내부 메커니즘은 알지 못하는 경우가 많은데, SSK는 과학의 내용을 열어젖혀 사회학적으로 살폈기 때문이다. SSK에는 크게 두 학파가 있다. 하나는 스트롱 프로그램을 제창한 에든버러 학파이고, 다른 하나는 상대주의의 경험적 프로그램EPOR을 발표한 바스 학파이다. 그 외에도 과학의 갈등사회학과 담론 분석이 SSK에 포함된다. 비록 행위자 네트워크 이론이 인기를 끌게 되면서 1990년대부터 SSK는 영향력을 다소 잃었지만, 브뤼노 라투르Bruno Latour를 비롯한 여러 학자들은 STS가 SSK에 크게 빚지고 있다고 평가한다.

에든버러 학파

1966년 에든버러대학교에 설립된 과학학 유닛을 주축으로 성장한 SSK의 중심 학파이다. 데이비드 에지David Edge라는 열정적인 학과장 밑에서, 과학학 유닛의 초기 일원들은 아직 형태가 잡히지 않은 과학학이라는 분야를 가지고 자유롭고 창의적으로 실험하였다. 과학학 유닛이 1970년대에 발전시킨 학문적 접근인 스트롱 프로그램은 SSK가 도약하는 기틀이 되었다. 스트롱 프로그램의 네 가지 원칙인 인과성, 공평성, 대칭성, 성찰성 중 대칭성 원칙이 가장 유명한데, 이에 따르면 '참'인 지식과 '거짓'인 지식, 성공한 과학과 실패한 과학을 공평하게 비교하고 같은 유형의 원인으로 설명해야 한다. 이후 브뤼노 라투르Bruno Latour는 성공과 실패만이 아니라, 인간과 비인간의 행위성을 동등한 장에서 살펴야 한다는 확장된 대칭성 원칙을 제시했다. 데이비드 블루어David Bloor는 이를 에든버러 학파에 대한 공격으로 받아들였고, 스트롱 프로그램은 이미 과학자와 비인간 자연의 상호 작용을 고려하고 있으며 단지 자연 자체보다는 자연에 관해 공유된 믿음(즉, 지식)에 관심을 가질 뿐이라고 반박했다.

과학학 유닛Science Studies Unit

데이비드 에지David Edge의 주도로 1966년 에든버러대학교에 개설된 학과이다. 처음의 취지는 이공계 학부생들에게 문학, 예술, 철학 같은 인문학적인 소양을 길러 주고, 과학이 인간 문명에 다방면으로 미친 영향을 드러내는 것이었다. 다만 에지가 배리 반스Barry Barnes, 데이비드 블루어David Bloor, 스티븐 셰이핀Steven Shapin 같은 창의적인 학자들을 영입하면서, 과학학 유닛은 과학 자체를 분석 대상으로 삼는 독자적인 연구 문화를 발전시키게 되었다. 과학자의 규범이나 과학을 행하는 제도적 맥락만이 아니라, 과학 지식의 내용을 사회학적으로 탐구하는 SSK의 토대를 마련한 것이다. 특히 '스트롱 프로그램'의 기조를 따르는 과학학 유닛의 일원들은 소위 에든버러 학파로 불리게 되었다. 비록 과학학 유닛은 많은 이공계 학생을 가르치고 과학자들과 친밀한 관계를 유지하였지만, 일부로부터 과학에게 적대적이라는 오해를 받았고, 1990년대에는 '과학 전쟁'에 휘말리기도 했다. 오늘날 에든버러대학에는 과학학 유닛의 정신을 계승한 '과학, 기술, 정책 연구Science, Technology and Innovation Studies' 학과가 활발히 운영되고 있다.

과학학Science Studies

과학과 사회의 관계, 사회 속의 과학에 대한 연구가 시작되던 1970년대, 이러한 학문은 과학학이라고 불렸다. 1980년대 후반부터 과학학과 과학기술학이 함께 사용되기 시작했고, 지금은 과학기술학이 더 널리 쓰인다. 하지만 1994년에 전북대학교에 학부 과정을 포함하는 과학학과가 설립되었고, 2022년에 서울대학교 대학원에도 과학학과가 만들어진 것에서 볼 수 있듯이, 과학학은 한국 대학의 제도화된 학과나 학문을 지칭하는 데 널리 사용되고 있다. 프랑스에서는 지금도 과학기술학보다 과학학이라는 용어가 보편적으로 쓰인다. 21세기에 과학학에서 말하는 과학은 기술은 물론, 의학과 사회과학, 정책학 등을 모두 포함한 개념이다.

과학사 및 과학철학 협동과정(현 과학학과)

1983년 가을 서울대학교 자연과학대학에 설립되어 1984년 3월 석·박사 신입생을 받기 시작한 협동과정으로 줄여서 '과사철'로 불렸다. 과학에 대한 역사적 및 철학적 접근, 또는 인문학과 과학의 융합을 주도한다는 취지를 앞세웠다. 초기에는 과학사와 과학철학 전공만 운영하였지만, 2006년에는 STS 전공을, 2018년에는 과학정책 전공을 개설하였다. 이후 우수한 성과를 인정받아 학과로 승격되었고 '과학학과'라는 명칭으로 2022년 2월 창립식을 열었다. 초대 학과장은 과사철에 STS 전공을 설립한 홍성욱 교수이다. 이로써 행정적으로 타 학과들에 흩어져 있던 과사철 교수들은 모두 과학학과 소속으로 합쳐졌고 한 지붕 아래 모이게 되었다.

상대주의의 경험적 프로그램Empirical Program of Relativism, EPOR

바스 학파의 해리 콜린스Harry Collins가 제안한 과학의 사회적 구성을 연구하는 방법론이다. 세 단계로 구성되어 있는데, 첫째는 과학 논쟁의 분석을 통해 과학의 해석적 유연성interpretative flexibility을 발견하는 단계이다. 즉 과학이 아직 여러 가지 서로 다른 방향으로 나아갈 수 있었던 상태를 발견해서 재구성하는 것이다. 둘째 단계에서 연구자는 해석적 유연성을 제한하고 그로써 논쟁을 종결지은 기제mechanism를 찾아야 한다. 셋째 단계는 이러한 기제와 좀 더 넓은 사회 구조 사이의 관계를 찾는 것이다. 이렇게 과학에서의 유연성을 찾고(블랙박스를 열고), 유연성을 공고히 하는 기제를 찾고, 이런 견고한 기제 배후에 있는 사회적 요인을 단계적으로 찾는 것이 EPOR이다. 이는 에든버러 학파의 스트롱 프로그램과 유사하지만, 스트롱 프로그램이 과학 지식의 사회적 구성에 대한 철학적인 관점을 강조했다면, EPOR은 연구 방법론에 초점을 맞췄다고 할 수 있다. EPOR을 기술에 응용한 것이 트레버 핀치Trevor Pinch와 위비 바이커Wiebe Bijker의 SCOT이다. 핀치가 콜린스의 학생이었음을 생각하면 이 둘의 연관을 더 쉽게 알 수 있다.

SCOTSocial Construction of Technology, 기술의 사회적 구성

기술의 형성을 사회적으로 설명하기 위해 위비 바이커Wiebe Bijker와 트레버 핀치Trevor Pinch가 구상한 접근법이다. SSK의 '상대주의의 경험적 프로그램(EPOR)'을 기술에 맞춰 번안한 것이기도 하다. 첫 단계에서는 특정 기술에 관련된 사회적 집단들을 파악하고, 기술이 각 집단에서 다른 의미로 받아들여질 수 있음을 보인다. 이는 기술이 그에 부여되는 의미에 따라 다르게 설계될 수 있음을 나타내기도 한다. 두 번째 단계에서는 시간이 지나면서 이 기술이 하나의 형태로 굳어지고 해석들의 충돌이 종결되는 과정을 다룬다. 이는 집단들에게 마치 문제가 해결된 것처럼 설득하는 방식으로 이뤄질 수도 있고, 아니면 해당 기술을 아예 새로운 문제에 대한 해결책으로 삼는 (소위 '문제의 재정의') 방식으로 전개될 수도 있다. SCOT은 기술 발전에 대한 전통적인 선형 모델을 벗어나도록 도와준다. 선형 모델은 대략 '기초연구-응용연구-기술개발'순의 과정으로, 성공한 기술은 실패한 기술과 달리 이런 합리적인 수순을 밟았기 때문에 안착한 것이라고 간주한다. 그에 반해 SCOT은 기술적 인공물에 관해 다방향multidirectional 모델을 견지하며, 기술자뿐만 아니라 사용자의 능동적 역할에 주목하고, 기술의 여러 변형을 살피고 왜 일부는 살아남고 일부는 소멸하는지 두루 추적한다.

스트롱 프로그램Strong Program

1970년대 중반에 에든버러 학파가 발표하여 SSK의 토대를 이루게 된 방법론이다. 데이비드 블루어David Bloor가 『지식과 사회의 상Knowledge and Social Imagery』에서 명료화하였다. '스트롱strong'이라는 표현은 '약한weak' 과학사회학과의 차별성을 강조하기 위해 사용되었다. 약한 과학사회학은 오직 라마르크주의나 골상학처럼 실패한 과학만을 과학자의 편견이나 이데올로기 같은 사회적 요인으로 설명한다. 이는 성공한 과학은 합리적인 방법으로 자연 세계의 진리에 도달했기 때문에 특별한 사회적 분석이 필요 없다는 인상을 준다. 그에 반해 스트롱 프로그램은 성공한 과학과 실패한 과학을 동등하게 분석한다. 스트롱 프로그램에는 네 가지 원칙이 있는데, 이 중 대칭성 원칙이 가장 잘 알려져 있다.

(1) 인과성causality: 과학적 믿음을 낳은 사회적 조건이 존재하며, 이를 찾아내야 한다.

(2) 공평성impartiality: 성공한 지식과 실패한 지식, 참된 지식과 거짓된 지식을 모두 살펴야 한다.

(3) 대칭성symmetricity: '참'인 지식과 '거짓'인 지식을 동일한 유형의 사회적 원인으로 설명해야 한다.

(4) 성찰성reflexivity: 과학에 적용하는 (1)~(3)의 설명 틀이 과학의 사회학 그 자체에도 적용될 수 있어야 한다.

경계물boundary object

수잔 리 스타Susan Leigh Star와 제임스 그리스머James Griesemer가 고안한 개념으로, 다양한 집단의 경계에 있는 물질적 혹은 추상적 사물을 가리킨다. 경계물의 특징은 집단들 간 의견 일치consensus를 요구하지 않으면서도 협력을 가능하게 한다는 것이다. 각 집단의 요구에 맞게 조정될 수 있을 정도로 가변적이지만, 동시에 집단들에 걸쳐 일관된 정체성을 유지할 수 있을 만큼 견고하기 때문이다. 각 집단은 자신의 목적에 맞게 경계물을 다듬고 사용하면서, 다른 집단과 협력할 때는 두 형태의 경계물 사이를 왔다 갔다 한다. 스타와 그리스머가 연구한 버클리 척추동물 박물관의 사례를 보면, 생물 표본, 현장 메모, 설문지, 지도 등이 경계물이 될 수 있다. 이 중 지도의 경우, 같은 지역이라도 아마추어 수집가의 지도는 캠프장, 산책로, 채집 구역을 강조하지만, 전문 생물학자의 지도는 '생태 분포' 같은 생태학적 개념을 나타내는 영역을 표시한다. 그러나 여전히 이들 지도는 같은 테두리를 갖기 때문에, 각자 독립적으로 연구를 수행하면서도 다른 한편으로 자연 보호와 같은 공통의 목표를 위해 협력할 수 있다.

공동생산co-production

자연과 사회 중 어느 하나에 우위를 두지 않으면서, 과학적 관념과 기술적 인공물이 어떻게 사회적인 표상, 담론, 정체성, 제도와 함께 진화하는지 살피는 접근법이다. 여기에는 과학과 사회를 서로 떼어 놓고 고려할 수 없다는 인식이 자리한다. 한편으로 우리는 자연을 재조직하여 사실과 인공물을 생산하고, 다른 한편으로는 그렇게 생산한 장치를 통해 법, 규제, 전문성, 금융 상품, 정치 캠페인 등을 재구성한다. 예를 들어, 인터넷 기술의 도래는 우리가 공동체라고 부르는 것의 의미는 물론, 거래와 자본, 개인정보, 소유권, 보안, 국가의 개념을 모두 바꿔 놓았다. 즉, 인간의 경험은 과학기술의 영역과 사회의 영역으로 구분할 수 없고 양쪽의 공동생산 속에서 만들어진다. 쉴라 재서노프Sheila Jasanoff는 공동생산 연구에 크게 두 가지 경향이 있다고 설명한다. 첫째는 '구성적constitutive' 공동생산으로, 새로운 지식 혹은 기술과 함께 자연과 사회가 어떻게 연결되고 안정화되는지 살핀다. 대표적으로 브뤼노 라투르Bruno Latour는 비록 근대 세계가 표면적으로는 자연과 사회를 엄격히 구분하지만, 사실은 지구 온난화와 에이즈 유행 같이 비인간 자연과 인간 문화를 가로지르는 이종적인 연결망들을 계속해서 증폭시켜 왔다고 주장한다. 둘째는 '상호작용적interactionist' 공동생산으로, 상이한 두 인식론이 충돌하면서 과학과 사회가 어떻게 서로를 상호적으로 재조직하는지에 주목한다. 대표적으로 스티븐 셰이핀Steven Shapin과 사이먼 섀퍼Simon Schaffer의 『리바이어던과 공기펌프Leviathan and the Air-Pump』는 로버트 보일Robert Boyle의 사례를 통해 지식과 정치질서가 공동생산 되었음을 보인다. 보일의 실험 과학은 어떻게 실험을 통해 생산된 지식이 '객관적인지' 논증하고자 했는데, 이를 위해서는 필연적으로 어떤 제도적 공간과 실험 참여자가 신뢰할 만한지 사회적 합의가 필요하기 때문이었다.

논쟁 연구

1970년대에 등장한 STS 기본 방법론 중 하나로, 서로 다른 견해들이 충돌하는 가운데 과학지식이 형성되는 사례를 경험적으로 보여 주는 연구(방법론)이다. 과학 실천은 여러 불확실성과 말다툼으로 점철되어 있으며, 과학 이론을 단순히 자연적 실재와 대조하는 것으로는 합의에 다다르지 못한다는 것이 논쟁 연구의 문제의식이다. 논쟁 연구에는 크게 두 갈래가 있다. 첫째 유형은 과학자 공동체 내에서 과학적 사실이나 기술적 설계를 두고 이뤄지는 논쟁을 살핀다. 예를 들어 SSK는 스트롱 프로그램에 입각하여 어느 쪽이 '옳은지' 미리 상정하지 않은 채 논쟁의 전개와 종결을 추적한다. 행위자 네트워크 이론은 여기에 논쟁의 참여자로 비인간 행위자를 포함시키고, 어느 쪽이 더 많은 인간 및 비인간 동맹을 동원하여 상대편을 제압하는지 쫓는다. 둘째 유형은 공공 영역에서 발생하는 과학 논쟁과 영향을 주고받는 사회적 맥락을 다룬다. 특히 의료, 환경, 법 같은 분야들에서 일어나는 논쟁은 사회의 권력관계와 윤리를 반영하는데, 예를 들어 흡연이 암을 유발하는지 여부를 두고 이뤄지는 담배 소송에는 막대한 자본을 보유한 담배 회사의 입김이 크게 작용해서 논쟁을 주도한다. 과학기술학에서 논쟁은 과학이라는 블랙박스를 열어젖히는 열쇠의 역할을 한다.

사회구성주의

SSK의 한 흐름으로서 과학적 실천, 이론, 논쟁에 사회적 변수들이 어떻게 개입하는지 다루는 연구들을 지칭한다. 데이비드 헤스David J. Hess에 따르면 사회구성주의의 특징은 사회적 세계를 과학기술의 내용 일부를 발생시키거나 형성시키는 독립변수 내지는 외생변수로 삼는다는 점이다. 다만 과학에 대한 사회의 일방적인 영향을 다룬다는 점 때문에 사회구성주의자들은 비판에 직면하기도 했다. 비판자들은 사회구성주의가 한편으로는 과학과 사회를 구분함으로써 자연-사회 이분법을 공고히 하고, 다른 한편으로는 과학 실천에서 인간의 역할만을 강조하고 비인간 자연의 행위성을 간과한다는 점을 주로 비판의 이유로 들었다.

사회기술적 상상sociotechnical imaginaries

과학기술과 정치 제도의 관계를 분석하기 위해 쉴라 재서노프Sheila Jasanoff와 김상현이 고안한 개념적 도구이다. 사회기술적 상상은 '집단적으로 상상된 사회적 삶과 질서가 국가의 과학적 기술적 설계 및 이행에 반영된 형태'를 의미한다. 이런 의미에서 상상은 국가가 보기에 달성 가능하고 또 달성하고 싶은 미래를 규정하는 역할을 한다. 예를 들어 '4차 산업혁명'이라는 상상과 관련된 정책은 실제 기술 발전의 방향, 정부 지출, 고등 교육 등에 영향을 미친다. 재서노프와 김상현은 20세기 후반 미국과 한국의 사회기술적 상상이 달랐기 때문에 두 나라에서 원자력 발전과 규제가 다르게 전개되었다고 주장한다. 미국은 '평화를 위한 원자력'을 강조하며 불확실하고 억제가 필요한 기술을 관리하는 책임 주체로서 자신을 내세웠다. 반면 한국은 '발전을 위한 원자력'을 상상하고 원자력을 규제할 뿐만 아니라 자립적으로 개발하는 주체를 자처하였다.

이런 상이한 사회기술적 상상은 각국에서 원자력 발전소 설계뿐만 아니라 위험을 인식하고 평가하는 방식과 방사성 폐기물을 처리하는 전략에도 차이를 만들어 냈다.

실험자의 회귀

실험 과학에서 최초로 이루어지는 과학적 발견의 타당성을 판명하는 객관적인 기준이 따로 없음을 주장하기 위해 해리 콜린스Harry Collins가 고안한 개념이다. 1969년 미국 메릴랜드대학교의 조셉 웨버Joseph Weber는 자신이 고안한 바bar 안테나를 통해 중력파를 검출해 냈다고 주장했다. 당시 중력파는 아인슈타인의 일반상대성 이론에 의해 예측되었지만 그 세기가 매우 미약한 것으로 추정되었다. 따라서 알루미늄 막대가 출력하는 신호가 중력파에 의한 것인지 아니면 막대의 열 진동에 의한 것인지 분간하기 어려웠다. 웨버를 따라 안테나를 만들어 실험을 재현해 본 다른 연구자들은 중력파를 검출하지 못했다고 반박했다. 이때 콜린스가 주목하는 점은, 중력파를 검출하는 실험이 과연 성공했는지 평가할 기준이 없다는 것이었다. 중력파가 지구에 도달했는지 검증하려면 안테나 장치가 잘 작동하는지 알아야 한다. 그러나 안테나 장치가 잘 작동하는지 알기 위해서는 그것이 중력파를 잡아 낸 경우를 분석해 보아야 한다. 같은 문제가 꼬리에 꼬리를 물고 반복된다. 여기에서 과학 논쟁이 종결되는 데에 일종의 사회적 과정이 개입해야 함을 알 수 있다.

암묵지암묵적 지식, tacit knowledge

화학자이자 철학자 마이클 폴라니Michael Polanyi가 처음 제시한 개념으로, 글로 적은 형태로 전달될 수 없는 지식이나 숙련을 의미한다. 반대는 명백지明示的 知識, explicit knowledge이다. 여러 가지 감각을 동시에 사용함으로써 이뤄 내는 성과(예를 들어 요리), 훈련을 통해 몸으로 체화하는 지식이나 숙련(예를 들어 수영), 그리고 사회적인 관계를 통해 얻는 지식(예를 들어 복잡한 도로에서 자전거 타기, 팀 리더십) 등은 단지 글을 통해서 전수되기 어렵다. 해리 콜린스Harry Collins는 암묵지 개념을 통해 1971년과 1978년 사이 TEA 레이저를 만들려고 시도한 연구팀들의 사례를 설명한다. TEA 레이저는 대기압 이상의 가스를 매체로 사용하고 적외선을 방사하는 레이저 장치로서, 조준만 잘하면 은을 태우거나 콘크리트를 증발시킬 만큼 강력했다. 1970년대 초에 캐나다의 한 국방연구소가 TEA 레이저를 처음 발표한 이후, 북미와 영국의 다른 연구소들은 그것을 복제하는 일에 착수했다. 그러나 레이저의 성능이 우수한 만큼 조립 과정이 까다로웠다. 특히 전극을 튜브 양변에 설치하고, 양변의 전극 사이로 고압을 통과시키고, 전기를 연속적이지 않고 단속적으로 방출하도록 만드는 단계가 어려웠다. 여기서 콜린스가 주목한 점은 출판물처럼 텍스트로 쓰인 자료, 즉 일명 '명백지'만을 참고해서 TEA 레이저를 조립하는 데 성공한 연구실이 없었다는 것이다. 그 대신 레이저를 만든 연구실에 직접 방문하거나, 만든 경험이 있는 사람과 여러 번 대면으로 혹은 전화로 접촉한 연구실만 레이저를 만들 수 있었다. 콜린스는 그런 개인적 접촉을 통해 전달된 암묵지가 필수적이었다고 주장한다. 다만 일단 실험에 성공하고 나면 연구자는 대개 암묵지를 습득하기 위해 고군분투했던 과거를 잊고, 그저 형식화된 설명을 잘 적용했기 때문에 성공했다고 믿게 된다.

탈식민주의 STS

과학에서 유럽과 북미의 헤게모니에 이의를 제기하는 STS이다. 제국주의 시대의 과학자들은 비서구 국가들에 대한 지배와 착취에 가담하였으며 토착 환경과 지식을 고려하지 않은 채 서구의 과학기술로 대체하려고 했다. 마찬가지로 기존 STS 학자들은 비서구 세계를 이론 생성의 장으로 존중하기보다는, 비서구에서 수집한 경험적 자료에 서구의 STS 이론을 적용하거나 시험하는 방식을 자주 취했다. 그러나 서구에서 생산된 이론이나 지식이라고 해서 더 보편적이지 않으며 모든 지식은 특수한 위치에서 생산된다는 점을 유의해야 한다. 제국주의 시대에도 식민지에 도입된 서구의 과학 지식은 지역의 이해, 환경, 문화에 맞춰 적응해야 했다. 이런 문제의식에서 탈식민주의 STS는 서구와 비서구, 선진과 낙후, 중심부와 주변부에 대한 선험적인 가정 없이 서구와 비서구의 분석적 접근을 대칭적으로 다룬다. 스트롱 프로그램의 대칭성 원칙과 행위자 네트워크 이론의 대칭성 원칙을 잇는 세 번째 대칭성 원칙이라고 할 수 있다. 일례로 존 로John Law와 림문원林文源은 노자의 사상과 '세勢'개념을 차용해서 이를 통해 2001년 영국의 구제역 유행을 재해석했다.

행위자 네트워크 이론Actor-Network Theory, ANT

1980년대 초반 프랑스의 과학기술학자 브뤼노 라투르Bruno Latour, 미셸 칼롱Michel Callon, 영국의 과학기술학자 존 로John Law가 창안한 이론이다. 행위자 네트워크 이론은 사회 현상을 설명하는 데에 구조나 사회적 힘을 상정하지 않고, 각각의 행위자들과 이들이 만들어 내는 네트워크에 주목한다. 여기서 행위자는 인간뿐 아니라 세균, 제도, 기술 등 다양한 비인간 행위자를 포함한다. 여기서 행위자 네트워크 이론은 인간만이 의지와 의도를 가진 행위자라고 보는 일반적인 인식과 다르게 비인간 행위자도 행위성agency을 가진다고 본다는 점에서 다른 이론들과 큰 차이점을 갖는다. 여기서 행위성이란 비인간 행위자가 의지나 의도를 가진다는 의미가 아니라, 이들도 다른 행위자의 행동을 변화시킬 수 있다는 뜻이다. 예컨대 과속 방지 턱이라는 비인간 행위자는 운전자인 인간이 자동차의 속력을 줄이게 만든다. 이처럼 인간은 인간뿐 아니라 다양한 비인간 존재들과도 무수히 많은 관계를 맺으며 살아가는데, 인간과 비인간 간에 네트워크가 만들어지는 과정이 바로 '번역translation'이다. 칼롱에 의하면 번역의 과정에는 네 단계가 있다.

(1) 문제 제기problematization: 문제를 제기하고 해결 방법을 제안하며 자신을 의무 통과점으로 만드는 과정.

(2) 관심 끌기interessement: 기존의 네트워크에서 다른 행위자들을 고립시켜 동맹을 형성하는 과정.

(3) 역할 부여enrollment: 행위자들에게 다른 역할을 부여하여 두 번째 단계를 영구화하는 과정.

(4) 동원하기mobilization : 소수의 행위자가 전체를 대변하여 정당성을 띠는 과정.

4S Society of Social Studies of Science, 과학의 사회적 연구 학회

1975년 미국에서 설립된 국제 학술 단체로서 '과학에 대한 체계적인 사회 분석'을 중심 의제로 내걸었다. 초대 임원진은 회장 로버트 머튼Robert Merton을 비롯하여 미국의 과학사회학자들을 주축으로 하였다. 첫 연례 회의는 1976년 11월에 미국 코넬대학교에서 열렸다. 이곳에서 해리 콜린스Harry Collins, 스티브 울가Steve Woolgar, 브뤼노 라투르Bruno Latour, 카린 크노르세티나Karin Knorr-Cetina, 존 로John Law가 논문을 발표했는데, 이후 이들은 SSK와 행위자 네트워크 이론을 통해 머튼주의 과학사회학을 학계의 주변부로 몰아내게 된다. 현재의 4S는 '과학, 기술, 의학의 사회적 연구' 내지는 STS를 전문으로 다룬다고 스스로 소개한다. 2024년을 기준으로 환경 문제, 인공 지능, 의료 기술과 관련된 주제들이 학회에서 특히 인기를 끌고 있다.

《과학의 사회적 연구*Social Studies of Science*》

1971년 로이 맥클로드Roy MacLeod와 데이비드 에지David Edge가 창간한 이래 STS의 발전을 주도한 학술지이다. 초기에는 《과학학Science Studies》으로 불렸지만 1975년, 지금의 《과학의 사회적 연구Social Studies of Science》로 이름을 바꿨다. 과학과 사회의 관계를 심도 있게 다루는 논문이라면 STS 학자뿐만 아니라 사회학자, 경제학자, 역사학자, 철학자 등에게 투고를 받는다. 2024년의 공식 소개문에 의하면 "과학, 기술, 의료를 사회적 및 물질적 활동으로 이해하는" 데에 기여하는 연구를 환영한다고 한다.

STS의 계보

* 이 책에 등장하는 인물을 중심으로 그린 것이다.

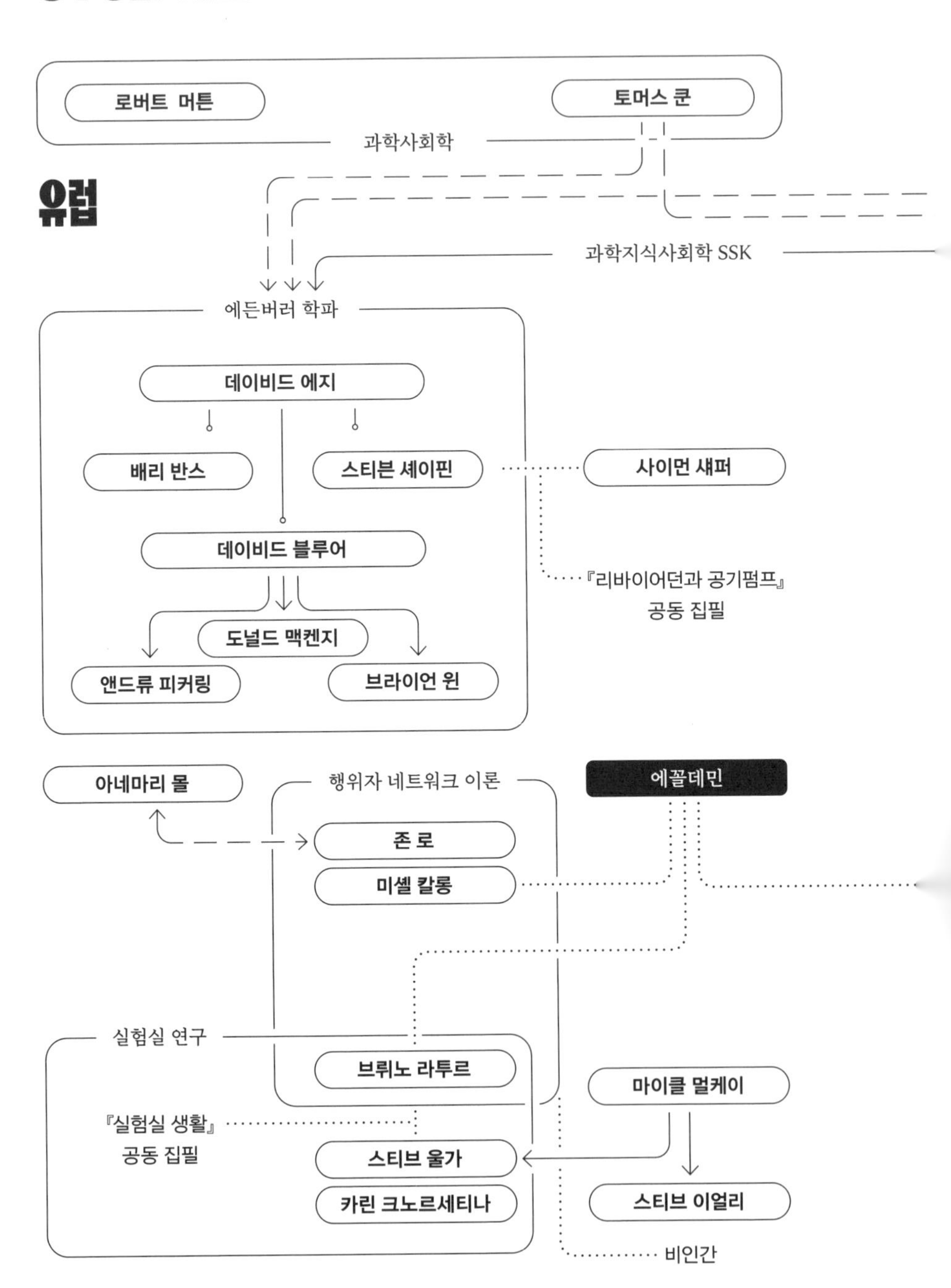

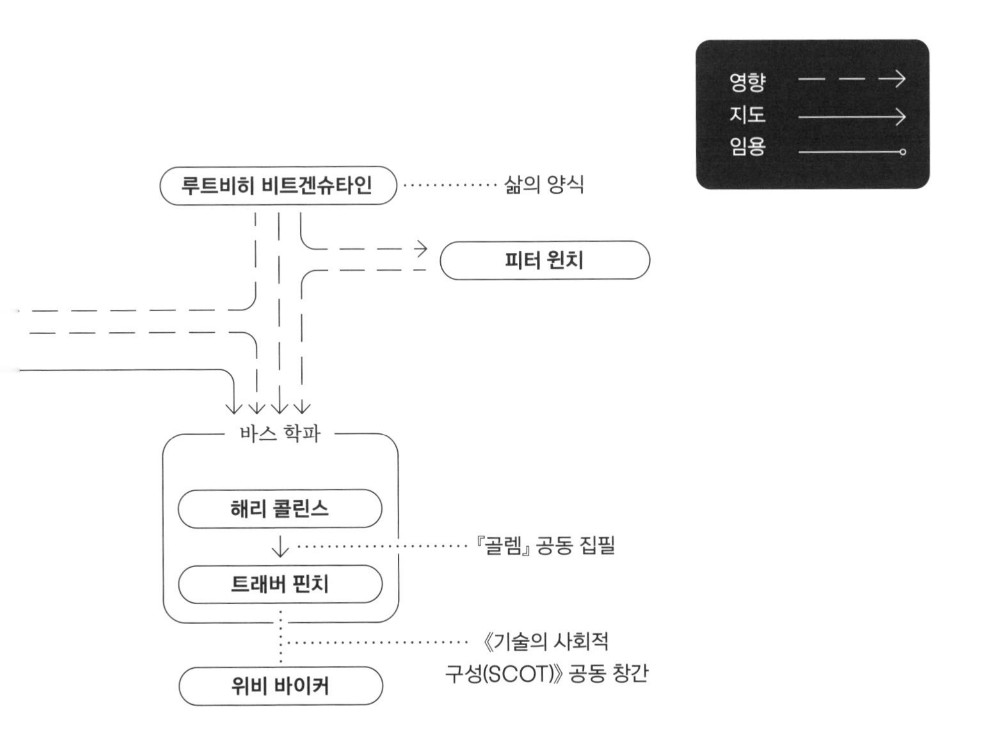
영향
지도
임용
루트비히 비트겐슈타인
삶의 양식
피터 윈치
바스 학파
해리 콜린스
『골렘』 공동 집필
트래버 핀치
《기술의 사회적
구성(SCOT)》 공동 창간
위비 바이커

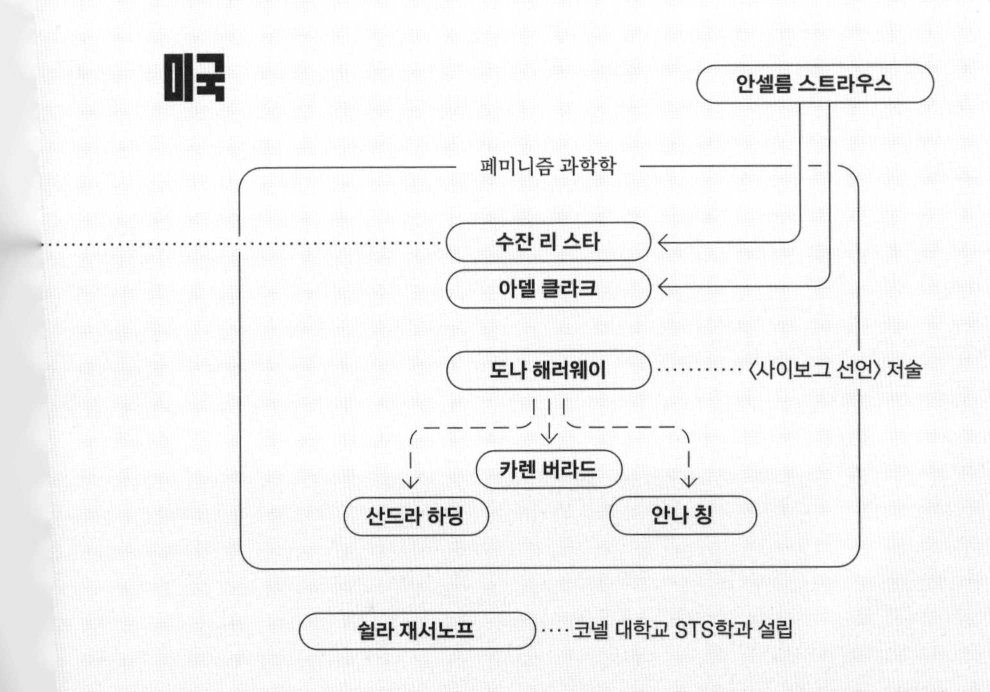
미국
안셀름 스트라우스
페미니즘 과학학
수잔 리 스타
아델 클라크
도나 해러웨이
〈사이보그 선언〉 저술
카렌 버라드
산드라 하딩
안나 칭
쉴라 재서노프
코넬 대학교 STS학과 설립

1부

STS의 시작에서 전 지구화 까지

전 세계가 STS가 되고 있다

브뤼노 라투르Bruno Latour와의 인터뷰

파딜라 마잔더라니Fadhila Mazanderani

구재령 옮김

숲에서 어떻게 살아남을 것인가? 숲을 어떻게 살릴 수 있을까? 라투르가 오늘날의 전 지구적 생태 위기에 관련하여 제기한 질문들이다. 이 질문들은 STS의 "숲"에도 (라투르 본인의 은유를 사용하자면 "생물 다양성"에도) 똑같이 적용할 수 있다. 이 인터뷰에서 라투르는 STS의 생존을 위한 구체적인 비전을 제시한다. 그것은 과학에 비판적이거나 보조적인 STS를 추구하는 것이 아니라, 교육과 협업을 통해 암묵적인 STS 감수성을 과학에 통합시키는 일이다. 라투르는 STS 내에서 다양한 태도와 접근법의 차이를 인정하면서도, 과학이라는 학문 자체를 경험적으로 연구할 수 있는 무언가로 변화시키고자 하는 공통의 노력을 STS에 "감염된" 자들의 본질적인 특징으로 내세우기도 한다. 그가 그리는 풍경은 놀랍지 않게도 사회과학자, 자연과학자, 공학자, 정치인이 함께 "세계를 건설하는" 구성주의적 그림이다.

STS에 입문하다

마잔더라니 먼저 이 분야에 관한 선생님의 경력에 대해 듣고 싶습니다. STS라고 불리는 분야에 어떻게 참여하게 되셨는지 말입니다.

라투르 에든버러의 과학학 유닛Science Studies Unit에 대해 알게 된 건 1976년 8월 버클리대학교에서 데이비드 에지David Edge, 스티브 울가Steve Woolgar, 마이클 멀케이Michael Mulkay와 만났을 때입니다. 그들은 1976년 가을에 있을 4SSociety for the Social Studies of Science, 과학의 사회적 연구 학회의 발대식 준비를 위해 초대받은 것이었죠.* 이때 굉장히 난해한 영어를 구사하는 데이비드 에지를 만났는데, 비록 제게 굉장히 친절하게 대해 주셨지만, 사실 지금도 그런데 당시에도 에지의 얘기는

* 4S의 첫 학술대회는 1976년 11월 4일~6일에 걸쳐 코넬대학교에서 개최되었다.

알아듣기 힘들었습니다. 그 무렵에 『실험실 생활Laboratory Life』*을 위한 현장 연구를 막 시작한 젊은 연구자였던 저는, 스티브 울가를 통해 영국 학파와 에든버러 학파의 존재를 접하고 공부하기 시작했습니다. 그때부터 이미 스티븐 셰이핀Steven Shapin과 배리 반스Barry Barnes, 그리고 도널드 맥켄지Donald MacKenzie가 활동하고 있었네요.

마잔더라니 그전에는 어떻게 과학사회학이나 과학인류학에 관심을 가지게 되셨나요?

라투르 그건 또 다른 이야기입니다. 캘리포니아에서 실험실 현장 연구를 시작한 지 1년이 지났지만, 당시 STS 공동체는 아주 소규모였기에 저는 이에 대해 전혀 몰랐습니다. 철학과 비교인류학이라는 완전히 다른 분야에서 들어왔기 때문이었죠. 아프리카에서 돌아와 캘리포니아로 간 건 STS와는 전혀 관련 없는 이유였습니다.** STS를 하나의 분야로 인식하게 된 건 데이비드 에지, 스티브 울가, 마이클 멀케이를 만나고 나서이고, 이후 몇 달 뒤에 이것과 대립하는 미국 과학사회학 분야가 있다는 사실을 알았습니다. 영국 학파의 SSKSociology of Scientific Knowledge, 과학지식사회학와 머튼 학파Merton School의 과학사회학 사이에 분쟁이 생기기 시작한 참이었죠. 지금이야 구석기 시대의 싸움처럼 보이지만, 당시에는 매우 큰 사안이었습니다. 울가 등 다른 사람들과 초기에 맺은

* 라투르와 울가가 공동으로 집필한 『실험실 생활』은 실험실 현장과 과학자들의 문화를 인류학적 접근법으로 탐구한 획기적인 책이다. 두 저자는 과학자들이 일련의 실천과 기입 장치를 통해 연구 대상이 되는 물질 또는 현상을 과학 텍스트로 산출해 낸다고 주장한다.

** 라투르는 부르고뉴 지역의 디종대학교에서 석사 학위를 받은 뒤에 병역 의무 대신 평화봉사단에 자원해서 서아프리카 코트디부아르 아비장에서 근무했다. 이때 아프리카 교사와 학생 130여 명을 인터뷰하면서 비교인류학적 방법론을 익힐 수 있었다. 그는 프랑스로 돌아온 뒤 투르대학교에서 난해한 프랑스 시인이자 사상가인 샤를 페기(Charles Péguy)에 대한 연구로 1975년에 박사 학위를 받았다. 그는 같은 해에 미국의 소크 연구소(Salk Institute)에서 생리학자인 로제 기유맹(Roger Guillemin)의 실험실을 연구하기 시작했다.

인연을 통해 해리 콜린스Harry Collins와 트레버 핀치Trevor Pinch도 알게 되었습니다. 단순히 우연으로 1977년 당시 신생 분야였던 STS의 주요 일원을 모두 만난 것입니다. 그 후 프랑스 학파가 배리 반스와 데이비드 블루어David Bloor와 논쟁을 벌이면서 또 다른 분열이 발생했는데, 그건 제가 『실험실 생활』을 내고 몇 년 뒤의 일이었습니다.

마잔더라니 그 분열에 대해 조금 더 말해 주실 수 있나요?

라투르 STS는 수없이 많은 하위 학파로 나뉜 분야인데(외부인의 눈에는 각각의 차이가 전혀 안 보이지만), 믿기 힘들게도 40년 넘게 상당히 잘 단결되고 놀랍도록 생산적이었던 분야이기도 합니다. 당시 제가 만난 모든 참여자가 지금도 여전히 연구를 발표하고, 서로의 논문을 참고하고, 함께 작업하거나 적어도 서로를 인용하고 있습니다. 모두가 친구 사이로 남아 있고 맥켄지는 제 연구실에 여러 번 오기도 했습니다. 사실상 에든버러에서 데이비드 에지가 창조한 이 작은 분야는 생산성과 영향력 면에서 놀라운 성공을 거뒀습니다.

마잔더라니 왜 그럴 수 있었다고 생각하시나요?

라투르 에지는 그 어느 마르크스주의보다 더 개방적인 영국 마르크스주의 전통 출신이었는데, 이는 많은 사람에게 곧바로 강력한 정치적 함의를 시사했습니다. 제 기억이 맞는다면, 처음에 에지를 이 분야로 끌어들인 것은 좌파 성향을 가진 사람들을 통해 전파된 과학자들의 반핵 운동이었습니다. 나중에 가서는 이게 사실 베트남 전쟁에 대한 반대의 일환이었던 과학의 정치화politicization of science*** 그 자체와 얼마나 연관되어 있는지 알게 되었죠. 일단 지금은 우리가

*** 국가나 기업이 법적 또는 경제적 압력을 가하여 과학 연구 결과와 그 전파에 영향을 미치는 일을 가리킨다.

환경주의의 부상, 세계의 "생태화"를 예측하고 있었다고(직접적으로는 아니지만 느끼고 있었다고) 말하고 싶습니다. 무슨 일이 일어났냐면, (STS 분야에) 꽤 똑똑한 사람이 많이 들어왔습니다. 매우 다양한 분야에서 들어온 사람들에 의해 만들어져서 단일한 학파가 아니었다는 점은 이 분야의 또 다른 강점이었습니다. 분열이 지나친 측면은 있었지만, 당시 이 분야로 진입한 제 또래의 이론적 근거가 각각 달랐다는 점은 일종의 '생물다양성'을 향상시켰습니다. 그런데 재미있는 점은 그때 심리학, 정치학, 생태학, 교육, 교육학 등으로 확산하던 과학의 이데올로기가 너무 약했기 때문에, 실용적으로 과학적 탐구를 설명하는 모든 도전이 효과가 있었고, 결국에는 STS 분야가 다른 여러 분야의 중심이 되었다는 점입니다.

마잔더라니 초기 STS에 관여한 일부 사람들의 정치적 동기를 언급하셨습니다. 선생님께서도 과학이 다양한 방식으로 쓰이던 상황을 우려하고 있으셨나요?

라투르 아니요. 하지만 저는 그다지 직접적인 관심사가 아니었던 정치 분야 외의 다른 여러 분야에서 과학 이데올로기를 공격하는 일이 중요하다는 것을 알았습니다. 지금은 정치에 흥미가 있지만 그때는 아니었죠. 저는 언제나 철학이나 인류학에 관심이 더 많았습니다. 저에겐 예전에도 지금도 인류학이 기반이죠. 과학이 거기서 무얼 하고 있는지 본다는 의미에서요. 사실 이것이 저와 에든버러 학파 사이에 논쟁이 생긴 원인이라고 할 수 있죠.

홀베르크상Holberg Prize은 사회과학의 모든 분야를 취급하기 때문에, 과학학science studies을 연구하는 이언 해킹Ian Hacking이 그 상을 수상했다는 점은 놀랍습니다. STS가 굉장히 중요하다고 이런저런 관련 없는 분야에서 말하고 있어서, 그런 논문을 접하지 않는 날이 없을 정도입니다. 그리고 STS에 몸담고 있지 않고 STS에 물들지 않은 사회과학자와 대화하는 것이 쓸모없다는 점도 사실입니다. 그들은 사회과학에 대해 완전히 뒤떨어진 용어로 사고하고 방법론을 논합니다. STS와 접촉하지 않은 구식 사람들과 대화하기 힘들지만, 유감스럽게도 이들은 여기 프랑스 곳곳에 숱하게 많습니다.

마잔더라니 STS나 STS에 물든 접근이 과학과 기술에 관심이 있는 여타 사회과학과 어떻게 구별된다고 생각하시나요? 인류학, 사회학 등 말입니다.

라투르 저에게 STS는(프랑스식으로 말하자면 과학학*은) 항상 포괄적이었는데, 과학사, 사회학, 나중에 합류한 인류학의 이런저런 것들, 지금은 완전히 STS와 섞였지만 예전엔 아니었던 보건학까지 아울렀습니다. 따라서 과학이 주된 언어는 아니지만 연구 대상인(자원이 아니라 주제인) 모든 곳에서 STS는 팽창하였습니다. 이것이 제가 내린 STS의 정의입니다. 그러므로 훨씬 드문 경우이긴 하지만 신학에서도 그만큼 중요할 수 있고, 심리학이나 로봇 공학에서도 마찬가지입니다. 과학이 언어 자원이 아니라 주제 그 자체라는 점을 이해하는 사람이 있는 모든 곳 말입니다. 이는 울가의 의미에서 "성찰reflexivity"에 의거할 수도 있고, 혹은 STS가 다루는 다른 방법을 통할 수도 있습니다. 과학의 정의定義가 핵심인 곳이 많기에 STS가 여러 곳에 있는 것입니다.

마잔더라니 심지어 인문학에도 과학에 관한 모델이 있습니다.

라투르 인문학은 이제 시작하는 단계입니다. 인문학은 과학을 미워하는 걸 너무 좋아하기 때문에 가장 강하게 저항했고, 과학이 사실

---

* 라투르도 언급하듯이 프랑스에서는 STS를 주로 과학학으로 부른다. 라투르 또한 이 인터뷰에서 STS 대신 과학학이라는 단어를 자주 사용하는데 이 번역에서는 STS로 바꾸었다.

멋진 자원이 될 수 있다는 점을 이해하기까지 오랜 시간이 걸렸습니다. 지난 4~5년 동안의 작업 덕분에 지금은 STS를 활용하는 인문학 논문이 풍부합니다. 이제는 분야를 막론하고 과학자적 태도를 벗어나려는 혁신적인 사람들에게 STS가 쉬볼레트shibboleth*가 되었죠. 이것이 저의 확장된 정의입니다. 정통 SSK의 에든버러 학파에서는 STS에 훨씬 더 제한된 의미를 두고 있고, SSK 학위를 저보다 훨씬 더 엄격하게 수여하고 있습니다. SSK 인물들은 (이들이 지금도 존재하는지는 사실 모릅니다만) 관심을 '사회적' 설명에 두기 때문에 학위를 더 엄격하게 수여하는데, 저는 그런 설명을 한시도 믿은 적이 없습니다. 그러나 SSK 학자들이 다른 모든 학파와 마찬가지로 STS 분야에 속해 있다고 생각하는 이유는, 그들이 과학을 그저 과학이라는 학문이 아닌 경험적으로 연구해야 하는 대상으로 바꿔 놓는 가장 중요한 수를 두었고, 이렇게 함으로써 사실상 모든 걸 통합했기 때문입니다.

에든버러 학파의 SSK에 대해서

마잔더라니 에든버러 학파는 선생님의 생각, 그리고 더 일반적으로 STS 분야에 어떤 영향을 미쳤나요?

라투르 결정적인 영향을 미쳤습니다. 역사적 연구와의 관련성 때문에 저는 에든버러를 STS의 메카라고 칭한 바 있습니다. 사회학에 관심이 있는 사람들은 처음부터 바로 그 관련성을 볼 수 있었습니다. 자연과 사회에 대한 반스와 셰이핀의 책이 생각납니다(Barnes and Shapin 1979). 그 책은 매우 중요하게도 양방향의 길을 열었습니다. 우리가 과학사를 이해하는 데 도움이 되는 동시에, 사이먼 섀퍼Simon Schaffer 같은 과학사학자들이 자신의 데이터 집합, 그러니까 미출판

* 한 집단과 다른 집단을 구별해 주는 언어.

아카이브를 재해석할 수 있도록 도와줬습니다. 현대 과학적 실행을 연구한 STS 학자의 눈을 통해서 말이죠. 그게 첫째였죠. 둘째는 그들에게 데이비드 에지가 창간한 학술지 《과학의 사회적 연구Social Studies of Science, 3S》가 있었다는 겁니다. 학문 분야가 어떻게 만들어지는지에 대해 예전만큼 순진한 생각을 갖고 있지 않는 지금, 이 점이 얼마나 중요한지 알고 있습니다. 개인적으로 느끼기에 셋째는, 그들의 연구가 과학에 대한 인류학적 관점을 제시했다는 것입니다. 저는 맥켄지의 통계학 연구와 셰이핀의 골상학 연구를 비롯하여 그들의 초기 연구를 대체 인류학alternative anthropology 훈련으로 해석했습니다.** 단지 과학에 대한 게 아니라, 우리의 뇌가 무엇인지, 주체성이 무엇인지 이해하는 방식을 모색하는 것이었습니다. 이것이 제가 '사회적인' 것에 대한 그들의 설명을 결코 믿지 않은 이유입니다. 그들은 사회학자를 키우는 영국의 편협한 방식 속에서 길을 잃은 것으로 보였습니다. 그렇지만 이게 저에게 큰 문제가 되지는 않았어요. 그들 논문에서 도입부와 결론을 건너뛰었더니 내용이 근사해졌기 때문입니다. 그저 그것이 '사회적' 설명이라는 주장이 별로 흥미롭지 않았던 것입니다. 그러나 그들이 자연과학과 수학의 요소들을 연구했다는 점은 핵심적이었습니다. 맥켄지는 대단한 끈기와 겸손을 가지고, 놀랍도록 높은 수준으로 경제학을 비롯하여 우리가 뒤따라갈 모든 다양한 주제를 다뤘기 때문에 이런 면에서 영향력이 가장 컸습니다. 나아가, 어쩌면 넷째 요인일 수도 있는 색다른 점은 그곳이 스코틀랜드라는 사실이었습니다. 영국이 아니었다는 점은 꽤나 중요합니다. 지적으로 도전적이면서도, 영국 철학의 실증주의에 의해 정체되지 않고 철학으로부터 독립을 유지한 거죠. 초기 《과학의 사회적 연구》 논문을 펼치면, 지적 자극을 주고 경험적 근거에 기초하면서도 실증주의에 인해 바로 단순화되지 않은 무언가를 볼 수 있었습니다.

** Steven Shapin, "Phrenological knowledge and the social structure of early nineteenth-century Edinburgh," *Annals of Science* 32 (1975), 219-243; Donald A. Mackenzie, *Statistics in Britain, 1865-1930: The Social Construction of Scientific Knowledge* (Edinburgh: Edinburgh University Press, 1981). (원주)

마잔더라니 데이비드 블루어의 작업인 스트롱 프로그램은 어땠나요?

라투르 블루어는 중요했죠. 저는 일찍이 그의 책 『지식과 사회의 상Knowledge and Social Imagery』을 불어로 번역했습니다. 번역서를 출간하고 1~2년이 지난 1978년에 블루어를 파리로 초대했는데, 물론 이 책도 제가 번역한 다른 책들과 마찬가지로 아무 성공도 거두지 못한 상태였습니다. 프랑스인들은 이 책을 집어 드는 데 20년이 걸렸는데, 합리주의 전통 때문에 스트롱 프로그램에 강한 반감이 있었고 결과적으로 아직도 이를 충분히 받아들이지 못한 상태입니다. 저는 아직도 블루어를 공부하고 있습니다. 블루어가 비행기에 대해 쓴 책의 열렬한 팬이기도 합니다(Bloor 2011). 하나의 본보기라고 할 수 있겠네요. 이 사람은 제 또래인데 여전히 비행기가 왜 나는지에 관해 완전히 경험적인, 굉장한 책을 낸 것입니다. 카린 크노르세티나Karin Knorr-Cetina*도 아직 저작을 내고 있고, 해리 콜린스도 그렇고, 스티브 울가도 그렇고, 섀퍼는 다소 젊은 편이지만 왕성하고요, 셰이핀은 지금 와인 칼럼으로 약간 이탈했지만** 굉장히 많은 책을 출간한 바 있습니다.

그래서 블루어는 굉장히 의미가 컸습니다. 그가 철학에 대해 하는 말은 단 한 마디도 믿은 적 없지만, 이건 철학의 의무가 무엇인지에 대한 의견이 어긋나는 데서 비롯한 작은 마찰로 볼 수

---

* 인류학을 배경으로 하는 오스트리아 출신의 STS 학자이다. 실험실에서 과학자들이 실제로 어떻게 연구하는지에 대한 초기 참여 관찰과 분석을 수행한 연구로 잘 알려져 있다.

** 『A Social History of Truth』, 『The Scientific Life』, 『Never Pure』 같은 중요한 책을 쓴 과학사학자 스티븐 셰이핀은 최근에 맛, 냄새 같은 사람의 주관적 판단이 어떻게 과학적 및 사회적 자원과 만나 정교해졌는지 연구하면서 《런던 리뷰 오브 북스(London Review of Books)》 같은 잡지에 와인 칼럼을 쓰고, 와인 감별에 대한 연구 논문을 출간했다. Steven Shapin, "The Tastes of Wine: Towards a cultural history," *Rivista di Estetica* 51 (2012), pp. 49-94.; "A Taste of Science: Making the subjective objective in the California wine world," *Social Studies of Science*, 46 (2016), pp.436-460.

있습니다. 말씀드렸듯이, 저는 인류학에 더 관심이 있고 사회학적 설명은 방해물이라고 생각합니다. 그러나 생태 위기와 인류세***로 인해 전 세계가 STS가 되고 있다는 사실은 우리의 모든 작은 차이를 불식합니다. 40년 전에는 과학이 어떻게, 왜 만들어지는지 이해하는 일이 가장 중요하다고 말하기가 쉽지 않았습니다. 그들의 목표는 사회를 이해하는 것이었지만 제 목표는 언제나 자연을 이해하는 것이었습니다. 마침내 모두가 자연과 사회는 같은 것이라고 말하지만, 이것을 이해하는 데에는 여전히 어려움을 겪고 있죠. 이것이 바로 인류세의 처지라고 말할 수 있겠습니다.

마잔더라니 그렇다면 에든버러 학파와 비교할 때 선생님의 차별점은 과학에 대한 사회적 설명 대신, 자연과 사회의 상호관계와 둘의 불가분성을 강조하는 데에 있다는 건가요?

라투르 불가분성은 여전히 이원론을 상정하기 때문에 불가분성은 아닙니다. 인류학적으로 같다는 말인데, 여성과 남성처럼 한 쌍이고, 마치 젠더gender와 같이, 두 젠더처럼 얽힘을 풀기 힘들다는 것이죠. 다시 말하지만, 생태 파괴의 막대한 영향 때문에 지금 같은 상황이 벌어지고 있습니다. 사실 STS 분야는 처음에는 주로 원자 폭탄 학살의 위협으로 인해, 나중에는 베트남 전쟁 중 기술의 사용으로 인해 탄생했습니다. 이제 이 분야는 홀로코스트에 버금가는 두 번째 위협, 즉 생태 위기에 의해 엄청나게 확장되었습니다. 이 분야를 조직한 데이비드 에지의 영향력으로 돌아가겠습니다. 그가 직접 쓴 글이 큰 관심을 끌었던 것은 아닙니다. 몇몇 사람을 제외하고는 그의 어투를 알아듣지 못했고, 그가 말한 내용도 마찬가지였죠. 하지만 그는 이 분야를 조직하고, (그의 부인에 의하면 죽는 날까지) 논문을 고치고, STS을 지원하는 기관에 접촉하는 등 제가

*** 인류세(Anthropocene)는 온실가스 배출, 핵 개발, 플라스틱 오염 등 인간의 활동이 지구 환경과 생태계를 크게 변화시켜 홀로세에 이은 새로운 지질시대가 열렸다는 의미로 사용된다.

잘 알지 못하는 일들을 했습니다. 에지가 없었다면 이 분야도 없었다는 점은 분명합니다.

마잔더라니 저희가 관심 있는 것 중 하나는 STS가 어떻게 변하고 있는지입니다. STS가 어떻게 바뀌었고 이 분야에서 다양한 사람이 어떻게 각기 역할을 맡았는지 말씀해 주셨는데, 선생님이 느끼시기에 1960년대 초반부터 지금까지 시간이 지남에 따라 이 분야는 어떻게 변했나요? 원자력의 위협에서 환경에 대한 우려로 관심의 초점이 옮겨 갔다고 언급하셨는데, 선생님께서 보시기에 이 분야를 변화시킨 다른 변수가 있나요?

라투르 노인의 관점으로 되돌아가는 것일 수도 있는데, 너무 다양한 주제로 확장함으로써 분야가 약해졌다고 생각합니다. 저는 파리에서 제가 조직하는 것을 제외하고는 더 이상 4S 모임에 참석하겠다는 생각을 하지 않고 있습니다. 우리가 1970년대 새내기 시절 탈피하려고 했던, 과학과 기술에 대한 일종의 약한 선의의 비판이 주가 되었기 때문입니다. 그 당시 과학과 기술 비판, 기술 지배에 대한 유사 하이데거식 비판, 여기에 추가로 은퇴한 노년 과학자들이 제기하는 윤리적 우려가 있었습니다. 우리는 자연과학을 주의 깊게 공부하고, 글을 쓸 때 과학에 대해 찬양하기보다는 그 내용의 존엄성에 대한 감각을 불어넣음으로써 그로부터 벗어나려고 했습니다. 과학사회학을 공부할 때 늘 접했지만 요즘은 덜 거칠어 보이는 4S에서는 찾아보기 힘든 감각입니다. 이제 이 분야는 너무 멀리 퍼져 나가서, 존재론과 행위성 같은 개념들을 중심으로 인류학으로 들어갔음은 물론, 의학, 심리학, 신체에 대한 확장된 질문으로, 인문학으로, 당연히도 정치 이론으로, 이제는 생태 문제까지 뻗어 나갔습니다. 그래서 오늘날 STS는 이렇게 많은 사람이 몸담고 있는 훌륭한 분야지만, 제가 보기에는 약화했습니다. 그러나 이건 노인의 견해고, 분야의 최전선에서는 여전히

'과학'이 전적으로 중심이 됩니다. 저는 그 게임에서 한 명의 참가자일 뿐이죠.

마잔더라니 그 중심에서 비판적 접근이 사라진 것이 아니라 과학 자체를 진지하게 받아들이는 태도가 사라졌다는 말씀인가요?

라투르 과학을 탐구할 때 사용하는 비판적 도구보다 과학의 내용 자체를 자세히 묘사할수록 세상이 더 흥미롭게 드러난다는 말입니다. 어떤 의미에서 우리가 하려는 말은 과학 자체가 스스로에 대해 하는 "사회적 설명"입니다. 사회를 이용해 과학을 설명하지 말고 반대로 과학을 재기술하여 사회를 설명하라는 것입니다. 이걸 가지고 아직도 에든버러 학파와 논쟁하고 있습니다. 사회적 설명이라는 낡은 인습이죠. 그들은 사회가 무엇으로 구성되어 있는지 아직 재설정하지 않았습니다. 과학이 자원이 아니라 주제이며, 내 설명이 내가 연구하는 사람들이 세상을 정의하는 방식에 기여한다는 사실을 밀어붙인다면, 그것은 내가 외부에서 그들을 연구하는 것이 아니라 그들이 자신을 이해하는 방식에 '외교적' 제안을 제공한다는 의미가 됩니다. 사회과학자들은 이런 '외교적' 만남의 프로토콜을 실제로 늘 해 왔지만, 이제야 이것이 의무임을 깨닫게 되었습니다.

마잔더라니 사회과학자의 역할을 가교나 연결 장치 같은 '외교관'으로 생각하는 것이라면 굉장히 참여적인 프레임 같군요.

라투르 네, 하지만 그것은 언제나 사회과학의 역할이었습니다. 이것이 제가 데이비드 블루어의 과학자 에토스scientist ethos를 믿지 않은 이유입니다.* 에든버러 학파가 매달렸던 과학의 과학science of science이라는 과업에는 받아들이기 어려운 면이 있습니다. 에든버러 학파는 우수한 인력과 우수한 현장 연구 덕분에 살아남았지만 그건 과도기적이었죠. 제게는 전환이 6개월 걸렸지만 몇몇은 아직도 전환 중인 것 같습니다. 영국의 사회과학자들이 받는 철학 교육은 정말 빈약하기 때문에 사람들은 늘 약간 비트겐슈타인이나 그 비슷한 무언가에 매몰되어 있었습니다. STS를 하는 프랑스식 방법 같은 게 있다는 것조차 인정하지 못한 거죠! 해리 콜린스 같은 사람들은 여전히 이 분야에서 우리의 존재가 완전히 정당하지는 않다고 생각합니다. 이건 영국이나 스코틀랜드의 분야인데, 저 미련한 프랑스인들은 행위자 네트워크 이론 같은 잡다한 것들을 가지고 뭐하냐는 거죠.

마잔더라니 그것에 대해 좀 더 이야기해 주시겠어요? 프랑스식 접근으로서 행위자 네트워크 이론이 어떻게 생겨나게 되었는지….

라투르 프랑스식 접근이라기보다 에든버러 학파의 접근을 좀 더 밀어붙인 것이었습니다. 정확히는 지속될 수 없는 과학의 과학을 반박한 것이었죠. 그들이 자연에 관해 말한 것이 사실이라면 사회에도 적용될 수 있어야 했습니다. 이 점을 보지 못한 건 정말 기이한 일이었습니다. 저는 미셸 칼롱Michel Callon과 함께 행위자 네트워크 이론의 출생지 격인 리바이어던을 다룬 논문에서 이 생각을 밝혔습니다(Callon and Latour 1981). 개인적으로 저는 행위자 네트워크 이론을 사랑하지는 않습니다. 이게 그렇게 대단하다고 생각하지 않지만, 자연/문화라는 연속된 개념 양쪽에서 공통점을 찾아야 한다는 발상은 처음부터 우리를

* 블루어의 에든버러 학파는 과학을 사회학적으로 설명하는 과학사회학도 과학과 비슷한 인식론적인 지위를 갖는다고 생각했다. 이에 대한 좀 더 자세한 논의로는 홍성욱, “초기 사회구성주의와 과학철학의 관계에 대한 고찰 (1): 패러다임으로서의 쿤” 『과학철학』 17 (2014), pp. 13-43을 참조하라.

사로잡았습니다. 한쪽을 공격하는 것도 굉장히 중요하고 흥미롭지만, 이것이 사실 양쪽 모두에 영향을 미친다는 점을 보지 못하면 토론은 차단됩니다. 물론 이것은 인류학자들이 게임에 뛰어들기 전의 일이고, 생태학적 문제가 이처럼 공공연하게 부각되기 전의 일이기도 합니다. 하지만 이는 저의 편향된 해석입니다. STS 분야에 대한 제 시각은, 제가 공부했기에 더욱 준비되어 있던 인류학과 생태학이라는 두 변화와 맞닿아 있었습니다. 그리고 제가 보기에 사회과학의 접근을 유지해야 한다는 강박은 장애가 되었습니다. 이제는 위대한 스승 맥켄지와 경제학에 대한 그의 연구가 있기 때문에 상관없습니다.** 안타깝게도 제가 직접 한 연구가 아니기 때문에 제가 경제학의 인류학에 기여한 바는 없지만 어쨌든 가장 중요하다고 생각합니다.

STS와 (자연)과학의 관계

마잔더라니 생태와 환경에 대한 선생님의 연구에서 STS의 사고방식을 도입한 것이 환경 문제를 이해하는 데 어떤 핵심적인 기여를 했다고 생각하시나요?

라투르 제 문제는 제 몸속에 STS가 스며 있어서, 학생들을 가르칠 때 깜박하고 STS에 대해 전혀 말해 주지 않는다는 것입니다. 일 년이 지나고 나서야 학생들이 아무도 제가 하는 말을 이해하지 못하고 있다는 사실을 깨닫곤 하는 거죠. STS를 먼저 알아야 하는데, 저는 그것을 놓치고 나중에서야 STS 속성 강의를 시도했죠. 저로서는 STS와 연결고리가 없는

** 에든버러 학파 출신인 도널드 맥켄지는 초기에는 기술의 사회적 구성에 대해서 연구하다가 경제학으로 그 관심을 바꿔서 경제학의 이론이나 시장의 사회적 구성에 대한 훌륭한 연구를 내놓았다. 대표적인 저술로는 Donald MacKenzie, *An Engine, Not a Camera: How Financial Models Shape Markets* (MIT Press, 2006); *Trading at the Speed of Light: How Ultrafast Algorithms Are Transforming Financial Markets* (Princeton University Press, 2021) 등이 있다.

사람들의 뇌가 어떻게 작동하는지 상상하기조차 어려운데, 그런 사람들이 존재하긴 합니다!

저는 사람들이 고통 없이 STS와 다른 기법들을 흡수할 수 있도록 지난 사반세기 동안 논쟁의 지도를 그려 왔습니다. 이 일을 아직도 하고 있는데 이제는 가내 수공업이 됐고 거대한 프로그램도 가지고 있습니다.* STS의 직계 후손으로서 STS의 핵심 메시지 일부를 담고 있죠. 아직 그렇게까지 발전하지는 않았고, 상식으로 만들어야 하는데, 유일한 방법은 논쟁과 도구, 직업과 패러다임, 이런 모든 것을 가능한 한 질서 잡히고 쉬운 방식으로 설명하여 기법을 배울 수 있는 키트를 만드는 것입니다. 생물학 개론 수업을 가르치는 방식으로 말입니다. 아직 거기에 도달하지 못했지만, STS의 시각이 아직 충분히 확산되지 않았다는 사실에 의해 거듭 저지된다는 점을 고려하면 이러한 작업은 필수불가결합니다. 특히 프랑스에서는 마치 19세기 중반을 사는 것처럼 '과학'이 우주 밖 어딘가에서 오는 것이라 믿는 사람들이 있기 때문에 심각합니다.

마잔더라니 인류학이 선생님의 배경이고, 특히 관심을 두고 있다고 하셨습니다. 그리고 STS가 어떻게 각종 분야로 확산했는지 말씀해 주셨는데, 인류학이 새로운 형태의 STS가 발생하는 핵심 분야라고 생각하시나요?

라투르 아시다시피 우리는 '패러다임'이라는 개념에 대해 STS 연구를 많이 했는데, 이 개념의 특징 중 이상한 것은 그게 무엇인지에 대해 합의된 게 없다는 점입니다. 제가 보기엔 패러다임에 대해 저를 포함한 모두가 다 다른 정의를 내리고 있습니다. 제 말은 사회과학과 자연과학 전반이 재정의되고 있으며, 우리가 기본적으로 살아남을 방법을 찾기

---

* 라투르는 파리, 뮌헨, 암스테르담, 로잔, 맨체스터 등의 연구자들과 함께 mappingcontroversies.net을 결성해서 논쟁 연구를 진행했다. 현재 이 웹페이지는 지금은 더 이상 작동하지 않지만, 그 기록은 web.archive.org에서 볼 수 있다.

위해서는 사회과학과 자연과학 사이 완전히 새로운 동맹이 필요하다는 것입니다. 그게 제가 생각했을 때 실전에서 STS가 나아갈 방향이며, 논쟁의 지도 그리기를 언급한 이유입니다. 예시를 하나 들자면, 저는 '지구의 정치'라는 프로그램을 감독하고 있는데, 실험실의 자연과학자 직원들은 저에게 STS에 관해 일절 묻지 않고, 블루어 논쟁을 언급하거나 상대주의를 논하지도 않습니다. 그러나 그들은 놀라운 질문을 던지고는 합니다. 자신은 생화학자이기 때문에 전 세계 사람들이 이산화탄소CO_2를 사용하는 다양한 방식을 모르는데, 이산화탄소의 지정학에 대해 도와줄 수 있느냐. 계량정보학scientometrics을 통해 이를 연구할 수 있느냐. 과학자들과 이런 협력 관계에 있는 것이 STS의 현황입니다. 저는 이제 생화학 관련 일로 캘리포니아로 가서 과학자들과 '임계 지역critical zone' 작업을 하는데, 그들은 STS 논문을 읽고 이해하는 것은 꿈도 꾸지 않습니다. 우리가 협력하는 것은 그들이 대중에게 자신을 이해시키는 데 어려움을 겪기 때문입니다. 과학을 향한 오랜 공격이 완전히 뒤바뀐 상황인 거죠. 우리는 이제 과학을 기후 회의론자 같은 사람들로부터 지켜야 합니다.** 어느새 두리번거리며 이렇게 외치는 과학자들이 보입니다. 도와주세요. 도와주세요. 공격받고 있습니다! 공격받고 있습니다!

마잔더라니 이상한 변화라고 생각하지 않으십니까?

라투르 이상한 변화가 맞습니다. 우습게도 사람들은 라투르가 변심했다고 말합니다. 전에는 과학을 공격했다가 지금은 과학을 옹호한다고요. 저는 아니라고 말합니다. 저는 과학을 공격한 적이 없고, 지금 옹호하고 있지도 않습니다! 과학자 여러분이 인식론에 의해

** 기후 회의론자들은 기후 변화에 관한 과학자들의 연구가 합의에 이르지 못했다고 주장하며, 기후 변화의 사실성 여부가 과학자 공동체 사이에서 반반으로 갈리는 논쟁적인 문제인 것처럼 묘사하는 경향이 있다. 그러나 사실 통계에 따르면 절대다수의 기후과학자는 화석연료가 기후 변화를 일으킨다는 사실에 동의한다.

보호받는다고 믿고 우리로부터 그것을 보호하는 동안, 우리는 단지 여러분이 하는 일을 설명했을 뿐입니다. 이제 여러분은 그것이 기후 부정론자와 같은 나쁜 놈들을 전혀 방어하지 못한다는 사실을 알게 되었고, 갑자기 당신이 하는 일을 대중에게 이해시켜야 함을 깨닫게 되었습니다.

마잔더라니 한 발 되돌아가자면, 선생님은 과학자와 학생들이 STS를 생각조차 하지 않지만, 실질적으로는 우리와 비슷한 주제와 우려를 다루고 있다고 언급하셨습니다. STS를 구축한 언어를 잃어버리는 것이 핵심 개념이나 인식론적 토대를 이해하는 데 문제가 된다고 생각하시지는 않나요? STS의 생각들을 가지고 작업하지만 더 넓은 역사와 개념들을 접해 본 적이 없는 사람들과 일하기 위해서는 어떤 번역이 필요할까요?

라투르 굉장히 흥미로운 질문입니다. STS의 핵심은 사실 그저 과학에 관한 어리석은 생각에 대한 비판이기 때문에, STS는 표현할 필요 없이 암묵적이고 상식적이어야 한다는 것이 저의 오랜 생각이었습니다. 우리는 어렸고 우리가 읽거나 접한 것의 결함을 꼬집어 밝히는 일을 즐겼지만, 이를 지적 양분으로 삼기에는 부족했습니다. 어리석은 생각을 모두 끄집어내고 나면 그걸로 된 거지, 오버하면 안 되죠. 과학을 이해하는 옛 방식을 끝없이 비판할 필요는 없으며, 이제는 암묵적인 것이 되어야 합니다. 사실 다음 과제가 진정한 지적 난관이기 때문입니다. 과학 제도로 무엇을 할 것인가? 숲이 원주민, 삼림부, 생물학자 각각에게 서로 비교할 수 없는 방식들로 이해되면 어떻게 하는가? 과학을 비판하고 싶어서가 아니라, 이제는 숲에서 어떻게 살아남고 이 숲을 어떻게 살릴 것인지가 문제이기 때문이죠. 이 질문에 대한 답이 그 누구에게도 같을 거라고 생각하지 않습니다. 비판은 유용하지만, 어느 정도까지만 그렇다는 것이 항상 저의 대답이었습니다. '과학'에 관한 통념에 대항하기 위해서는 큰 존재론적 질문들, 모든 진짜 핵심 질문을 제쳐 두어서는 안 됩니다. 하지만 이미 그렇게 됐습니다. 좀 전에 한 기자로부터 상대주의에 반대하는 발언을 해 달라는 요청을 받았는데, 애써 답할 것도 없이 그냥 쓰레기통에 던져 버렸습니다. 인류세 시대에 왜 상대주의에 대해 이야기해야 하나요? 완전히 어리석은 짓입니다. 물론 여전히 그 옛날의 게임을 하고 싶어 하는 사람들이 있습니다. 제가 STS가 약화되었다고 생각하는 또 다른 이유죠. 여전히 우리 분야에 진입하는 많은 젊은이가 실재론의 정의 어쩌고가 틀렸고, 상대주의의 정의 저쩌고가 틀렸다고 폭로하고 싶어 합니다. 저에게 이런 싸움은 이미 끝이 났고, 정말 어려운 것은 그 다음 단계, 이산화탄소를 두고 생화학자들과 어떻게 협업해야 하는가입니다.

마잔더라니 선생님은 탈비판post-critique의 단계로 넘어가는 것에 대해 글을 쓰셨습니다.* 그런 작업에 사용할 수 있는 모델로 어떤 것이 있나요?

라투르 아무것도 없습니다! 그래서 모르는 거고, 그래서 외교라고 부르는 겁니다. 아무것도 없어요. 과학의 복원, 과학 제도의 재정립, 우리가 자연과 객관성이라고 부르는 자연 제도의 재정립…. 이 모든 문제는 극도로 어렵습니다. 사실 다름 아닌 과거의 비판 때문이죠. 지금은 비판이 임무로부터 주의를 돌리고 역효과를 낳는 상황입니다. 기후 회의론자들과의 논쟁이 대표적인 사례입니다. 기후 회의론자들에게 대꾸하는 건 소용없습니다. 그들에게 대답할 것이 아니라 다른 무언가, 이를테면 세계 구축을 필요로 하는 무언가를 해야 합니다. 우리는 세계를 구축한 경험이 많지 않습니다. 최근 각각 프랑스, 숲, 원주민, 캐나다 등을 대표하는 200명의 협상가와 함께 모의 환경 협상을 진행해 보았습니다.

* Bruno Latour, "Why Has Critique Run Out of Steam? From Matters of Fact to Matters of Concern," *Critical Inquiry* 30 (2004), pp. 225-248.

제가 보기에 바로 이것, 즉 지정학地政學, geopolitics이 STS의 최전선입니다. STS은 이제 지정학에 관한 것입니다. 그러나 중립적인 "과학의 과학"이나 과학 비판 같은 기존 모델들을 그냥 사용할 수 없기에 지정학을 어떻게 수행할지는 까다로운 문제입니다.

마잔더라니 과학의 과학이나 과학 비판을 넘어설 방법에 대한 제안이 있으신가요? 확실한 대안은 아니라도 가능한 대안은요? 아까 "외교"를 언급하셨습니다. 젊은 학자나 이런 질문을 다루는 사람들에게 어떤 제안을 할 수 있을까요?

라투르 한 가지 확실한 점은 과학에 대한 설명이 별로 다양하지 않다는 것입니다. 대안 설명을 제공하는 사람이 그리 많지 않습니다. 제 것을 포함하여 상당수가 사물에 대한 논평인데, 완전히 시간 낭비라고 생각합니다. 한 학생이 저에게 소프트웨어 제작에 관해 좋은 설명이 있냐고 물은 적이 있습니다. 소프트웨어를 기반으로 하지 않는 활동은 단 하나도 없지만, 소프트웨어 제작을 주제로 삼는 문헌은 매우 적습니다. 셰이핀이 골상학을 연구한 것처럼, 소프트웨어 제작의 인류학을 하는 사람이 있냐고 물으면 바로 말문이 막히는 것입니다. 과학에 대한 설명을 제공하는 것이 첫걸음이고, 두 번째는 아까 말한 논쟁의 지도 그리기와 같은 상식적이고 암묵적인 STS 실천의 최전선을 과학 교육과 융합시키는 일입니다. STS를 통해 과학 교육을 전면적으로 개편하면 STS는 자연스레 내포될 것입니다. 그러면 과학에 대한 신뢰가 회복되기 시작하고 외교적 만남이 더 드물어지겠지요.

과학과 사회과학을 복수 전공하는 프로그램을 만드는 걸 비롯해서 이것저것 시도해 보고 있기는 합니다. 매년 몇 명이 이 점을 이해하고자 하고 학위 논문을 쓰고 있습니다. 과학이라는 개념이 덜 단순화되는 대화에 이를 수만 있다면…. 산림기술자가 볼리비아 인디언와 직접 만나고, 과학에 대해 동일하지는 않지만 "공유불가능"하지도 않은 의견을 지닌 생물학자와 NGO 관리자를 만날 수 있다면, 제가 중간 지점이라고 부르는 절충안을 낼 수 있을 것입니다. 이를 위해서는 아마 역대 가장 공허한 분야인 사회과학의 인식론에 맞춰 연마된 기술과는 완전히 다른 게 필요할 겁니다. STS에 진입하고 싶은 젊은이들에게 말하자면, 탐구할 수 있는 것은 무한히 많고, 여전히 완전 열린 지평이지만, 지원금이 다른 분야에 못 미칩니다. 영국에서는 STS에 자금이 잘 지원되나요?

마잔더라니 복잡합니다. 지원받는 부서가 없진 않지만, 에든버러에 있는 STS 센터*같은 경우는 예외적인 사례라고 할 수 있겠네요.

라투르 심지어 건물도 있지요.

마잔더라니 네, 건물도 있으니 기적이죠! 지원금에 대한 질문이 흥미로운 이유는 STS나 STS에 대해 제기되는 비판 중 하나가 그것이 결국 과학에 종속되어서 혹은 그에 길들여서 지원받게 된다는 점 때문이죠. 가령 거대과학 프로젝트의 윤리 부서로 말이죠. 매우 전형적인 모델인데, 말씀을 들어 보면 STS가 과학의 하인이 되는 이런 모델에 대해 선생님은 다른 사람들만큼 문제 삼지는 않는 것 같습니다.

라투르 아니요, STS는 오히려 지도자Führer가 돼야 합니다!

마잔더라니 영국에서 또 하나 중요한 점은 STS와 다른 사회과학들이 어떠한 '영향', 모종의 '긍정적인' 변화를

* 과거의 과학학 유닛을 가리킨다.

가져와야 한다는 것입니다. 그러나 선생님께서 논하시는 건 전혀 선형적인 영향력을 가진 모델처럼 들리지 않습니다.

라투르 네. 그러나 영국인들이 어떠한 사고방식에도 해로운, 나쁜 의미에서의 경험적 접근에 집착하기 때문에 어려움을 겪는 것이 사실입니다. 이게 대세입니다. 상황이 상당히 비극적인 만큼 어디서나 사고가 금지된 것처럼 보이며, 아예 사고하지 않는 것이 상황에 대응하는 가장 합리적인 방식이라는 겁니다! 그러나 우리는 항상 과학 제도 내에서 보조하는 위치를 거부해 왔고, 특히 제가 공학자를 양성하는 파리국립고등광업학교École des Mines, 에꼴데민의 STS 연구실에 있을 때 그랬습니다. 우리 연구실은 다른 모든 연구실과 동등한 조건에 있었고 모두에게 필수 과목을 가르쳤습니다. 지금 제가 있는 시앙스포Sciences Po, 파리정치대학는 사회과학 위주라서 다르지만, 저는 즉시 학사와 석사를 위해 사회과학이 보조하는 위치에 있지 않은 생태학과 사회과학 복수 전공을 만들었습니다. 이런 융합적인 환경을 더욱 고안해야 하지만, 다른 곳에서는 이런 노력이 윤리나 교육, 대중의 과학 이해에 관한 문제들에 국한되어 있습니다. 여기서도 이런 주제들은 늘 일종의 차선책으로 존재하긴 하는데, 이상하게도 프랑스는 STS 자체에 확실한 자금을 마련해 준 적이 없어 자유로운 측면이 있습니다. 하지만 프랑스에는 항상 역사에 기반을 둔 인식론과 철학의 주요 전통이 있었습니다. 그래서 영국의 경우처럼 실제와 희미한 관계조차 없는 철학과 역사 사이에 완전한 대립이 일어난 적이 없습니다. 프랑스에서 STS에 관해 가장 유명한 인물은 과학사학자 도미니크 페스트르Dominique Pestre입니다. 그는 사실상 STS에 기초한 과학사 대학교수직을 아마 20~30개 만들었을 겁니다. 그에 더해 많은 학생을 취업에 성공시킨 저와 칼롱이 있지만, 이는 프랑스의 독특한 학문적 생태계 때문입니다. 하지만 언제나 그렇듯이 지원금이 핵심인 게 현실입니다.

마잔더라니 영국에서 일어난 일 중 하나는 역사학이나 인류학 같은 분야에서 과학에 대한 관심이 주류가 됐다는 것인데, STS가 다학제적 분야로 발전하던 초기에는 이런 분야들이 과학에 대해 그만큼 관심을 갖지 않았습니다. 프랑스에서도 비슷했는지 궁금합니다.

라투르 프랑스에는 전문적인 조직이 없기 때문에 학과들의 연합이 훨씬 느슨한 편입니다. 저에게 남을 시험하는 가장 중요한 질문은 "당신은 STS입니까?"입니다. 프랑스에서 "우리는 STS입니다"라고 말하는 것은 예방 주사를 맞았으니 질병에서 자유롭다는, 예방 접종 증명서 같은 것입니다. 중립적인 과학이나 위치 지어지지 않은non-situated 지식에 대한 어리석은 생각들을 주입하지 않으면서 대화를 이어 나갈 수 있다는 뜻입니다. 이건 페미니즘 연구에서 왔을까요? 혹은 프랑스에서, 엄밀히 말해 STS의 유일한 주요 분야인 과학사에서 왔을까요? 아니면 나와 페스트르와 동료들 때문에 프랑스에서 때때로 STS로 취급받는 과학철학일까요? 스스로를 STS라고 칭하는 사람 대부분은 콜레주드프랑스College de France에서 인류학을 하는 무리로부터 온 것 같은데요, 그중 서너 명이 저와 페스트르의 중간 지점에서 굉장히 참신한 방식으로 실험실 인류학을 하고 있습니다. 그렇지만 학문적 소속에 관해서 프랑스는 특수한 경우입니다.

마잔더라니 앞으로 네덜란드와 미국 사람들을 인터뷰할 예정인데, 비교해 보는 것도 재미있겠네요.

라투르 가지각색이죠. 프랑스에는 의학과 사회에 관해 STS스러운STSy 활동, "STS스러운"이라는 단어는 실제로 쓰이고 있는데요, 이런 활동을 하는 사람이 어마어마하게 많습니다. 그들은 주요 의과대학에도 있고 국립과학연구센터CNRS에도 있는데 이게 프랑스의 특이한 점이죠. 그렇기 때문에 프랑스에서는 STS 연구자나 STS스러운 사람이 과학자와 직접 협력하는 것이 더 쉽고, 이는 드문 일이 아닙니다.

마잔더라니 그것이 프랑스의 STS, 그러니까 선생님과 칼롱 같은 사람들의 연구에서 나온 아이디어에 영향을 미쳤다고 생각하시나요?

라투르 우리가 공과대학에 있었기 때문에 영향을 미칠 수 있었죠. 공학자를 양성하는 기관에 있었으니까요. 네, STS를 보조적으로 보는 견해와 싸웠기 때문에 차이를 만들었습니다. 의학은 윤리에 저항하는 데 훨씬 덜 성공적이었는데, 그건 의료 윤리에 대한 수요가 훨씬 더 크고 일자리가 더 많기 때문이기도 합니다. 사회학의 경우, 프랑스 사회학자들은 STS에 완전 면역이 되어 있기 때문에 STS가 잘 침투한 적이 없습니다. 리바이 스트라우스Levi Strauss의 영향으로 프랑스에서 굉장히 명성 있는 학문인 인류학은 필리프 데스콜라Philippe Descola 덕분에 많은 STS스러운 연구를 발전시켰습니다. 심리학은 그러지 못했죠.

그러나 이제 알겠지만, 제가 이야기하는 과학자들은 STS의 'S' 자도 모릅니다. 그들은 그저 "길을 잃었어요. 우리가 다루는 내용 속에서 길을 잃었습니다"라고 말합니다. "지구는 통일되어 있지 않은데, 통일되지 않은 지구로는 어떻게 해야 하죠? 우리가 단지 로비 활동을 벌이는 이익집단 중 하나라고 말하는 사람들에게 공격받고 있습니다. 도와줄 수 있나요?" 저에게는 너무나 당연한 이야기지만, 한때는 상대주의자가 되었다가 이제 절망에 빠진 과학자들의 조력자이자 보모로 변모하게 되는 이 모든 일이 지난 40년 동안에 내게 일어났다는 사실이 재미있죠.

마잔더라니 그러면 도울 수 있다는 건가요?

라투르 예, 제가 도울 수 있을 것 같습니다. 이제 새 작업을 시작하는데, 1~2년 내에 알 겁니다. 적어도 자기 전문 분야가 아니면 철저히 무지한 자들에게, 그들의 결정적인 질문들에 대답하기 시도하는 인문학과 사회과학의 친절한 목소리를 들려줄 수 있겠죠. 사회과학은 그런 역할을 하는 학문입니다. 사회과학은 결정적이지도, 보조적이지도, 부차적이지도 않고, 그냥 거기에 심겨 있는 거죠. 이건 STS에서 완전히 벗어나, 일반적으로는 미국적 현상인 생물철학과 비슷합니다. 생물철학에 전념하는 미국의 학술지들은 보통 STS에서는 그다지 찾아볼 수 없는 방식으로 아주 흥미롭습니다. 학문의 내용을 가지고 어디까지 갈 수 있는지가 핵심입니다. 요점은 에든버러에서 STS를 하는 모두가 저보다는 과학 기초 교육을 더 잘 받았다는 겁니다. 그들이 유리하게 출발할 수 있었던 이유죠.

마잔더라니 과학의 핵심에 다가서고, 말씀해 주신 것처럼 과학과 교류하기 위해서는 과학자가 되어야 할까요?

라투르 아니요, 그렇지만 과학 훈련을 잘 받아 두면 도움이 됩니다. 요즘 저는 탄소 순환을 이해하기 위해서 화학 교과서를 복습하고 있습니다. 제가 (과학을 잘 아는) 사이먼 섀퍼였으면 그럴 필요가 없겠죠. 물론 이렇게 무지한 건 조금 우습지만 저는 다른 여러 기여를 했으니까요.

마잔더라니 우리가 관심 갖는 주제 중 하나는 STS의 미래, 즉 STS가 나아가는 방향입니다. 섣불리 앞날을 예언하면 안 되는 걸 알지만, 선생님의 관점에서 이 분야는 어디로 가고 있고, 어디를 향해야 하고, 어디로 가는 걸 보고 싶으신가요?

라투르 딱히 예측할 필요도 없이 매우 쉽게 대답할 수 있습니다.

지금은 인류세이고 우리는 중심 학문입니다! 거창하게 말하자면 (에든버러의 친구들은 제가 프랑스식으로 과장해서 말한다고 여기겠지만) 운이나 우연의 일치가 아니라, 우리 STS 분야에서는 늘 지금 이 순간을 위해 준비해 왔습니다. 인류세를 산다는 것은, 지질학에 대해 이야기할 때 인류에 대해서도 이야기하는 것임을 우리는 이미 알고 있었습니다. 그리고 인류에 대해 이야기할 때는 지질학에 대해서도 이야기해야 하죠. 아무도 이를 위한 준비가 되어 있지 않은데, 적어도 우리는 40년 동안 이 일을 해 왔기 때문에 그나마 나은 편입니다. 하와이에서 발견된 플라스틱 퇴적암 같은 게 주어지면 늘 연구해 온 하이브리드hybrid, 잡종를 볼 수 있는 거죠.

이 작업을 위해 준비된 인력이 충분하냐고요? 우리는 아직 작은 분야이기 때문에 그렇지는 않지만, 사회과학 학계를 조사해 보면 이산화탄소의 지정학적 지도를 요구하는 생화학자의 질문에 대응할 수 있는 분야가 그리 많지 않다는 걸 알게 될 것입니다. 만약 기후 회의론자들에게 대응하려는 기상학자나 기후학자가 있다면, 누가 그를 도와서 "물론 상대방은 정치를 하고 있지만, 당신도 마찬가지로 정치를 하고 있으니 숨기지 마세요. 두 가지 정치가 실제로 만날 수 있는 장을 만들어야 합니다."라고 조언해 줄 수 있을까요? STS를 하는 사람만큼 이런 조언을 잘할 수 있는 사람이 있을까요?* 지금 환경사 출신인 사람들, 인류세 연구를 하는 사람들 모두가 STS 연구자 혹은 STS스러운 연구자라는 점이 흥미롭습니다. 우연히 예방 접종을 맞은 자들 말입니다. 천연두처럼 예방 접종을 통해 얻을 수도 있고 누군가와 접촉했기 때문에 얻을 수도 있는 거죠. (마치 예방 접종과 같이) 왜 아이들에게 STS 훈련을 시켜 놓는 게 그리 중요한지 쉽게 알 수 있다고 생각합니다. 프랑스는 제도적으로 STS를 갖출 기회가 없었지만, 이는 오히려 페미니즘 연구가 그랬던 것처럼 이점이 된다고 생각합니다. 페미니즘 연구도 도리어

* 라투르는 『프랑스의 파스퇴르화(The Pasteurization of France)』에서 "과학은 다른 수단을 통한 정치다"라고 발언한 바 있는데, 과학 지식이 구성되고 공유되는 과정에 정치적인 성격이 있다는 의미이다.

페미니즘 학과 속에서 교착 상태에 빠지고는 하죠. STS도 유일하게 현존하는 에든버러의 학과를 제외하고는 제도 속에서는 실패했습니다.

마잔더라니 영국 서식스(의 과학 정책 프로그램)**도 있다고 생각합니다.

라투르 서식스는 과학 정책을 하기 때문에 포함된 적이 없습니다. 저와 칼롱은 정책을 했기 때문에 늘 그곳이 유용하다고 생각했지만, 에든버러는 처음부터 그곳이 정책 지향적이라는 이유로 멸시하는 실수를 저질렀습니다. 영국에서는 정책과 STS를 연결하는 데 아무런 진전도 이뤄내지 못한 반면, 프랑스 국립광업학교의 혁신사회학연구센터Centre de Sociologie de l'Innovation, CSI***에서는 늘 그것을 해냈습니다. 칼롱의 초기 연구는 전부 정책 관련이었습니다. STS 사람들의 좋은 점은, 어디를 가도 똑같이 열렬하고, 젊고, 최근에 개종한 청년들을 볼 수 있다는 건데, 놀라운 일이죠. 제가 30살일 때는 40살 먹은 자들은 늙은이라고 생각했습니다. 저는 이제 68살이지만 젊은 사람들로부터 "당신의 연구를 발견했는데, 내 지도교수가 STS에 대해 아무것도 듣고 싶지 않아 해서 번거롭게 많이 싸웠습니다. 열심히 힘들게 투쟁했네요." 하는 편지와 이메일을 계속 받고 있습니다. 굉장한 거죠. 이 분야는 말하자면 아직도 야만인들 가운데 있는 셈이지요. "저리 가, 전부 다 알고 있으니 나가."라고 말하는 사람들 대신 젊은 개종자들을 보는 건 이 나이에 아주 기분 좋은 일입니다.

마잔더라니 그 젊은 열기가 아직도 일고 있다고 생각하시나요?

** 서식스대학교에 있는 '과학정책 연구 유닛(Science Policy Research Unit)'을 말한다. 흔히 '스프루(SPRU)'라고 불린다.

*** 1967년에 설립된 국립광산학교 내의 연구소로 1970년대 후반에 라투르, 칼롱, 매덜렌 애크리쉬(Madeleine Akrich) 등이 함께 연구하면서 영국 사회학자 존 로(John Law)와 함께 '행위자 네트워크 이론'을 만들었다.

라투르 물론이죠. 지금은 과학이 하도 바보 같이 교육되어서 사람들이 스스로 자신의 길을 찾아야 하는데, 그 이후에는 블루어와 칼롱을 헷갈려도 상관없지요. 저는 미세한 구별에 연연하라고 말하지 않습니다. 그렇지만 STS는 제가 말한 이유, 즉 자연이나 사회 모두 올바른 자원을 가지고 있지 않고, 똑같이 "아하!"를 제공할 수 없다는 신선한 깨달음에 의해 존속되고 있습니다. 스티브 울가와 저는 30년 전과 똑같은 인세를 받고 있는데, 『실험실 생활』의 판매량이 그때와 똑같기 때문입니다. 언젠가는 이 책이 한물갈 거라고 생각했겠죠. 그렇지만 놀랍게도 사람들은 아직 『실험실 생활』을 구매하고 있습니다. 같은 양, 같은 매출액으로요.

마잔더라니 선생님의 책 중 사람들의 반응이 가장 뜨거운 건 무엇입니까? 확실히 『실험실 생활』이 핵심 저작이긴 합니다만, 사람들이 보내는 이메일이나 질문 측면에서요.

라투르 가장 경험적이지 않은 『우리는 결코 근대인이었던 적이 없다We Have Never Been Modern』(Latour 1993)가 어떤 까닭인지 프랑스인을 비롯하여 많은 사람의 흥미를 끌었네요. 제가 가장 좋아하는 건 『아라미스Aramis, or the Love of Technology』(Latour 1996)인데, 제일 많이 읽힌 책은 아니지만 가장 흥미롭다고 생각합니다.

마잔더라니 『아라미스』는 매우 독창적이고 흥미롭게 쓰인 책이죠.

라투르 제가 가장 아끼는 책입니다.

마잔더라니 우려되는 점은 없나요? 분야에서 일어나는 일 중 덜 긍정적이라고 생각하는 것이라든지요.

라투르 실패할 방법은 얼마든지 있죠. STS 사람들에게 드디어 때가 왔다고 알려 줘야 하는 중요한 이유는, 그들이 드디어 세상의 지도를 그리고 있어서가 아니라, 이들은 특정 영역을 공부했기 때문입니다. 우리는 인류세를 이해하는 데 필요한 기술을 갖추고 있습니다. 적어도 다른 과학 분야만큼 준비가 안 되어 있지는 않다고 말할 수 있겠네요. 물론 그렇다고 해서 어떤 문제든지 해결하는 건 아닙니다. 모르겠네요. STS 분야를 연구하는 역사학자가 있나요?

마잔더라니 제가 아는 한은 없습니다. 그것이 어느 정도는 이 인터뷰들을 기획한 이유이기도 하죠. 맨체스터대학교의 비비안 월시Vivian Walsh가 혁신 연구의 역사를 연구하고 있긴 합니다. 그리고 아리 립Arie Rip*이 STS의 역사라고 할 수 있는 과제를 시작하려고 하니, 사람들이 슬슬 이런 양상의 고민을 해 보고 있다고 생각합니다.

라투르 우리가 아직 죽지 않았다는 것이니 다행이네요. 우리는 대학이 겪는 최악의 위기에 처해 있지만 STS와는 연관이 없어요.

마잔더라니 그렇지만 관련이 있기도 합니다. 우리는 여러 대학교에 걸쳐 당면하는 제도적 제약에 대해 제대로 이야기하지 않았습니다.

라투르 하지만 그건 STS에 국한된 것이 아닙니다. 체계적이고 장기적인 방식으로 사고하는 모든 장소를 쓸어버리는 것이니까요. 우리가 STS에서 연구해 온 주제들이 40년이 지난 후에야 이해되기 시작했다는 점을 고려하면 말이죠. 이제는 연구 프로그램을 작동시키기

* 아리 립은 1980년대에 라투르, 칼롱과 함께 과학기술 발전의 동역학에 대한 책을 함께 편집했으며, 이후 STS와 과학기술 정책학의 접점에 놓인 '니치 혁신' '구성적 기술영향평가' 같은 주제들에 대해서 연구했다.

위해 40년간 어디에서 기다려야 하나요? 논쟁의 지도 그리기를 통해 우리는 일종의 키트를 갖추게 되는데, 저는 그걸 25년보다 더 이전에 시작했습니다. 외교와 존재론의 장기적인 작업인 비교 존재론은 40년 전에 시작했습니다. 이런 장기적인 관점은 어디서 얻을 수 있을까요? CSI는 이상하게도 여전히 자금 지원을 받고 있지만, 프랑스의 특정한 공과대학교 안에 있는 작은 곳에 불과합니다. 그렇지만 STS가 제약받는 것보다, 생각하는 일이 가장 유용할 때 생각하지 말라고 하는 일반적인 요구가 무서운 것이지요.

대담자 소개

브뤼노 라투르Bruno Latour는 처음에는 철학자로서, 그 후에는 인류학자로서 학문에 정진하였다. 1982년부터 2006년까지 파리국립광업학교École Nationale Supérieure des Mines de Paris의 혁신사회학연구센터, 그리고 2006년부터 2017년까지는 파리정치대학의 교수로 일하며 연구 부총장을 역임하였다. 캘리포니아대학교 샌디에이고캠퍼스, 런던 정치경제대학교, 하버드대학교의 초빙 교수였고, 코넬대학교의 기간제 교수Professor-at-Large를 지냈다. 아프리카와 캘리포니아에서 현장 연구를 한 후에는 현장의 과학자와 공학자의 분석을 전문으로 하였다. 과학의 철학, 역사, 사회학, 그리고 인류학 연구 외에도, 과학 정책과 연구 관리에 대해 많은 협동 연구를 하였다. 가장 잘 알려진 출판물에는 『실험실 생활Laboratory Life』(Latour and Woolgar 1976), 『젊은 과학의 전선Science in Action』(Latour 1987), 『프랑스의 파스퇴르화The Pasteurization of France』(Latour 1988)가 있다. 그는 대칭적 인류학에 관한 널리 인용된 연구인 『우리는 결코 근대인이었던 적이 없다We Have Never Been Modern』(Latour 1993)와 과학전쟁의 결과를 탐구하는 에세이집인 『판도라의 희망Pandora's Hope』(Latour 1999)를 쓰기도 했다. 최근 저작에는 파리의 동료들과 발전시킨 사회 이론의 특정 유형을 약술하는 『사회적인 것을 다시 회집하기Reassembling the Social』(Latour 2005)가 있다. 유럽연구회European Research Council에서 존재 양식의 탐구An Inquiry into Modes of Existence, AIME를 지원하는 과제에 참여했다. 2022년 췌장암으로 타계했다.

파딜라 마잔더라니Fadhila Mazanderani는 에든버러대학교의 '과학, 기술, 혁신학 프로그램Science, Technology and Innovation Studies'의 총장 펠로우이다. 의학 지식의 대안 형태와 의학 지식의 생산(특히 환자의 경험, 전문 지식의 인식론과 윤리, 미학이 상호 작용하는 방식), 의료와 바이오의약품 정보

기술의 배치와 활용(특히 만성 질환에 관련하여), 문학과 의학(특히 환자의 자서전과 스토리텔링)에 관심이 있다. 그의 연구 대부분은 지금까지 의료와 바이오의약품 내, 특히 만성 질환과 관련한 디지털 기술 사용에 주목해 왔다. 에든버러대학교에 합류하기 전에는 더럼대학교와 워릭대학교에 재직했다. 옥스퍼드대학교에서 영국의 현대 HIV 치료에 관한 디지털 기술 활용을 탐구하고 철학 박사 과정을 이수했다.

참고문헌

- Barnes, B. and S. Shapin. 1979 *Natural Order: Historical Studies of Scientific Culture.* Beverly Hills, California: Sage Publications.

- Bloor, D. 2011. *The Enigma of the Aerofoil Rival Theories in Aerodynamics, 1909-1930.* Chicago: University of Chicago Press.

- Callon, M. and B. Latour. 1981 "Unscrewing the Big Leviathan; or How Actors Macrostructure Reality, and How Sociologists Help Them To Do So?" In *Advances in Social Theory and Methodology,* edited by K. Knorr and A. Cicourel. 277-303. London: Routledge and Kegan Paul.

- 브뤼노 라투르, 스티브 울가 글, 이상원 옮김 (2019), 『실험실 생활: 과학적 사실의 구성』, 한울. [Latour, B. and S. Woolgar. 1979. *Laboratory Life: The Construction of Scientific Facts.* Princeton, NJ: Princeton University Press.]

- 브뤼노 라투르 글, 황희숙 옮김 (2016), 『젊은 과학의 전선: 테크노사이언스와 행위자-연결망의 구축』, 아카넷. [Latour, B. 1987. *Science in Action: How to Follow Scientists and Engineers through Society,* Mass.: Harvard University Press.].

- Latour, B. 1988. *The Pasteurization of France.* Cambridge, Mass.; London: Harvard University Press.

- 브뤼노 라투르 글, 홍철기 번역 (2009), 『우리는 결코 근대인이었던 적이 없다』, 갈무리. [Latour, B. 1993. *We Have Never Been Modern.* New York; London: Harvester Wheatsheaf.].

- Latour, B. 1996. *Aramis: Or the Love of Technology.* Cambridge, Mass.; London: Harvard University Press.

- 브뤼노 라투르 글, 장하원, 홍성욱 옮김 (2018), 『판도라의 희망: 과학기술학의 참모습에 관한 에세이』, 휴머니스트. [Latour, B. 1999. *Pandora's Hope: Essays on the Reality of Science Studies.* Cambridge, Mass.; London: Harvard University Press.]

- Latour, B. 2005. *Reassembling the Social: An Introduction to Actor-network-theory.* Oxford: Oxford University Press.

항상 스스로 새롭게 만드는 STS

쉴라 재서노프Sheila Jasanoff와의 인터뷰

마르틴 피커스길Martyn Pickersgill

이지현, 구재령, 홍성욱 옮김

이 인터뷰에서 쉴라 재서노프와 마르틴 피커스길은 '과학기술학Science and Technology Studies'이라고 정의되기도 하고 '과학기술과 사회Science, Technology and Society'라고 정의되기도 하는 STS의 논쟁적인 의미에 대해 논한다. 전자는 흔히 유럽에서, 후자는 미국에서 기원했다고 여겨진다. 재서노프는 STS에 입문하게 된 계기와 이 분야 내에서 어떻게 다양한 전통을 접목하려고 노력했는지 설명한다. 그녀는 자신의 지적 및 전문적 경로가 제도적인 맥락과 개인적인 선택의 합을 통해 형성되었다고 강조하며, 자신이 STS 네트워크, 프로그램, 학과를 구축하는 데에 어떤 역할을 했는지 성찰한다. 아울러 STS의 미래를 긍정적으로 전망하는 동시에 이 학문 분야에서 규율의 필요성을 역설한다. 재서노프에게 STS는 세계를 연구하고, 세계에 접근하고, 세계에 참여하는 독특한 방식을 의미한다. 그녀는 이러한 특수성이 조심스럽게 개발되어야 하고 창의적이지만 엄격한 가르침과 훈련을 통해 재생산되어야 한다고 주장한다.

'과학기술학' 아니면 '과학기술과 사회'?

피커스길 첫 질문은 STS가 무엇이냐는 겁니다. 저희 영국에서는 STS를 '과학기술학Science and Technology Studies'이라고 부르지만, 미국에서는 '과학기술과 사회Science, Technology and Society'라고 부릅니다. 선생님께는 이 약자가 무엇을 가리키고 어떤 의미를 지닙니까?

재서노프 저는 코넬대학교의 '과학기술과 사회' 프로그램을 통해 이 학문 분야에 들어오게 되었지만, 이 프로그램이 '과학기술학' 학과가 되도록 이끌었기 때문에 그 약자와 관련하여 상당히 독특한 위치에 있습니다. 그것만으로는 독특하지 않을 수도 있겠네요. 다만 제가 나중에 하버드에 왔을 때 새로운 STS 프로그램을 만들어야 했는데, 그때 명칭에 관해 다시 한번 성찰했고, 결국 '과학기술학'이 아닌 '과학기술과 사회'를 채택했습니다.

오랜 기간 저는 명칭이 중요하기는 하지만 그렇게까지 중요하지는 않다고 생각하면서, 학자로서 무엇을 하는지 결정하는 것은 명칭이 아닌 실천이라고 생각했습니다. 여전히 어느 정도는 그렇게 생각하지만, STS의 두 계보가 다르고 그 차이를 종합적으로 고려하는 것이 제가 지지하는 STS를 만들기 때문에, 두 가지 STS에 대한 관점을 조금 바꾸었습니다.

저는 STS가 하나이기를 바라며, '과학기술과 사회'인 동시에 '과학기술학'이기를 바랍니다. 과학기술과 사회는 미국 사회에서 등장한 우려에서 비롯했습니다. 이런 우려들은 1960년대의 반전 운동, 환경 문제, 기술과 근대성에 관한 큰 질문들에 의해 생겨났습니다. 미국의 사상가들은 근대성이 기술적 합리주의와 맺는 관계나, 독일 사회주의자들이 생각하던 것들, 푸코와 프랑스 이론에 대해 고민하는 데 앞장서지 않았습니다. 그 대신 미국 STS는 레이첼 카슨Rachel Louise Carson과 환경 운동, 군산복합체, 또 과학기술과 관련한 인종차별과 성차별과 같은 정체성 정치학identity politics에서 출발했습니다. 그래서 미국은 비판적 인종 이론critical race theory, 비판적 젠더 연구critical gender studies, 심지어 비판적 법 연구critical legal studies의 방향으로 STS를 발전시키는 데에 중요한 역할을 했다면, 다른 한편 유럽 쪽에서는 지식이 무엇이며 물질성과 어떻게 연관되는지에 관한 철학적 질문들에 훨씬 주안점을 두었습니다. (유럽의) 과학기술학은 어느 정도는 과학기술 그 자체를 들여다볼 대상으로 삼은 반면, (미국의) 과학기술과 사회는 나머지 세상과의 연결 때문에 과학기술을 연구 대상으로 삼은 것이죠.

그래서 코넬대학교에 STS 학과를 설립할 때 저는 의도적으로 이런 문제들을 한데 모으기 위해 노력했습니다. (영국에 있던) 트레버 핀치Trevor Pinch에게 도움을 청한 것은 저의 일방적인 결정이었는데, 그때 그곳의 STS에는 저에게 어떻게 할지 지시하는 사람이 없었기 때문이었습니다. 이는 대서양 양쪽을 더 가깝게 연결하려는 의도적인 시도의 일환이었습니다. 우리가 코넬의 학과를 과학기술학이라고 이름 붙인 데에는 물론 그 나름의 정치가 더 있었지만, 일단 저에게 그것은 동시에 추구해야 한다고 느낀 두 가닥을 합치는 것을 의미했습니다.

요즘 저는 과학기술 문명으로 살아가는 것이 어떤 의미인지 가장 깊이 성찰하는 분야가 STS라고 말합니다. 이는 '과학기술학'을 통해 과학기술의 특별함이 어디에 있는지 고민하는 것과, '과학기술과 사회'를 통해 과학기술이 세상에 어떤 의미를 갖는지를 생각하는 것이 모두 필요합니다. 그래서 저에게 그것은 '이것/저것'이 아니라 '둘 다/모두'이고, 여전히 사회를 포함하는 것이 우리 STS 분야의 궁극적인 존재 이유라고 생각합니다. 이는 단순히 우리 분야의 전문 언어로 과학을 재기술하는 것이 아니라, 합리적 사회, 생산 사회, 또는 발명을 고무하는 사회가 된다는 것이 어떤 의미인지 구체적으로 성찰하는 수단이기도 합니다.

피커스길 어떻게 '과학기술과 사회'를 처음 접하게 되셨나요?

재서노프 그건 고통스러운 이야기입니다. 저와 남편은 박사 과정에서 똑같이 역사언어학을 공부했는데, 우리 부부는 이 난해한 영역에서 괜찮은 직업을 갖기 힘들겠다는 현실적인 문제에 직면했습니다. 제 역사 언어학 논문은 벵골어 형태학의 역사에 관한 것이었는데, 당시 미국 학계에서 인기 있는 언어가 아니었습니다. 그래서 오랜 고민 끝에, 저는 박사 학위를 마친 해에 직업적인 선택으로서 로스쿨에 입학했고, 이쪽을 전문적으로 공부하여 직업으로 삼을 생각이었습니다. 남편이 하버드대학교에서 신임 교수로 강의를 하고 있어서 매사추세츠주 케임브리지시에 묶여 있었습니다. 제가 로스쿨에 가는 것에 대한 가족의 입장은, "그래, 뭐 나쁘지는 않겠네"였습니다. 하지만 졸업할 즈음에 저는 상법에 관심이 없고 그쪽 일은 못 하겠다고 명백히 느꼈습니다. 그리고 운 좋게 법대 교수님이 소규모의 환경 문제 전문 법률사무소에 들어가게 해 주었고, 저는 보스턴에서 환경법 변호사를 하기 시작했습니다. 하지만 학계의 취업 시장이 다시 우리를 덮쳤습니다. 남편은 뉴욕주의 매우 작은 마을인 이타카의 코넬대학교에 직장을 잡았는데, 제가 그곳에서 환경법으로 변호사를 할 가능성은 없었습니다.

그 당시 과학기술과 사회에서 실용성을 지향하는 사람들 중에는 환경 운동에 참여하는 변호사들도 있었고, 저를 포함해 네 명의 변호사밖에 없던 사무소에서 한 분이 핵 반대 운동과 다른 논쟁들을 연구한 (코넬대학교의) 도로시 넬킨Dorothy Nelkin을 알고 있었습니다. 그가 저에게 넬킨을 소개해 줬죠. 저는 1978년 봄에 코넬에 가서 넬킨을 인터뷰했고, 또 STS 프로그램에 있는 사람들을 만났습니다. 그리고 그들에겐 저에게 반일제 박사후 연구원 자리를 내어 줄 적은 금액의 설립 보조금이 남아 있었습니다. 물론 동시에 저는 당시에 훈련이 부족했기 때문에 고생을 했지요. 포닥으로서 무엇을 연구할지 제안서를 써야 했는데 하버드에서 만난 한 사람이 당시에 제정된 중요한 환경법이었던 미국 유해물질규정법Toxic Substances Control Act, TSCA를 연구 주제로 제안해 주었습니다. 그래서 저는 TSCA의 입법을 살펴보겠다고 썼고, 이는 환경법 변호사로서 제 경력을 고려했을 때 적합한 주제였습니다.

이와 별개로, 코넬 STS 프로그램의 금전적 지원을 받은 세 명의 젊은 남성이 유럽과 미국의 화학물질 규제를 들여다보겠다는 취지로 미국국립과학재단National Science Foundation, NSF에 제안서를 제출했습니다. 그들은 프랑스, 영국, 미국을 비교 국가로 잡았습니다. (지원자 중 한 명은 영국인, 두 명은 미국인이었는데, 미국인 중 한 명이 프랑스어를 할 줄 알았습니다.) NSF는 비교연구를 한다는 발상은 지지했지만 이 연구는 법적 전문가를 필요로 하고, 또 독일을 포함해야 하기 때문에 독일어 능력이 있는 사람이 있어야 한다는 이유로 제안서를 거절했습니다. 하버드 법학 학위와 독일어 역량이 뛰어난 제가 화학물질을 연구하겠다고 제안하고 있던 와중에, 이 사람들이 화학물질을 연구하겠다고 제안했지만 법적 전문성과 독일을 추가하라고 지시받은 상황이었죠. 그래서 제가 코넬에서 첫 번째로 한 일은 그들이 제안서를 다시 쓰게 도와주는 것이었고 이는 근본적으로 제 다음 경력의 출발점이 되었습니다.

일이 일어나는 방식

피커스길 학과를 떠맡게 되고 그 명칭을 하나의 STS(과학기술과 사회)에서 다른 STS(과학기술학)로 바꾸었을 당시에, 이런 일이 그때 흔했나요?

재서노프 당시에도 지금도, 그건 굉장히 특이한 일이었습니다. 그와 비슷한 일조차 없었고 앞으로도 없으리라 생각합니다. 우선 저는 전혀 그 학과를 "떠맡지" 않았습니다. 제가 코넬에 십 년 있는 동안 일어난 일은 STS 프로그램의 책임자가 되었다는 것입니다. 책임자 역할을 하는 건 학과를 떠맡는 일과는 달랐습니다. 이 일 전에도 코넬은 저에게 매우 이상한 행동을 했습니다. 그들은 1987년 저에게 소속 학과 없이 종신 교수직tenure을 주었습니다. 코넬에서는 종신 교수에게 학과를 꼭 지정해 주지 않아도 되기 때문이었는데, 제 느낌엔 대학들의 규정상 흔하지 않은 일이었습니다. 모르죠, 그 당시에는 이상하게 느껴졌지만 사실 그만큼 이상한 일은 아닐 수도 있겠습니다. 아무튼 그들은 추가적인 절차를 통해 저에게 종신 교수직을 주었고, 저는 문리대의 종신 교수가 되었지만 특정한 학과에 소속되지는 않았습니다. 그리고 일 년 뒤에 그들은 저에게 STS 프로그램을 맡아 달라고 요청하며 책임자 자리를 주었고, 저는 제 후임을 직접 골라도 되냐고 물었습니다. 자세한 내용은 생략하고, 그 후 몇 년 동안 어느 학과에도 연줄이 없던 세 명의 선임 교수와 한 명의 주니어 교수로 소규모 교수단을 만들었습니다. 그 외에도 프로그램을 보조하는 여러 임무를 할 관계자를 모았습니다. 저는 이게 학과가 아니라 프로그램이었다는 점을 강조하고 싶은데, 일반적으로 (이런저런 학과에서 차출한 교수들로 구성되는) 프로그램에는 교수진에 고유한 계보가 없다는 점이 특징 중 하나입니다. 그러나 우리는 자체적인 계보를 지닌 프로그램이라는 점에서 이례적이었습니다.

그러던 중 NSF에서 전화가 와서 대학원 수준의 STS 교육을 위한 보조금 공모를 실시한다고 전해 들었고, 저는 약 12명으로 구성된 교수진을 구성하여 보조금을 신청했습니다. 6개월 후 NSF에서(프로그램을 운영하던 사람에게서) 다시 전화가 와서 "재서노프 교수님, 나쁜 소식을 전해드리게 되었습니다. 교수님은 보조금을 받지 못하시게 되었습니다. 하지만 좋은 소식도 있습니다. 제가 (보조금 공모를 맡고 있는) 생물학 부문 책임자에게 보조금을 주라고 한 번 더 설득하였으니 다시 지원하세요"라고 안내받았습니다. 그래서 다시 지원했고 전체 과정은 몇 년이 걸렸지만 결국 약 백만 달러의 지원금을 획득했습니다. 현재로서도 상당한 금액이지만 그 당시에는 더 큰 돈이었죠. 코넬은 보조금의 힘을 빌려 STS 프로그램이라는 이 이상한 부속물을 과연 제대로 자격을 갖춘 학과로 전환할지에 대한 기존의 논의를 진전시켰습니다. 이 논의는 또다시 일 년이 걸렸습니다. 정리하자면, 저는 1988년 과학기술과 사회 프로그램의 책임자가 되었고, 1991년에는 NSF에서 훈련 보조금을 받게 되면서 문리대는 투표를 통해 이 프로그램을 학부로 전환하도록 결정했습니다. 그렇게 제가 기억하기로 우리는 전임 교수 14명으로 이루어진 학과가 되었고, 이 중 6명은 오로지 이 학과에만 몸담았습니다. 다른 사람들은 두 학과 이상에 걸친 겸임이 되었고, 다 합쳐서 우리는 아마도 8개의 개별 분야를 대표했을 겁니다. 명칭을 무엇으로 할지는 전혀 시급한 문제가 아니었습니다. 한 명의 토목 공학자, 한 명의 경제학자, 두 명의 도덕 철학자와 한 명의 과학철학자, 서너 명의 역사학자, 한 명의 생물학자, 한 명의 사회학자, 그리고 법학을 배운 나. 어떻게 이 이상한 사람들을 하나의 모임으로 이어 붙일지, 어떻게 이 사람들로 일관성 있는 교수단을 만들지, 그것이 이름을 짓는 것보다 훨씬 중요한 과제였습니다.

피커스길 그 당시 유럽에서 일어난 일들이 선생님에게는 얼마나 중요했습니까? 미국의 과학기술과 사회STS 전통과 유럽 전부는 아니더라도 영국의 과학지식사회학SSK 전통 사이에 큰 간극이 있었나요?

재서노프 물론 아주 중요했죠. 왜냐하면 이러한 변화들을 저와 함께 학과를 만드는 데 매우 중요한 역할을 한 사람이 영국의 SSK 전통에서 나온 트레버 핀치였기 때문입니다. 저는 핀치와 이미 몇 년 동안 함께 일해 왔었습니다. 최초의 제대로 된 STS 편람handbook을 위한 편집진에 그를 초청해서, 1990년대 정도부터 함께 일하기 시작한 것이죠(Jasanoff et al. 1995). 이 책은 STS 편람으로서 (최초가 아닌) 두 번째로 자주 불리지만, 첫 번째로 여겨지는 책은 분야 전체를 포괄하지 않았습니다. 편집진은 저와 핀치, 그리고 미시간 주립대학교에서 온 두 명과 함께 구성됐습니다. 그래서 저는 처음부터 미국과 유럽의 전통을 잇는 데에 전적으로 헌신했습니다. 저는 당시 유럽 STS의 다양한 갈래를 잘 알고 있지 않았고, 그들 자신도 각 갈래를 명백히 구별하지 않았습니다. 당시 해리 콜린스와 그가 속한 바스 학파는 브뤼노 라투르 그리고 SCOTSocial Construction of Technology, 기술의 사회적 구성 사람들과 소통하고 있었습니다. 대서양의 다른 쪽 유럽에서는 더 통일된 사명감이 있었고, 이후 다양한 종류로 세분화되었습니다. 그리고 SSK 자체가 다른 접근들과 비교했을 때 더 두드러졌습니다. 아직 행위자 네트워크 이론이 대서양의 반대편에서 지금과 같이 STS의 지배적인 대형으로 두각을 나타내지 않았기 때문입니다.

어쨌든 1995년 STS 편람 목차의 저자들이 어디 출신인지를 보면 이 책이 상당히 포괄적이었음을 알 수 있을 겁니다. 그것은 미국 과학기술과 사회 편람에 그치지 않고, 국제적인 현장 전반을 포괄하려고 노력한 진지한 시도였습니다. 저자들이 누구였는지 다 기억나지는 않지만, 영어권 사람들이 과하게 많긴 했습니다. 브라이언 윈Brian Wynne이 과학에 대한 대중의 이해에 관한 장을 썼고, 스티브 이얼리Steve Yearly는 환경에 대해, 말콤 애쉬모어Malcolm Ashmore는 STS 내의 새로운 문학 양식에 대한 장을 쓴 것을 보면 영국에서 온 사람들이 좀 많았고, 아마 유럽 대륙의 참여는 상대적으로 적었을 겁니다. 하지만 솔직히 그 당시에 유럽 대륙의 전통이 지금만큼 공고하지 않았다고 생각합니다. 그 책이 대서양 양쪽을 아우르는 편람을 지향하고 의도했다는 점에는 의문의 여지가 없습니다.

STS를 학문 분야로 만들기

피커스길 STS는 언제 선생님께 학문 분야가 되었습니까?

재서노프 아직도 STS가 학문 분야가 되지 않았다고 생각하는 사람들에게는 언제 그렇게 될지 의문스러울 것입니다. 계보를 잘 아시겠지만, 미국의 경우에도 미국 독립혁명이 미국이 생기게 된 때라고 할 수도 있고, 그때는 많은 시민들에게 여전히 선거권이 주어지지 않았기에 이후 남북전쟁 후 재건까지는 미국이 아니었다고도 말할 수도 있고, 또는 더 뒤에 여성들이 투표권을 가질 때까지 미국이라는 나라가 없었다고 할 수도 있습니다. 심지어 미국이 오십 개 주의 합중국이 된 건 더 이후이지 않습니까? 그래서 이러한 비유에 근거해 저는 좋은 분야는 항상 만들어지고 있는 분야라 생각하고, STS는 특정한 날짜나 사건보다는 긴 기간에 걸쳐 학문 분야가 되었다고 말하고 싶습니다. 1976년은 4S 학회가 결성된 해입니다. 이 해는 사람들이 과학기술을 다루는 전문 학회들과 다른 별개의 학회가 존재한다고 느끼기 시작한 시점이기 때문에 중요합니다. 실제로 당시 STS 프로그램들은 유의미하게 증가하고 있었습니다. 한때 영국에서 유일했던 에든버러의 과학학 유닛은 계속해서 많이 변화하며 2016년에 50주년을 기념했는데, 이미 과거와 달라진 상태였습니다.* 21세기에 성장이 급증했다고 말할 수 있겠습니다.

또 다른 관점에서 보면 각국이 자체적으로 STS 학회를 설립하고 있으며, 이 추세는 지난 10년 동안 확실히 상승세를 보였습니다. 1970년대에 데이비드 블루어와 스트롱 프로그램, 과학학 유닛 같은 발전을 포함하여 초기의 형성이 매우 중요했다고 생각합니다. 참고로 이런 대학원 교육 프로그램들에 자금을 지원하고자 했던 미국국립과학재단의 담당자는 과학학 유닛을 모범으로 삼고 있었습니다. 다른 사람들이 알려 주지 못하는 작은 세부 사항이죠. 또한 STS 교육이 무엇인지에 대해서 분명한 생각이

---

* 에든버러대학교의 과학학 유닛은 지금은 '과학기술과 혁신 연구 학과(Department of Science, Technology and Innovation Studies)'로 이름을 바꾸었다.

있었습니다. 오늘날 본격적인 교육 체계가 있는 STS와는 달랐지만, 어쨌든 당시 STS 교육은 과학자와 엔지니어를 불러와서 과학과 기술의 사회적 함의에 대해 생각하게 하는 것이었습니다. 어떤 학문 분야 출신이건 관계없이 우리를 묶어 주는 건 공통된 주제라고 생각했습니다.

그래서 1970년대 중반은 일종의 형성기였으며, 1990년대 초는 견고화의 정점이었고, 2000년대는 국제적 확산의 시기였습니다. 하지만 세계적인 보급은 일종의 파편화를 뜻하기도 했는데, 왜냐하면 당신이 처음에 던진 "과학기술과 사회인가 과학기술학인가"라는 질문은 풀린 적이 없기 때문입니다. 그리고 지금 행위자 네트워크 이론 같은 특정 틀이 STS 내에서 더 강해졌기 때문에, 다른 학문 분야로 STS가 확산하는 것은 역으로 STS라는 학문이 실제로 무엇인지에 영향을 주었습니다. 그래서 역설적으로 다른 분야보다 더, 우리는 우리 성공의 희생양이라 생각합니다. 왜냐하면 세상의 많고 많은 사람이 STS가 무엇의 줄임말인지 알고, 심지어 이 분야로 사람들을 고용하기도 한다는 의미에서 STS가 무엇인지 알고 있는 듯하지만, 그에 비해 우리가 우리 스스로에게 무슨 의미를 갖는지에 관해 분야 내에서 통합된 사색이 진행되는 것 같지는 않기 때문입니다.

피커스길 그런 일을 하는 것이 얼마나 중요하다고 생각하십니까?

재서노프 학계에서 공간을 확보하고자 한다면 매우 중요하다고 생각합니다. 이에 동의하지 않는 사람도 있습니다. 일부 사람은 격한 목소리로, 여성들이 무시됐기 때문에 여성학이 필요했던 것처럼, 과학기술이 무시됐기 때문에 과학기술학이 필요했던 시기가 있었다고 말합니다. 그러나 오늘날에는 어떤 인류학과를 보아도 과학의 인류학, 의학의 인류학을 한다고 합니다. 또 많은 역사학과가 (과학에) 역사적으로 접근합니다. 그리고 철학을 본다면, 항상 과학의 철학과 기술의 철학이 있었고, 새로운 아이디어, 새로운 물성을 가져오기도 합니다. 어떤 이들은 그렇다면 지금 왜 STS라고 불리는 것이 필요하냐고 묻습니다. 과거에는 자칭 STS를 하는 사람들이 촉매제 역할을 했고, 그때만 해도 이는 중요하고 흥미로운 일이었지만, 지금은 모든 학문 분야가 이 모든 주제를 다룰 만큼 성숙해지지 않았냐는 의문입니다.

저는 이것이 사실이 아니라는 데에 굳은 신념을 가진 사람인데, 실제로 동료 중 얼마나 많은 이가 저와 입장을 같이할지는 모르겠습니다. 제가 그것이 사실이 아니라 믿는 이유는 여러 가지입니다. 하나는 경험적으로 봤을 때, 전통적인 학문 분야에서는 지식과 아이디어, 특히 인공물과 물질성에 중점을 둔 지식과 아이디어에 관심이 있는 사람들이 주변화되고 홀로 남겨지게 되는 경향이 있다는 것입니다. 이러한 사람들은 주류 학문 분야들이 교수를 뽑을 때 고려되지 않습니다. 몬트리올로 간다고 얘기하셨죠. 저도 최근 그곳에 있었는데 맥길대학교에 있는 사회학과는, 의료사회학처럼 전문화된 분야는 말할 것도 없고 지식사회학을 연구의 주된 대상으로 삼는 것에서 점점 더 멀어지고 있습니다. 그래서 저는 중심 주제가 이미 존재하는 전통적인 학문 분야들이 과학기술을 그 중점적인 주제에 적절히 혼합할 것이라고 생각하지 않습니다. 당신이 관심 있는 주제가 문화, 연대기, 사회 조직, 금융 거래 등이라고 한다면, 인류학, 역사학, 사회학, 경제학 학과들이 갑자기 당신의 주제, 즉 지식을 중심에 놓겠다고 하지는 않을 겁니다. 그래서 만약 당신이 과학, 기술, 지식이 학문적인 관심을 받을 만큼 중요하다고 생각할 때, 그것들을 어디에서 연구할 겁니까? 아마 오래된 학문 조직에서는 아닐 겁니다.

그리고 그와 연관된 두 번째 고려 사항이 있습니다. STS는 단순히 과학기술을 연구하는 사람들만이 아니라 실제로 과학기술을 행하는 사람들과 큰 연관이 있는 학문 분야입니다. 우리는 문과가 어느 정도 어지럽다는 점을 알고 있으며, 대부분의 컴퓨터 과학과 학생은 강요받지 않는 이상 서양 문명의 역사 강의에 흥미가 없습니다. 하지만 그들도 컴퓨터 과학의 사회학이나 컴퓨터 과학의 윤리적, 법적, 사회적 측면에 대한 STS 강의는, 그것이 자신들의 직업에 대해서 더 잘 이해할 수 있게 돕는다면 수강할 의향이 있을 겁니다. 예를 들어 모델링을 생각해 보세요. 그들은 모델링이라는 개념 자체에 대해 STS 학자들이 얻어 낸 모종의 통찰을 알고자 할 수 있습니다.

과학적으로 훈련된 많은 사람이 결국 실험실이 아니라 사회 속에서 직장을 가질 터인데, 문화인류학 강의에서 조금 배워 가거나 전쟁의 역사 수업에서 군사기술에 대해 조금 얻어 가는 것보다, STS 강의를 듣는 것이 앞으로 만날 세계를 배우는 더 실용적으로 유망한 방법입니다.

마지막으로, 역시 중요한 점은 우리가 지난 30년 동안 다른 학문에 속하지 않는 독자적인 방법과 이론적인 질문들을 발전시켰다는 것입니다. 저는 다른 누구보다도 공동생산co-production의 아이디어를 정교화하려고 노력했고, 그 용어는 이제 꽤 널리 사용되고 있습니다.* 사람들이 이를 잘못 이해하거나 내가 원하지 않은 방법으로 적용할 수 있지만, 그럼에도 그것은 특정한 유형의 대상들을 설명하고자 하는 욕구에서 나온, 세계를 이해하는 특수한 방법 중 하나입니다. 비슷하게 저는 김상현 박사와 함께 사회기술적 상상sociotechnical imaginary에 관한 책을 편집했는데 사람들은 벌써 그 개념을 꽤 널리 사용하고 있습니다.** 약간의 진단을 해 보겠습니다. 정치 이론을 연구하는 사람들이 상상이라는 아이디어를 고안했고, 인류학을 연구하는 사람들도 상상이라는 아이디어를 제시했는데, 이런 상상이 논의된 고전적인 텍스트를 보면 과학기술은 거의 배제하거나 아예 배제한 채로 미래 사회를 전망한 것들뿐입니다. 참 놀랍지요. 베네딕트 앤더슨Benedict Anderson, 찰스 테일러Charles Taylor, 아르둔 아파두라이Arjun Appadurai 모두 과학기술에 관해 이야기하지 않습니다. 그런데 현대 사회가 어떻게 과학기술 없이 미래에 대한 상상을 가질 수 있겠습니까? 사회기술적 상상이라는 개념이 많은 사람을 사로잡은 이유는 이 개념을 이용하면 얻는 것이 있음을 즉각 알 수 있기 때문이라고 봅니다. 제가 1978년에 보조금을 받아 변호사에서 STS 프로그램의 구성원으로 전직할 즈음에는 이 개념을

* 공동생산은 과학 지식과 사회가 동시에 만들어지는 과정을 가리키는데, 정확하게는 과학 지식과 기술 인공물이 표상, 정체성, 담론, 제도 등과 함께 진화한다는 의미이다. 이에 대해서는 재서노프의 *States of Knowledge: The Co-production of Science and the Social Order* (Routledge, 2006) 를 참조하라.

** Sheila Jasanoff and Sang-Hyun Kim eds., *Dreamscapes of Modernity: Sociotechnical Imaginaries and the Fabrication of Power* (University of Chicago Press, 2015).

고안해 내지 못했을 것입니다. 과학기술을 연구의 대상으로 삼는다는 목표가 같은 다른 학자들과 함께 지냈기 때문에, 이런 개념들을 우연히 발견하고, 합체하고, 이름을 짓고, 스스로 생각하고 쓰며 발전시키고, 다른 사람들에게 가르칠 수 있었습니다. 그래서 저는 저 말고도 독자적인 학문 분야로서 STS에 높은 열정과 강도로 헌신하는 사람들이 있음을 알고 있습니다. 다만 제 의견을 모두가 공유하는 것은 아니며, 이 분야의 사람 대다수가 저와 다르게 생각할 수도 있습니다. 그러나 그렇다고 해서 제 헌신이 희석되는 것은 아니며, 제가 필요하다고 생각하는 사회에 대한 비판적 성찰을 수행하는 데 다른 방법이 있다고 생각하지 않습니다.

질문과 연결을 늘리기

피커스길 학문 분야로서 STS가 미래에 어떻게 변화하기를 원하십니까?

재서노프 저는 우리가 대학원생 훈련에 더 많은 주의를 기울여야 하고, 특히 지적으로 관대하고 너그러울 수 있도록 훈련해야 한다고 생각합니다. '인식적 관대epistemic charity'라는 용어에 대한 저의 각별한 애정을 기억하실지 모르겠습니다. 저는 STS 학자들이 불충분한 전문화 또 동시에 과도한 전문화로 시달리고 있다고 생각합니다. 저는 우리가 우리 학문 내부의 이종성異種性과 밖으로의 연결을 함께 인지하는 명확한 입장을 취해야 한다고 생각합니다. 내부의 이종성은 STS가 SSK라고, 혹은 STS가 SCOT 혹은 다른 무언가라고 함부로 결정하지 않고, 마치 제대로 된 역사학 수업에서처럼, 과학과 기술 각각이 무엇이며, 어떻게 서로 가까워졌는지 같은 근본적인 질문을 던지는 다양한 방법이 있음을 알아야 한다는 것입니다. 우리 학문의 중요한 문헌과 역사를 이해하지 않는 한 STS 학자로 인정받아서는 안 된다고 생각합니다. 저는 이런 게 좋은 훈련이라고 생각해요.

동시에 저는 STS가 이웃 학문과의 연결을 인정하지 않으면 피폐해진다고 생각합니다. 대부분의 STS 학자는 신자유주의, 정의, 평등에 관하여, 또는 왜 승자가 이겨야 하고 패자가 지는지 같은 중요한 당위적인 질문들에 대해 자신이 해 줄 말이 없다고 느낍니다. 우리 집단은 경제학 같은 것을 연구할 때, 사회적 조직으로서 시장이라는 존재 자체와 시장에 의존하는 사회가 가지는 의미보다는 경제학의 인식적 도구들에 집착하는 경향이 있습니다. 그래서 저는 우리의 계보를 온전히 소개할 수 있을 만큼 전통을 존중하면서도 인문학적 사회과학적 학문으로 폭넓게 인식되는 STS를 본다면 정말 기쁠 겁니다.

그러면 학과가 있다면 학과가, 프로그램이 있다면 프로그램이 모두 다르게 변곡될 수 있을 것입니다. 예를 들어 에든버러는 금융 상품에 대한 연구자들이 있다는 특수성이 있기에 금융 상품을 연구하는 중심지로 부상하였고, 어떤 곳에서는 젠더 문제에 더 초점을 맞출 수 있고, 또 다른 곳에서는 발전을 연구할 수 있습니다. 하지만 사람들이 서로를 만났을 때 수신호 없이도 같은 지적 집단에 속한다는 것을 알기 위해서는 훈련에 공통점이 있어야 합니다. 이것이 제가 과학과 민주주의 네트워크Science and Democracy Network, SDN를 만든 이유입니다.* 만들었다고 하니 지나치게 의도적인 것처럼 들리는데, 이 네트워크가 그런 의미의 의도에서 나온 것은 아닙니다. 그것은 2002년에 몇십 명의 친구와 동료를 초대함으로써 시작했습니다. 오늘날 그 회원은 그때의 10배에 달하고, 계속 자라면 천 명도 될 수 있을 겁니다. SDN인들은 서로를 알아보고, 단순히 개념만이 아니라 질문의 유형도 공통한다는 상호 간의 인식이 있습니다. 또한 그들은 마치 중력처럼 이끌리는, 지적인 중심이 있다는 것을 압니다. 아시다시피 우리의 모든 모임은 전원 출석제이며, 사람들은 기꺼이 자리를 지키며 서로의 대화에 끝까지 귀 기울이고 주제나 시대의 제약 없이 의견을 낼 수 있습니다. 사람들이 묻는 질문의 유형들이 이 대화를 한데 묶죠. 저는 SDN이 STS의 큰 틀에서

* SDN은 젊은 STS 학자들을 훈련하여 학술 연구의 이론적 수준과 실질적인 중요성을 높이기 위해 베를린에서 설립되었다. 연례 워크숍을 통해 SDN은 학자들에게 과학기술의 민주적 운영과 사용에 대한 탐구를 장려한다. https://stsprogram.org/sdn/

하나의 큰 가닥이 되어야 한다고 생각합니다. 전체 학문 분야를 식민지화할 욕망은 없고, 오히려 STS가 역사학같이 더 크고 포괄적인 학문들처럼 활기차기를 바랍니다. 우리가 다루는 영역(과학기술)만큼 큰 게 없는데, 그에 상응하여 풍부한 프로그램과 여러 전문성을 갖추지 않을 이유가 없습니다. 다만 일종의 핵심은 있어야 합니다. 무엇보다 우리 학문 분야만의 역사, 그를 구성하는 구성 요소들이 어디에서 왔으며, 그 요소들의 강점과 약점, 어떤 종류의 비판이 제기됐는지가 있어야 합니다. 사람들은 예를 들어 랭던 위너Langdon Winner와 SCOT 사이의 토론들을 잊어버리고 있는데,* 그것은 우리 학문을 구성하는 일부입니다. 오늘날 우리가 주식 거래와 기후 모델링을 기술technology로서 서술하고자 한다면, 우리는 여전히 사람들이 왜 그 블랙박스가 중요하다고 혹은 중요하지 않다고 생각했는지, 왜 그것을 열었는지 혹은 열지 않았는지에 대해 이해해야 합니다.

저는 STS가 전문 분야를 형성하는 방향으로 진행되기를 바랍니다. 제가 생각하기에 전문 분야는 외부의 대화에서 다른 사람들이 우리의 질문에 어떻게 접근하는지 보면서 배우는 획일적 일관성이 아닌, 내부의 대화로 힘을 길러야 합니다. 예를 들어 '지식 사회knowledge society'는 사회학자들이 사용하는 용어이지만,** 그들은 STS 학자들과 달리 지식 자체에 의문을 제기하지는 않는 것으로 보입니다.

피커스길 선생님께서는 STS 방법들의 특수성에 대해서도 얘기해 주셨는데, 특히나 영국에서는 종종 "STS

* 마르크스주의 기술철학자 랭던 위너는 사회구성주의 기술사회학이 불평등과 소외처럼 기술이 사회에 미치는 심원한 영향을 무시하고, 사용자들이 기술이라는 블랙박스를 구성하는 덜 중요한 과정에만 집중한다고 비판했다. 이 비판에 대해서는 Langdon Winner, "Upon Opening the Black Box and Finding It Empty: Social Constructivism and the Philosophy of Technology," *Science, Technology and Human Values* 18(3) (Summer 1993), pp. 362-378을 참조하라.

** 전통적인 자본주의 사회가 토지, 노동, 자본이라는 생산 요소를 가지고 있었다면, 지식 사회는 지식이 가장 중요한 생산 요소가 된 사회이다. 따라서 지식 사회에서는 지식을 생성하고 널리 공유하여 세대를 거쳐 전달되고 발전하는 게 중요해진다.

방법론이 무엇인가"에 대한 논쟁이 있습니다. 무엇이 진짜 STS 방법론입니까?

재서노프 사회과학에서 그런 질문에 대답할 수 있는 분야가 하나라도 있을까요? 우선 다른 분야처럼 우리 분야 내에서도 양적 대 질적 방법 사이에 논쟁이 있고, 다른 분야만큼이나 해석적 방법 대 경험적 방법에 관한 논쟁이 있습니다. 지금은 STS의 핵심 방법론이 어느 정도 존재한다고 생각합니다. 실험실 연구와 논쟁 연구 모두 우리가 특정한 방법으로 하는 특정한 것들입니다. 방법론적 상대주의methodological relativism 또는 방법론적 불가지론methodological agnosticism***을 수반하는 논쟁은 우리만의 생각이고, 그를 반영하는 스트롱 프로그램이 살아남아 있습니다. 메타-이론적인 레퍼토리meta-theoretical repertoire, 아니 오히려 메타-방법론적인 레퍼토리meta-methodological repertoire의 일부인 대칭성과 성찰성 개념들도 우리만의 특별한 것입니다. 공동생산 개념이 방법 그 자체를 제공하는 것은 아니지만, 우리가 언제 보고 어떠한 것을 보는지에 대한 몇몇 방법론적인 진입점을 제공하고, 이런 점에서 논쟁 연구를 넘어선다고 생각합니다. 그래서 저는 『지식의 상태States of Knowledge』의 공동생산 장에서 불안정화destabilization와 재안정화re-stabilization, 창발emergence, 논쟁controversy의 순간들을 살펴야 한다고 말하며, 따라서 저에게 논쟁은 우리가 어디를, 언제 보아야 하는지 지시하는 공동생산 레퍼토리coproductionist repertoire의 부차적인 한 부분입니다. 물론 역사가들은 자신이 창발을 연구한다고 하겠지만, 우리는 지식 문화와 인공 문화의 창발을 본다는 점에서 역사가들이 보는 창발과 다소 다릅니다. 우리는 탈식민지 정체성의 형성처럼 역사가들이 다룰 만한 종류의 주제가 사실은 지식과 정보를 포함하며, 따라서 이는 우리 연구에 반영되어 있다고 주장합니다. 그리고 자료를 볼 때 차별화된 시각을 가지고 그런 연구를 할 겁니다.

*** 방법적 상대주의는 과학 지식 연구자가 참/거짓을 미리 판단하지 않고 연구하는 방법이며, 방법적 불가지론은 참/거짓을 알 수 없다고 가정하고 연구에 임하는 태도를 말한다.

그래서 저는 이러한 방법론적 처방이 STS 학자로서 어떻게 기록 보관소에 갈지, 보관된 미출판 기록의 한계에 대해 어떻게 생각할지, 어떻게 인터뷰를 실행하고, 누구에게 인터뷰를 요청할지 등으로도 해석될 수 있다고 생각합니다. 일례로 인터뷰 전략에 막대한 영향을 미칠 것입니다. 그리고 공동생산 주제에서도, 재현과 담론들, 그리고 개인과 집단을 융합적으로 보아야 한다고 생각하며, 이것이 방법론적 처방이라고 생각합니다. 푸코를 따른다면 담론을 볼 것이며, 라투르를 따른다면 표상representation을 볼 것이고, 만약 비판 연구를 공부했다면 정체성을 보겠죠. 많은 STS 연구자가 사물을 볼 때 그것을 굴절시키는 제도를 함께 보고 있지 않는데, "죄송하지만 아니에요. 모든 것을 합쳐서 보아야 해요."라고 말하는 것이 STS 방법론이라고 생각합니다.

미래의 STS 학자들이 이를 뼈에 새기고 신념을 용기 있게 밀고 나가면서, '다른 사람들도 과학기술을 연구하는데 네가 하는 것이 뭐가 특별하냐'는 남들의 트집에 속지 않았으면 좋겠습니다. 특별함은 지형적으로 생각하는 게 좋아요. 외딴섬에 앉아 내가 하는 것을 아무도 하지 않아서 특별한 게 아니라, 남들이 보지 못하는 것들을 볼 수 있는 정상에 도달해서 특별한 겁니다. 사실, 나만의 작은 동굴이나 사일로 안에 앉아 있다고 생각하면 지식이 그렇게 신나지 않으리라 생각합니다. 다르게 보는 방법들과의 유동적인 대화들 속에서 지식은 의미를 획득합니다. 그래서 저는 학생들을 가르칠 때 종종 이렇게 강조합니다. 다른 사람이 질문할 때와는 다른 STS 방식의 질문이 있다고 말이죠. 그러면 학생은 "나는 당신들이 하는 일과 완전히 다른 일을 하고 있어"라고 말하지 않으면서도 그런 감수성을 기를 수 있습니다. 어쨌든 논쟁이나 (과학 지식의 생산이 이루어지는) 특정한 장소에 초점을 맞추는 일 등은 방법론적이며, 다른 학문 분야에 속한 것이 아닌 우리만의 방법론이라고 다시 한번 강조하고 싶습니다.

대담자 소개

쉴라 재서노프Sheila Jasanoff는 하버드대학교 케네디 공공정책대학원의 STS 석좌 교수이다. 그는 과학기술이 어떻게 현재 민주주의의 법, 정치, 정책과 상호 작용하는지 탐구하며, 특히 공적 이성의 성격에 주목한다. 재서노프의 연구는 과학과 사회적 질서의 '공동생산co-production'을 강조하고, 사회과학과 인문학의 개념 사전에 '사회기술적 상상sociotechnical imaginary'과 '생명입헌주의bioconstitutionalism'와 같은 용어들을 등재시켰다. 수학, 언어학, 법 모두에서 학위가 있는 재서노프는 미국, 영국, 독일의 독성 물질에 대한 규제를 비교하는 국제 비교 연구를 통해 STS에 진입했다. 이 연구는 정치 문화가 근거의 생산과 배치, 그리고 정책 결정에서 전문성의 인식과 협상을 형성한다는 점을 보인다. 그의 이후 연구는 국제 비교 연구에 초점을 맞추면서 보팔 참사, 기후 변화에 관한 정부 간 협의체IPCC, 세계적 환경 운동을 살폈다. 현재의 직책을 맡기 전에는 코넬대학교 STS 학과의 초대 학과장이었다. 재서노프는 4S 학회에서 학회장을 맡는 등 중요한 직책을 역임했고, 과학정책에서 논쟁적인 이슈들을 분석하고 형성하는 STS의 통찰력을 활용하여, 과학자와 대중을 포함하여 STS 학계 밖에 있는 사람들을 위해 글을 쓰고 그들과 일하기도 한다.

마르틴 피커스길Martyn Pickersgill은 에든버러 의과대학교의 생의학 사회적 연구소에서 웰컴 트러스트Wellcome Trust 교수로 재직하고 있다. 그의 연구는 과학 및 의학 연구의 국제적 순환과, 건강 관리, 법과 정책, 일상에서 그 구현을 살핀다. 특히 신경과학, 정신과학, 심리학의 사회적이고 역사적인 면들에 주의를 기울인다. 이는 정신건강에서 사회기술적 혁신, 임상과 실험실 작업에서 규범성의 (공동)생산, 그리고 새로운 인식론과 연관된 주관성들의 배치를 새롭게 살폈다. 피커스길은 웰컴 트러스트, 레버훌름 트러스트Leverhulme Trust, 영국 학사원British Academy을 포함한 다양한 기관에서 보조금과 펠로우십을 받았다. 2014년에는 '과학, 기술, 정책을 위한 센터SKAPE'를 공동 설립했고 부소장으로 남아 있다. 그는 여러 영역에서 다양한 사람들과 함께 사회에 참여하는 데 헌신적이며, 술집, 영화관, 병원 등에서 열린 소통 행사들에 참여해 왔다. 피커스길은 점점 공공 참여 자체를 연구 방법으로 이용하고 있다. 2015년에는 에든버러 왕립협회Royal Society of Edinburgh가 수여한 '헨리 던컨 메달Henry Duncan Medal'을 수상했다.

참고문헌

· Jasanoff, S., G. E. Markle, J. C. Petersen and T. Pinch. eds. 1995. *Handbook of Science and Technology Studies.* London: Sage.

2부

확장된 STS의 여러 얼굴들

STS 공부와 실행의 길들

위비 바이커Wiebe Bijker와의 인터뷰, 니키 페르묄런Niki Vermeulen

최석현 옮김

지금은 STS의 역사에서 특별한 순간이다. STS가 더 이상 젊은 분야가 아닌 성숙한 분야로 변모하고 있는 지금, STS의 여러 단체가 중요한 기념일을 맞이했고, 분야의 창립자들이 은퇴하면서 그들의 경력을 기리고 있다. 이런 행사들은 STS의 과거, 현재, 미래, 그리고 더 넓은 세계 속에서 STS의 지위에 대해 성찰하기에 좋은 기회이다. 이 인터뷰에서는 최근 마스트리흐트대학교에서 은퇴 기념 행사를 한 위비 바이커가 STS에 대한 자신의 관점들을 이야기한다(Bijker 2017). 이 인터뷰에서 우리는 그를 따라 네덜란드에서 인도로 여행하고, 또 에든버러의 과학학 유닛에 잠시 들려 SCOT의 기원을 찾는다. 이 여정에서, 네덜란드의 사회 운동과 교육, STS의 제도화, 국제적인 네트워크의 출현, STS가 취할 수 있는 여러 길에 대해 논의한다. 마지막으로 역사와 고전을 포용하는 일의 중요성을 강조하면서, 세계 미래에 대한 낙관적인 시각을 던진다.

네덜란드에서 STS의 출현: 사회 운동에서 제도화에 이르기까지

페르묄런 STS의 기원과 그 성장에 기여한 여러 분야에 대한 성찰로 이야기를 시작해 보죠. 선생님께서는 어떻게 STS에 참여하게 되었으며, 이 분야가 어떻게 발전했다고 생각하시나요?

바이커 네덜란드에는 우리가 당시에 '과학과 사회Science & Society'라고 불렀던 꽤나 활발한 운동이 있었는데, 주로 공학과 자연과학 분야의 학생들과 젊은 연구원들이 참여하고 있었습니다. 그들은 군대가 대학 연구에 개입하는 것을 우려했고, 네덜란드 내 핵 군비 경쟁과 군비 축소, 특히 원자력 발전에 관한 논쟁에 꽤 적극적으로 참여했지요. 저도 학생 시절 이 운동의 일원이었는데, 제 생각으로는 이 운동이 네덜란드에서 STS의 시작 내지는 중요한 출발점이었습니다. 제 생각에 이건 꽤 특이한 경우 같은데(이런 일이 일어난 다른 나라는 알지 못하니까요), 또 흥미로운 점은, 네덜란드의 교육문화과학부가 사회 속 과학의 역할에 대한 전문가를 확보하고자 했다는 겁니다. 교육문화과학부에서는 당시 '과학의 동역학 프로그램science dynamics program'이라고 불린 연구 프로그램의 초안을 고안하는 공모전을 발표했죠. 네 군데의 대학이 참여했습니다. 당선된 곳은 교수 자리 하나를 얻게 되는데, 당선이 안 되어도 모두 공모 준비 비용으로 10만 길더guilder, 요즘으로 치면 5만 유로(약 7천만 원) 정도가 주어졌지요. 네 군데 중 승자는 암스테르담대학교가 되었습니다. 그 결과 암스테르담대학교에 '과학의 동역학science dynamics' 교수직이 설립되었고, 스튜어트 블룸Stuart Blume이 지명되었지요.* 좌우간, 10만 길더의 네 곱절이라는 실질적 투자는 기본적으로 네덜란드 안에서 한 분야 전체에 대한 투자를 의미했습니다. 게다가 비록 대학 네 군데가 경쟁하기는 했지만, 이들은 네덜란드의 정신에 따라 서로에 대해 선의를 갖고 있었고, 심지어 암스테르담에 교수직이 만들어진 뒤에도 네 곳은 지속적으로 협력했어요. 어떤 면에서 이 공모전은, 과학과 사회 운동 이후로 대학에 STS의 존재감을 창출해 낸, 두 번째, 그리고 보다 공식적인 단계였다고 할 수 있겠네요. 그러니까 저는 네덜란드에서 STS의 기원을 이렇게 두 단계로 묘사하겠습니다.

페르묄런 암스테르담 외에, 다른 곳으로는 트벤테대학교였던가요?

바이커 네, 그리고 나머지 둘은 네덜란드 북부의 흐로닝언대학교 그리고 라이덴대학교였지요. 그때 아리 립이 라이덴에 있었는데, 그는

---

* 스튜어트 블룸은 주로 의료 기술의 사회학, 역사, 인류학에 대해 연구했으며, 『예방 접종: 백신은 어떻게 논란이 됐는가(Immunization: How Vaccines Became Controversial)』(2017) 등의 책을 썼다.

공모전이 끝난 뒤 꽤 일찍 암스테르담으로 옮겼고 과학의 동역학 프로그램에 자리를 얻었죠. 그리고 이제 이렇게 네덜란드 STS의 세 중심인 흐로닝언대학교, 암스테르담대학교, 트벤테대학교가 만들어진 것입니다.

페르묄런 그렇다면 네덜란드에서의 이러한 발전은 이보다 광범위한 국제적인 발전들의 일환이었나요? 아니면 영국과 미국, 그리고 어쩌면 프랑스와 평행한 발전인 건가요?

바이커 제 생각에 초기에는 국제적인 상호 작용은 거의 없었던 것 같습니다. 아리 립이 예외였고, 물론 영국에서 온 스튜어트 블룸의 경우도 예외지요. STS는 아직은 확실하게 학문적으로 정립되어 있지 않았고, 그보다는 정치와 정책 쪽으로 기울어 있었지요.

페르묄런 시기로 말하자면 70년대 초반을 가리키시는 거겠죠?

바이커 아뇨, 이건 이미 70년대 말의 일입니다. 정확히 언제였는지 기억나지는 않는데, 이 공모전이 아마 1981년, 1982년 무렵이었을 겁니다.

페르묄런 그러면 70년대에는 운동이 있었고, 이어서 80년대 초반에 이러한 일종의 공모전 그리고 제도화가 일어났다는 말씀이시죠?

바이커 네, 바로 그겁니다.

국제적인 STS 네트워크의 형성

페르묄런 선생님께서는 네덜란드에서 전개된 일이, 나중에 STS로 불릴 더 넓은 운동의 일부임을 어떻게 인지하게 되셨나요?

바이커 그건 아주 개인적인 우연이었습니다. 1980년에 저는 트벤테대학의 주니어 연구원으로 임명되었고 그 프로젝트의 일환으로 생애 처음으로 국제 학술 대회에 가게 되었는데, 그게 유럽 STS 학회인 유럽과학기술학협회EASST*의 첫 모임이었죠. EASST가 공식적으로 출범한 오스트리아 그라츠에서의 모임 말입니다. 거기에서 저는 엘렌 반 오스트Ellen van Oost와 함께 나중에 SCOT으로 거듭날 저희 프로젝트의 초기 성과를 발표했어요. 그때 우리 학과에는 여윳돈이 조금 있었고 이 돈으로 해외 학자를 반년간 트벤테로 데려오기를 원했어요. 그래서 학과는 우리더러 그라츠에서 만날지 모르는 모든 가능한 후보를 알아보라고 지시했습니다. 마침 그 학회에서 저와 반 오스트는 트레버 핀치를 마주친 거죠. 우리는 사실 그를 몰랐고 들어 본 적도 없었지만 우리의 첫 만남은 꽤 괜찮게 끝이 났어요. 저희는 그가 마음에 들었고 그도 우리의 일을 좋아했습니다. 핀치가 바스대학과 맺은 박사후 연구원 계약은 연말에 끝나게 되어 있었고, 그는 1월 1일이면 실업자가 될 예정이었죠. 아주 잘 맞아떨어진 거였지요. 저는 대학으로 돌아가서 핀치에 대해 보고했고, 그렇게 핀치가 초빙됐습니다. 이를 계기로 저는 국제적인 STS, 정확하게는 SSK 커뮤니티에 눈을 뜨게 되었지요. 우리는 핀치를 통해 해리 콜린스와 연줄을 만들었고, 그 이후에 저는 파리에서 핀치와의 공동 연구를 발표했는데, 여기서 에든버러 출신의 데이비드 블루어뿐만 아니라 미셸 칼롱과 브뤼노 라투르도 만났습니다.

---

* European Association for the Study of Science and Technology. 미국의 4S 학회처럼 유럽의 STS를 대표하는 학회이다.

그렇게 국제 STS 공동체와의 연결이 시작되었고, 제 생각으로는 그 시점에 네덜란드에서 그런 국제적인 인맥을 가진 사람은 아리 립과 제가 유일했습니다. 그 뒤로 빠르게 연결되기는 했지만요.

페르묄런 선생님께서 그들을 알게 되기 전에는 국제적인 STS/SSK 공동체 사람들이 어떻게 뭉쳤었나요?

바이커 그걸 공동체라고 부르기는 망설여집니다만, 당시 영국에서는 제 세대 사람들 대부분이 서로를 알지 않았나 싶습니다. 존 로John Law, 해리 콜린스, 데이비드 에지, 데이비드 블루어, 배리 반스, 도널드 맥켄지, 마이클 멀케이 등이 말입니다. 존 로는 박사 학위를 에든버러에서 받았기 때문에 이 사람들과 면식이 있었고 부분적으로 공부도 같이 했습니다. 또 에든버러의 사람들은 아마 스티브 울가를 통해 라투르와도 연을 맺었을 겁니다. 그러다 이제 1976년에 코넬대학교에서 첫 번째 4S 모임이 열린 것입니다. 그건 제가 STS 학자가 되기 한참 전이었는데, 그 시절에 저는 중학교에서 물리학을 가르쳤으며 STS가 가미된 물리학 교과서를 쓰기도 했지요. STS라는 분야는 이미 데이비드 에지가 호주의 로이 맥클로드Roy MacLeod와 함께 에든버러에서 《과학의 사회적 연구》라는 학술지를 창간할 때쯤 시작되었다고 말할 수 있겠네요. 하지만 저는 해맑게도 이런 일들이 일어나는지 까맣게 모르고 있었지요.

페르묄런 그것 또한 흥미로운 점입니다. 서로 다른 나라와 집단들이 있었다가 어느 순간에 함께하게 되었다는 건데, 그런 점에서 분명히 특정한 출현 패턴이 있다고 할 수 있네요.

바이커 제가 국제 STS 공동체의 한 부분, 특히 영국에서 얻은 재미있는 인연이 하나 더 있는데요, 이건 이미 1970년대 후반에 다른 경로를 통해 시작된 것이었습니다. 제가 과학 교육의 혁신에 관여하며 중등 교육에 '과학과 사회' 문제를 더 많이 포함하려고 노력했던 것이 계기인데요.

페르묄런 이를테면 고등학교 수준의 '사회에 책임지는 연구혁신Responsible Research and Innovation, RRI*'이네요.

바이커 이 경로를 통해서 저는 존 지먼John Ziman과 그의 파트너 조안 솔로몬Joan Solomon뿐만 아니라 데이비드 에지를 알게 되었지요. 에지는 비록 중등학교에서 직접 가르치지는 않았지만 중등 교육을 포함하여 이런 문제들에 굉장히 관심이 많았습니다. 그는 과학 교육을 어떻게 혁신할 수 있을까 고민하면서 중등학교를 같이 생각한 거였지요. 생생히 기억합니다. 이게 저에게는 엄청나게 떨리는 경험이었는데, 우리는 암스테르담 자유대학Free University of Amsterdam에서 열린 중등학교 과학 교육 및 사회 속의 과학 교육에 초점을 맞춘 꽤나 작은 워크숍에서 바로 옆자리에 앉았어요. 그때 핀치와 저는 대략 2~3주 전에 우리의 SCOT 논문을 그에게 보내 검토를 요청한 상태였죠.** 그래서 저는 뭐랄까 옴짝달싹 못 한 채로 고민했습니다. 만약 내가 아무 말도 하지 않는다면 그는 나중에 우편을 열어 보면서 바로 옆에 앉아 있던 남자는 뭘 하고 있었나 궁금해할 거야. 근데 내가 뭐라도 말을 건다면 저자와 편집자 사이의 소통에 대한 규칙을 어기는 게 아닐까? 결국 저는 제 소개를

* EU의 프로그램으로, 연구 개발과 응용 과정에서 윤리적, 사회적, 규제 쟁점을 주의 깊게 고려함으로써, 사회와 환경에 책임을 지는 방식으로 연구와 혁신을 진행하는 것을 의미한다.

** 다음 논문을 말한다. Trevor J. Pinch and Wiebe E. Bijker, "The Social Construction of Facts and Artefacts: Or How the Sociology of Science and the Sociology of Technology Might Benefit Each Other," *Social Studies of Science*, 14 (1984), pp. 399-441. 이 논문은 이들이 기술사학자 토머스 휴즈(Thomas Hughes)와 함께 편집한 기술의 사회적 구성에 관한 고전적인 책 『기술 시스템의 사회적 형성(The Social Construction of Technological Systems)』(Cambridge, MA. MIT Press, 1987)에도 수록되었다(pp. 17-50).

했는데, 에지는 특유의 아주 넉살 좋고 편안한 모습이었고, 대화는 잘 풀렸습니다.

에든버러 학파와 SCOT의 기원

페르묄런 그럼 그런 의미에서 이미 에든버러 학파를 조금은 알고 계셨던 거네요?

바이커 네.

페르묄런 에든버러 학파에 대해 어떤 기억을 갖고 계시고, 또 STS의 탄생과 발전 과정에서 에든버러 학파의 중요성에 대해 어떻게 생각하시는지 궁금합니다.

바이커 제 생각에 에든버러 학파의 중요성은 아무리 강조해도 지나치지 않습니다. 우선은 데이비드 에지, 그리고 학술지 《과학의 사회적 연구》가 있고요. 그뿐 아니라 데이비드 블루어, 배리 반스, 도널드 맥켄지의 작업들이 SSK의 형성에 도움을 주었고, 지금 우리가 하는 모든 일의 토대가 되었다는 점 때문이지요. 그런 핵심 인물들이 참여한 에든버러가 먼저 있었고, 그 다음에 바스 학파, 특히 해리 콜린스와 트레버 핀치가 있었으며, 이어서 마이클 멀케이, 스티브 울가, 존 로, 앤드류 피커링Andrew Pickering***, 스티브 이얼리, 말콤 애쉬모어, 그리고 제가 깜빡했을지도 모르는 사람들이 있었다고 말하고 싶네요.

*** 초기 에든버러 학파의 멤버이다. 20세기 입자물리학의 역사를 통해 과학 지식의 사회적 구성을 주장했다. 쿼크 물리학이 사회적으로 구성되었다고 주장한 그의 『쿼크 구성하기: 입자 물리학의 사회학적 역사(Constructing Quarks: A Sociological History of Particle Physics)』(The University of Chicago Press, 1984)는 과학자들의 거센 비판을 불러일으키기도 했다.

페르묄런 처음 에든버러에 가신 게 언제인지 기억하시나요?

바이커 몇 년 후죠. 정확히 언제인지는 기억나지 않지만, 모든 일이 일어나고도 꽤 나중이었어요. 딱 한 번 갔었고 아마도 에지의 연구실을 방문했던 것 같은데, 비 오는 날이었던 기억이 어렴풋이 있네요. 그러니까 실제로는 에든버러에 한 번 가 본 겁니다. 그런데 그렇게 느껴지지 않는 이유는, 에든버러 사람들을 어디서나 계속 만나면서 그곳을 실제로 방문하지는 않았지만 꽤나 밀도 있게 계속 접촉했기 때문이지요.

페르묄런 그러면 스트롱 프로그램의 역할에 대해서는 어떻게 생각하시나요?

바이커 스트롱 프로그램은 엄청나게 중요했고, 또 제 작업에도 아주 중요한 것이었지요. 저는 아직도 SCOT을 설명할 때 스트롱 프로그램을 인용합니다. 심지어 SCOT을 제외하더라도, 스트롱 프로그램의 몇몇 중심 주제는 구성주의 과학학의 핵심 개념들을 학생들에게 설명하는 데에 필수적인 교육 도구죠. 따라서 비록 학생들을 스트롱 프로그램이라는 좁은 범위 안에서 훈련시키고 싶지 않더라도, 스트롱 프로그램을 활용하는 게 교육적으로는 아주 효과적이라고 생각합니다.

페르묄런 구체적인 예시가 있나요?

바이커 배리 반스가 쓴 작은 책이 있긴 한데, (책을 보여주면서) 제가 여백에 연필로 메모를 많이 했네요. 대칭성에 관한 데이비드 블루어의 작업도 나에게는 특히 중요합니다. 저는 피어슨 상관 계수Pearson correlation coefficient에 관한 맥켄지의 연구를 과학 지식의 형성에서 이해관계의 역할을 보여 주는 사례로 자주 듭니다.* 그리고 SCOT의 초기 시절에는, 맥켄지와 주디 와익먼Judy Wajcman이 편찬한 『기술의 사회적 형성The Social Shaping of Technology』을 놓고 그들과 교류하는 것도 중요했지요.

페르묄런 제가 기억하기로 그건 다양한 관점이 한데 모이는 책이었지요.

바이커 이러한 맥락에서 사실 SCOT의 이름을 고안한 게 데이비드 에지였다는 걸 밝힐 필요가 있을 것 같군요. 그가 저와 핀치에게 말하기를, EPOR상대주의의 경험적 프로그램, Empirical Program of Relativism**과 우리의 기술 연구 사이에서 균형을 맞추면서 논문을 쓰는 거라면, EPOR과 결합할 수 있을 법한 약칭이 필요할 거라며, SCOT은 어때 하고 묻더군요. 물론 누가 에지의 제안을, 특히나 이런 걸 거부할 수 있겠어요? 그러니까 이건 그의 작품이고, 그가 얼마나 단호한 스코틀랜드인인지 생각하면서 우리는 조금 키득거리다가 흔쾌히 그의 제안을 따랐지요.

STS의 변천

페르묄런 STS의 토대에서 그 이후의 발전으로 주제를

---

* 이 책과 논문들을 말한다. Barry Barnes, *Scientific Knowledge and Sociological Theory* (Routledge, 1974); David Bloor, "Wittgenstein and Mannheim on the Sociology of Mathematics," *Studies in History and Philosophy of Science* 4 (1973), pp. 173-191; Donald MacKenzie, "Statistical Theory and Social Interests: A Case-Study," *Social Studies of Science* 8 (1978), pp. 35-83.

** 해리 콜린스가 제안한 사회구성주의 프로그램으로, 과학자들 사이의 논쟁에 주목해서 과학이 다른 방향으로 발전할 수 있었던 '해석적 유연성(interpretative flexibility)'을 찾아내고, 이 유연성이 닫혀버리는 사회적 메커니즘을 찾아내는 것으로 구성되어 있다. Harry M. Collins, "Stages in the Empirical Programme of Relativism," *Social Studies of Science* 11 (1981), pp. 3-10을 참조하라.

옮기자면, 선생님께서는 시간이 지나면서 STS가 어떻게 바뀌어 왔다고 보시나요?

바이커 제가 에든버러 학파의 50년 역사 전체를 조망할 수는 없습니다. 그러나 첫째로 지난 40년간 있었던 하나의 중요한 발전으로 저 또한 참여한 일을 들 수 있겠습니다. 과학의 사회적 연구라는 영역이 넓어지면서, 기술도 포함하고 의료도 포함하는 식으로 계속해서 확장했다는 점입니다. 현재 에든버러에서 진행되고 있는 연구도 그런 확장에 크게 기여하고 있죠. 둘째로, 네덜란드에서는 STS가 학계에서의 학술 연구 전통보다는 정치적으로 추동된 운동에서 출발했다는 점을 말씀드렸는데요. 요즘 에든버러에서 하고 있는 프로그램에 관해 제가 아는 바를 말씀드리자면, 이제 국제적으로 규범적이고 정치적인 쟁점들에 대한 감수성이 커져 가는 듯합니다. 여기에는 명백히 정책적인 질문들에 관여하는 것만이 아니라 규범적인 질문들을 다루는 데 더 이론적이고 철학적인 주의를 기울이는 경향까지 포함됩니다. 아까 사회에 책임지는 연구혁신RRI을 언급하셨는데, STS는 유럽에서 RRI 의제가 형성되는 데 분명한 영향을 미쳤다고 자부해도 된다고 생각합니다. 그래서 네덜란드의 경우에 이런 일은 STS가 처음 시작될 때의 정치적인 의제로 되돌아가는, 이를테면 한 바퀴 돌아 원점으로 회귀하는 것을 의미하죠. 반면에 영국의 학자들 대부분에게는 STS가 정치적 접근으로 시작된 일은 아니지요. SSK는 주로 과학사회학 내의 학술적인 프로젝트로서 시작된 측면이 크고, 나중에 가서야 정치적인 문제들과 관계를 맺었습니다. 일례로 해리 콜린스와 로버트 에번스Robert Evans가 발표한 제3의 물결Third Wave 논문이 있네요.* 셋째는 STS가 서구를 넘어 확장되고 있다는 점인데요. 예를 들어 에든버러 학파는 중국 학자들과 협업하고 중국에서 연구하고 있습니다. 이 셋째 전개는 나머지 둘보다는 조금 최근의 일이지만,

* Harry M. Collins and Robert Evans, "The Third Wave of Science Studies: Studies of Expertise and Experience," *Social Studies of Science* 32 (2002), pp. 235-296을 말한다.

그럼에도 꽤 실질적이고 미래를 위해 매우 중요한 일이라고 생각합니다.

페르묄런 에든버러와 네덜란드에서 가시적으로 일어난 이런 세 가지 발전이, 더 일반적인 STS의 역사에 있어서도 가장 중요하다고 볼 수 있나요?

바이커 네, 물론이죠. 4S와 EASST의 지난 연례 학회 프로그램들을 훑어보기만 해도 이 세 가지 추세를 발견할 수 있습니다. 기술과 의료를 포함하도록 4S의 이름을 바꾸자는 명시적인 논의가 있었지요. 저는 그렇게 하지 않게 되어 기쁜데, 왜냐면 STS가 탐구하게 될 모든 새로운 영역을 덧붙이는 식으로 이름을 확장해 나갈 수는 없기 때문이죠. 요즘 학회의 프로그램들은 정치적이고 정책적인 쟁점들이 얼마나 많은 주목을 받고 있는지 보여 주고 있고요. 그리고 지구의 남쪽과 동쪽에서 회원이 많이 늘어났는데요, 4S는 도쿄와 부에노스아이레스에서 모임을 하기도 했지요.

학제 간 관계

페르묄런 STS가 기초하고 있는 학과들로 돌아가 볼 텐데요, 여기에는 과학사, 과학사회학, 과학철학이 있고, 그리고 물론 과학 자체의 분야들이 있습니다. 여러 1세대 연구자들이 자연과학을 배경으로 하니 말이지요. 선생님께서는 STS와 넓은 학계의 다른 학과들 사이의 관계를 어떻게 보시는지요?

바이커 제 생각에 학과들을 통해 STS의 역사를 기술하는 건 꽤 흥미로운 일인데요, 왜냐하면 영국 그리고 에든버러에서는 사회학과 철학만이 아니라, 사회학이 가미된 철학이 있었기 때문이지요.

영국에서는 많은 학술 작업이 과학철학에 도전하는 의미에서 이뤄졌지만, 네덜란드에서는 그렇지 않았습니다. 네덜란드에서는 과학철학이 STS에 실질적인 역할을 했고, 역사가들과 STS는 조금의 협업은 있었지만 많이는 아니었지요. 영국에서는 스티븐 셰이핀과 사이먼 섀퍼가 과학사와 중요한 다리를 놓아 주었지만,* 네덜란드에서는 역사가들이 주로 기술학technology studies을 거쳐 왔습니다. 제 생각에 브뤼노 라투르와 스티브 울가의 『실험실 생활』 이전에는 네덜란드에서나 영국에서나 명시적인 과학인류학anthropology of science이 있었던 것 같지는 않네요. 그 이후로 경제학과 정책 연구가 더 중요해졌고요. 저는 SPRUScience Policy Research Unit, 서식스대학교 과학정책 연구 유닛를 하나의 STS 센터라고 생각하지만, 그러지 않는 사람들도 있지요. 조직사회학에는 활발하게 STS를 적극적으로 활용하거나 STS에 다시 기여하는 학자들이 점점 더 많아지고 있습니다. 특히 RRI를 통해 철학과의 연계가 재확립되었지요. 이렇게 학과들의 스펙트럼은 1970년대에 비해 지금 정말 많이 넓어지고 풍부해졌죠. 물론 센터와 국가에 따라 그 특징이 다르기는 하지만요.

페르뮐런 그 외에도 과학사와 과학사회학의 연계에 대해서도 궁금했는데요. 네덜란드에서는 서로 꽤 가까워 보이는데, 영국은 그보다 분리된 공동체로 보입니다. 예를 들어 마스트리흐트대학에서 역사가들과 사회학자들은 함께 작업하고 있는데 서로 간에 장벽이 없어 보였습니다. 선생님의 작업도 둘 사이를 넘나들고 있는데, 이에 대해 어떻게 생각하시나요?

* 셰이핀과 섀퍼의 『리바이어던과 공기펌프(Leviathan and the Air-Pump)』(1985)는 토머스 쿤 이후 과학사학계에서 가장 중요한 성과 중 하나로 평가된다. 로버트 보일과 토머스 홉스의 논쟁을 다룬 이 책은 과학사회학의 여러 개념들을 사용해서 이 둘의 논쟁을 흥미롭고 독창적으로 분석했다. 이런 의미에서 이 저술은 과학사와 과학사회학을 이어 주는 '다리' 역할을 했다.

바이커 우선 과학사와 기술사를 구별하는 게 도움이 될 겁니다. 과학사는 대부분의 나라에서 꽤 잘 정립된 분야인데, 가장 오래되고 풍부하고 또 가장 금전적으로 여유로운 분야입니다만 보통은 가장 보수적이기도 하지요. 예를 들자면 미국에서는 먼저 과학사학회History of Science Society, HSS가 있었고, 이후 기술사학회Society for the History of Technology, SHOT가 HSS에서 갈라져 나왔습니다. (모두 HSS의 회원이었던) SHOT의 창립자들이 느끼기에 HSS는 기술에 충분히 주의를 기울이지 않았고 또 혁신적인 역사 연구를 수행할 공간이 충분치 않았기 때문이지요. 제가 보기엔 SHOT과 STS의 사이가 가장 가까운데, 마스트리흐트, 코넬, MIT와 같은 곳의 센터들을 보면 기술사학자와 과학기술사회학자가 같은 학과에 소속되어 있기도 하죠. 저와 SHOT의 상호 작용은 생산적인데요. 비록 많은 역사가가 여전히 사회 이론과 불필요한 전문 용어에 대한 의심을 (때때로 옳게) 품고 있지만, 그들은 사회구성주의 접근이 유익하다는 것을 인지하고 있어요. 기술에 관한 사회적 연구와 역사적 연구 사이의 틈은 점점 더 작아지리라 생각하고, 또 같은 일이 과학사와 과학사회학 사이에도 일어나기를 바랍니다. 불과 2주 전에 굉장히 좋은 일이 일어났는데요, 네덜란드에 있는 고전학 대학원, 그러니까 서양고전학과 그리스와 로마의 역사, 정치철학, 문학, 고고학을 연구하는 사람들의 초대를 받았습니다. 마침 SCOT을 알게 된 이들이 우리의 구성주의 접근에 입각하여 2천 년 전 그리스 로마 문화 혁신에 대한 연구 프로그램을 구축하고자 하더군요.

페르묄런 SCOT이 고전으로 회귀하는군요?

바이커 고전학자들이 SCOT을 사용하기 시작한다는 게 흥미진진하고, 이 협업이 오늘날의 혁신과 기술적 변화에 대한 더 나은 이해에도 도움이 되리라고 전망합니다. 이보다 자주 일어나는 일은 엔지니어, 나노과학자, 개발 개입가, 손방직기 운동가handloom activists

같은 모든 종류의 실무자들이 STS, 특히 SCOT이 유용하다고 생각하는 것입니다. 이들이 일상적인 실천에서 과학, 기술, 사회의 관계를 더 잘 이해하기 때문일 겁니다. 연관 사회 집단relevant social group과 해석적 유연성interpretive flexibility 같은 개념들을 포함하는 SCOT이,* 많은 실천가들이 주변에서 목격하고 상상하는 것들과 상대적으로 가까운 거리를 유지해서죠. 저는 학계 바깥에서, 혹은 학계 안이지만 STS 학과 밖에서, SCOT이 교육이나 정치적 개입에 유용하다고 생각하는 사람들을 많이 만납니다.

페르묄런 행위자 네트워크 이론이 보존 연구conservation studies나 예술사 같은 분야까지 확산했다는 점을 고려하면 흥미롭네요. 선생님께서는 비슷하게 SCOT도 학문과 실천 사이의 경계를 넘나드는 걸 보신 거죠. STS가 상호 작용하고 있는, 혹은 그래야 하는 다른 학과들로는 무엇이 있을까요? 어떤 방식의 접속이 가능할까요?

바이커 STS와 협업함으로써 이득을 얻지 못할 만한 학과는 생각나지 않네요. 오만한 주장처럼 들리지만, 어떤 학과라도 일종의 구성주의적 전회를 겪는 건 도움이 될 겁니다. 아주 엄밀하고 이데올로기적인 의미에서라기보다는, 그저 자신의 연구 관행이나 연구하고 있는 대상을 조금이나마 다르게 볼 수 있다는 의미에서 말이죠. 임상 시험에 대한 제 최근 작업이 한 사례인데요. 저의 (2016년 《과학의 사회적 연구》에 게재되고 딸 엘세 바이커Else Bijker가 제1 저자인) 연구에 함께한 말라리아 연구자들은 구성주의 STS 관점을 자신들의 작업에

* SCOT에서 연관 사회 집단은 특정 기술 인공물을 생산하거나, 판매하거나, 사용하는 집단으로, 사회경제적 지위, 성별, 선호하는 브랜드 등에 따라 여러 하위 집단으로 구분될 수 있다. 해석적 유연성은 해당 인공물이 각 집단에게 상이한 의미나 용도를 지닐 수 있음을 가리킨다. 기술의 발전은 연관 사회 집단들 사이에 존재하는 다양한 의미와 용도가 하나로 수렴되면서 일어나고, 이는 본질적으로 사회적 과정이다.

차용함으로써 엄청난 통찰력을 얻는다고 여겼어요.** 저 스스로도 많은 이득을 보았습니다. 왜냐하면 모든 지식 구성 과정에서 중요한 '신뢰-통제라는 쌍trust-control tandem'에 관한 이론적인 아이디어를 도출해 낼 수 있었으니까요.

둘째로, 학제 간 경계를 넘나들며 협업하는 STS의 실천이 모든 학과의 모든 연구자에게 점점 더 필요해지고 있고, 그러므로 또한 이런 의미에서 누구라도 STS로부터 배울 수가 있지요. 두 주 전까지만 해도 저는 아마 이 발언에서 고전학은 제외했겠죠…. 그러니까 모든 학과가 조금의 STS를 투입함으로써 이득을 얻을 것이라고 생각합니다.

고전으로의 회귀

페르뵐런 반대로 STS가 다른 학과들로부터 배워야 하는 게 있다면 뭐가 있을까요?

바이커 제 개인적인 결점을 부분적으로 반영하자면, STS는 고전 사회과학과 철학의 몇몇 이론가를 재검토함으로써 진정으로 도움받을 수 있을 겁니다. 이미 진행되고 있지만, 지금 세계에서 베버Max Weber, 뒤르켐Émile Durkheim, 듀이John Dewey를 재고하는 건 아주 뜻깊은 프로젝트가 될 겁니다. 심지어 머튼Robert Merton***조차도요. 1980년대

** 건강한 자원자에게 말라리아 병원체를 주입하는 임상 시험에서 통제와 신뢰라는 두 요소가 이런 위험한 실험을 가능하게 함을 보인 논문을 말한다. E. M. Bijker, R. W. Sauerwein, and W. E. Bijker, "Controlled Human Malaria Infection Trials: How Tandems of Trust and Control Construct Scientific Knowledge," *Social Studies of Science* 46 (2016), pp. 56-86.

*** 미국 과학사회학의 대부. 그는 1940년대에 과학을 사회적 제도(social institution)로 간주하고, 이런 과학이 보편주의(universalism), 공유주의(communism), 조직화된 회의주의(organised skepticism), 그리고 무사무욕(disinterestedness)이라는 4가지 규범에 따라 작동된다고 보았다. 1970년대 이후에 부상한 에든버러 학파의 SSK가 과학사회학의 주류가 되면서 머튼주의 과학사회학은 점차 영향력을 잃어 갔다.

SSK와 STS는 머튼주의 과학사회학에 대한 반감 속에서 발전했습니다. 하지만 지금은 그 싸움을 훨씬 넘어섰고, 로버트 머튼 같은 누군가에 대해 다시 논의하는 건 아주 유익한 일입니다.

페르묄런 그러니까 그건 어떤 점에서는 뿌리로 되돌아가 현재 관점에서 재해석하는 거군요. 머튼에 대해서라면 과학에서의 규범norms에 관한 게 되겠지요?

바이커 네, 그에 더해 사회 안에서 과학의 역할에 대한 사회학적인 경험 연구도요. 저는 여전히 머튼의 과학 규범들을 가르치는데요, 물론 이게 실제 일어나는 일을 경험적으로 기술하는 건 아니라는 주석을 덧붙이기는 하지만 말입니다. 이 규범들에 대해 고민하는 건 학생들에게 과학자가 해야 할 일과 해서는 안 될 일들에 대한 윤리적 자각을 불어넣고자 할 때 가치 있는 일이지요. 머튼은 직접적으로 과학을 다루지 않더라도 좋은 사회학 연구를 많이 남겼습니다. 이렇게 이야기해 볼까요. 제 생각에 STS는 이제 아주 강하고 성숙해졌기 때문에 어린 시절에 비판했던 사상가들을 다시 검토해 보는 일을 두려워할 필요가 없습니다.

STS를 하는 다른 방법들

페르묄런 흥미로운 시각이네요. 방금 하신 말씀이 선생님께서 네덜란드 STS에서 목격한 학문적인 우회academic detour에도 적용되지 않나요? 물론 STS가 정치와 정책에 더 관여하는 게 지금의 중심 추세 중 하나라고 이미 말씀해 주셨지만, 정책학과 정치학의 관계에 대해서는 어떻게 생각하시는지요?

바이커 실제로 벌어지고 있는 일입니다. 제가 보기엔 평행한 세 갈래 길이 있습니다. 정책 거리policy street, 학술 고속도로academic highway, STS 가로수길STS boulevard 말입니다. 이들은 여전히 서로에게 평행하게 존재합니다. 제안을 하나 하자면, 대규모 연구 센터들이 이 세 가지 활동을 하나로 포섭하는 포트폴리오를 갖춘다면 잘될 수 있을 겁니다. 개인 연구자는 셋 중 한 군데에서만 편안할 테지만, 센터 차원에서 연구와 교육을 위해서는 이 세 가지 활동을 모두 하는 게 이득일 테지요. 세 가지 길은 각각 지난 15년간 힘과 역량에서 대단한 성장을 이루었습니다. 정책 거리의 경우, STS를 하는 많은 사람이 온갖 자문과 정책 작업들에 시간을 할애하고 있는 것으로 보아 그 성장이 아주 분명합니다. 브뤼셀의 수준 높은 전문가 집단의 경우건 아니면 학술적이기보다는 자문적인 성격이 더 강한 유럽의 몇몇 프로젝트에 대해서건 말이지요. 학술 고속도로의 경우에도 그 성공은 온갖 연구 중심 대학, 대학원 과정, 학부 과정으로 보아 꽤나 분명하고요. 저와 핀치는 항상 STS를 '떠오르는 학제discipline'라고 지칭합니다. 우리는 이걸 학제라고 부르기는 합니다만, 여전히 떠오른다고 말합니다. 왜냐하면 우리는 학과의 전통적인 틀에 완전히 얽매이고 싶지 않기 때문입니다. 그리고 제 생각에 STS 대로의 경우, 그 성공은 우리가 이미 이야기했던 것에서 보이는 듯합니다. EASST와 4S 학술대회에서 발표하는 많은 연구에서 경험 연구, 이론 연구, 규범적이고 정치적인 쟁점에 감응하는 사회적 영감의 혼합물을 볼 수 있다는 점에서 말이지요. 많은 프로젝트가 세 가지 요소 모두를 가지지만, 맥락에 따라 한두 개를 더 전면에 내세울 수 있겠죠.

STS의 미래: 과학과의 연계 그리고 지구적 시각

페르뵐런 이 말씀이 자연스레 마지막으로 이어지는데요, 선생님께서는 STS가 "학제discipline로서의 모든 성격을 가진다"고 말씀하실 때, STS가 어디로 가고 있다고 보시나요? STS의 미래를 어떻게 전망하시나요? 지난 50년간 존재해 온 많은 집단과 사람들이 조만간 은퇴하는 지점에 와 있으니 말입니다.

바이커 저는 미래가 꽤 밝다고 생각합니다. 호라이즌Horizon 2020 같은 프로그램들은 RRI를 포함하도록 강력히 요구하고 있고, 유럽연합 집행위원회European Commission라든지 네덜란드 보건협의회Health Council of the Netherlands 같은 곳에서 명시적으로 STS 하는 사람들을 자문으로 초빙하고 있습니다. 또 양질의 연구 대학들이 있고 학생들이 계속 들어오고 있지요. '우려'라고 하면 너무 부정적이지만, 이제는 많은 STS 대학원생이 과학 분야의 학위를 갖고 있지 않다는 점의 영향에 대해 우리 함께 고민해 보면 좋겠어요. STS 학사와 석사 과정이 크게 성공하고 공고해지면서 요즘의 대학원생들은 일반적인 윗세대와 과학적 배경이 다르잖아요. 당신 같은 분들은 사회과학 혹은 인문학 교육을 받고, 그 다음 STS로 방향을 틀어 과학과 기술을 공부하기 시작했죠. 공학이나 과학의 피가 흐르지 않는 새로운 세대의 연구자들도 과학 및 공학 학과들과 관계를 유지하고 생산적으로 만드는 일을 확실히 이뤄 내야 할 것 같습니다. 당신 같은 분들은 그걸 잘하고 있지만, 이건 저보다는 당신에게 더 어려운 일일 거예요. 저는 꽤 값싸게 "나는 물리학자입니다" 혹은 "나는 공학자입니다"라는 전술을 사용할 수 있었지만, 그러지 못하시잖아요.

페르묄런 그런 것 같네요. 그래도 아시다시피 몇몇 과정은 그런 기존의 방식으로 돌아가서 과학이 배경인 사람들을 데려다 교육하여 STS 전공 혹은 부전공을 주고 있습니다. 덧붙여서, 오늘날 STS에 없는, 아직 완료되지 않았거나 완료해야 할 일이 뭐라고 생각하시나요? 바로 떠오르는 게 특별히 있나요?

바이커 솔직히 말해서 없습니다. 다룰 필요가 있는 중요하고 큰 쟁점과 문제들이 보이기는 하지만, 그걸 시작하고 있는 연구자들도 보이거든요. 에든버러에서 중국 동료들과 협업하며 수행하는 중국에 대한 연구라든가, 제가 인도인 동료들과 협업하고 있는 인도에 대한 연구 같은 게 아마 10년 전까지만 해도 없었지요. STS가 처음 몇십 년간 갖고 있었던 서구 사회에 대한 편향된 지향이 이제 바로잡히고 있지요. 아직 그런 연구들이 부족하긴 하지만 사람들이 아예 인식하지 못하는 맹점은 아니지요.

페르뢸런 탐색해 볼 세계 전체가 저 바깥에 있잖아요.

바이커 네, 물론이지요. 그리고 향후 10년 안에 대부분의 학문적 성과를 거둬들일 수 있다고 생각합니다.

페르뢸런 마지막 질문입니다. 지금 STS에서 이루어지고 있는 전도유망한 일 중 무엇이 선생님을 가장 들뜨게 하나요?

바이커 저를 가장 들뜨게 한 건, 지난해에 STS에 대해 전혀 모르는 채로 에든버러에서 인턴으로 일하다가, 결국 우리가 하는 일을 이해하고 또 그것에 매혹되어서 결국 석사 과정에 진입한 중국인 학생이죠. 우리는 그를 바꿔야 했는데, 중국이라는 배경에서 돌아서서 유럽 북구의 관점을 이해하게 만드는 것뿐 아니라, 현장 연구를 가르쳐 그를 과학 커뮤니케이션 학도에서 STS 학도로 만들어야 했죠. 또 하나는 제가 인도에서 하고 있는 작업입니다. 이 작업은 저로 하여금 지식이란 무엇인지, 과학이란 무엇인지, 사람들은 서로 어떻게 관계를 맺는지, 또 사람들의 생계나 사회의 안정성을 증대하고자 할 때 무엇이 윤리적으로 허용되며 어떤 형태의 개입이 효과적인지에 대해, 정말이지 다시 생각하게 만들고 있습니다. 이전 유럽에서의 십 년보다 인도에서의 보낸 대략 일 년 동안 더 많이 배우고 있고, 같은 일이 중국에 간 로빈 윌리엄스Robin Williams에게 일어나더라도 놀라지 않을 겁니다.

페르묄런 최근에 우리는 한국과도 작업을 시작했지요.

바이커 동아시아에 강력한 공동체가 있지요. 한국, 타이완, 일본, 중국, 싱가포르 말입니다. 2016년 기술사학회 모임은 싱가포르에서 열렸습니다. 그리고 라틴 아메리카에서도 STS 활동이 늘어나고 있지요. 브라질, 아르헨티나, 콜롬비아에서요.

대담자 소개

위비 바이커Wiebe Bijker는 트론헤임 소재 노르웨이 과학기술대학교의 기술과 사회 담당 교수이며, 네덜란드 마스트리흐트대학교의 명예 교수이다. 델프트대학교에서 물리학 엔지니어로서 교육을 받은 뒤, 암스테르담대학교와 흐로닝언대학교에서 과학철학을 공부했고, 트벤테대학교에서 기술사 및 기술사회학으로 박사 학위를 받았다. 그는 마스트리흐트대학교에서 네덜란드 과학, 기술 및 근대문화 대학원의 교육 과정을 설계했고, 그 외에도 여러 학위 과정의 설립에 중요한 역할을 했다. 국제적으로는 4S 회장직과 SHOT의 여러 직책을 맡았다. 학술 작업과 과학기술 실천을 가로지르는 그의 참여는 네덜란드 보건협의회Health Council of the Netherlands, 라테나우 연구소Rathenau Institute, NWO-WOTRO 글로벌 개발을 위한 과학 연구 협의회, 그리고 시민 사회 안의 지식 포럼(KICS, 인도 하이데라바드) 등을 위한 그의 작업을 통해 드러나고 있다. 바이커는 존 데스먼드 버널 상John Desmond Bernal Prize(2006), 오라녜나사우 훈장Officier in de Orde van Oranje Nassau(2009), 기술사학회 레오나르도 다 빈치 메달Leonardo da Vinci Medal(2012)을 받았다.

니키 페르묄런Niki Vermeulen은 에든버러대학교 과학, 기술 및 혁신 연구Science, Technology and Innovation Studies(구 SSU) 학과의 과학사 및 과학사회학 부교수이자, 라이덴대학교 과학기술학센터CWTS의 방문 연구원이다. 그의 작업은 연구 조직법, 특히 생명과학과 생의학의 협업에 초점을 맞춘다. 그는 마스트리흐트대학교에서 위비 바이커의 지도하에 박사 학위를 마쳤고, 뒤이어 요크대학교의 과학기술학과Science and Technology Studies Unit, SATSU, 비엔나대학교의 과학의 사회적 연구 학과, 그리고 맨체스터대학교의 과학·기술·의학사 센터Centre for the History of Science, Technology and Medicine, CHSTM를 거쳤다. 덧붙여 그는 과학정책

자문가로 일하기도 했는데, 예를 들면 테크노폴리스 그룹Technopolis Group을 위한 작업을 수행했다. 페르묄린은 에든버러 왕립 학회 스코틀랜드 청년 아카데미의 회원이며 최근에는 에든버러를 가로지르는 가상 도보 여행(www.curiousedinburgh.org)을 개발하여 탬 디엘 상Tam Dalyell Prize을 수상했다.

참고문헌

· Bijker, W. 2017. "Constructing Worlds: Reflections on Science, Technology and Democracy (and a Plea for Bold Modesty)." *Engaging Science, Technology, and Society* 3: pp. 315-331.

STS와 그 도전적인 의무들

도널드 맥켄지Donald MacKenzie와의 인터뷰

파블로 쉬프터Pablo Schyfter

박재승, 구재령 옮김

이 폭넓은 인터뷰에서 둘은 맥켄지가 STS에 입문하게 된 계기, 그 이후 이 분야의 궤적, 그리고 오늘날 이 분야의 특징에 대해 논한다. 맥켄지는 자신이 어떻게 정치 운동을 통해 STS를 발견했으며, 에든버러 과학학 유닛에서 경험을 쌓았는지 회상한다. 또한 STS 분야의 발전, 그리고 이 분야의 주요 전환기, 분기점, 성취의 순간들을 되돌아본다. STS의 역량을 논하면서 맥켄지는 행동주의와 개입에 대한 이 분야의 잠재력, 그리고 연구하는 대상에 영향을 미치려는 시도에 수반되는 한계들에 대해서도 이야기한다. 무엇보다도 그는 핵무기와 금융 시장을 연구하는 자신의 연구처럼 논란이 많은 주제에 관여하는 일에 따르는 도덕적 의무와 책임에 대해 흥미롭고도 중요한 의견을 낸다.

초창기 시절, 급진적 생각들, 영국석유가스회사British Gas

쉬프터 STS 학문을 시작하시게 된 계기에 대해 말씀해 주세요.

맥켄지 저는 1968년 학부생 신분으로 물리학을 공부하기 위해 에든버러대학교에 입학했고, 중간에 응용수학 분야로 전과해 졸업하게 되었습니다. 당시는 학생 운동의 시대였죠. 연구 방법으로 구술사에 많이 의존하는 (저 같은) 사람이라면, 오히려 구술 역사 인터뷰를 당하는 처지가 될 때 제가 제시하는 역사적 근거들의 신빙성을 의심하게 됩니다. "내 기억이 정확할까?"라고 생각하기 때문이죠. 제가 앞으로 할 얘기들이 사실적으로 정확했으면 합니다. 제가 기억하는 순서가 맞는다면, 저는 '과학의 사회적 책임을 위한 영국협회 British Society for the Social

Responsibility in Science, BSSRS'*의 일련의 모임에 참석했습니다. 데이비드 에지가 핵심 인물인 에든버러 지부에 참석했는데, 이를 계기로 과학학 유닛과 친분을 얻게 됐죠.

쉬프터 어떤 동기로 그 모임들에 참석하셨나요?

맥켄지 저는 급진주의자였고, 그 모임은 급진적인 성격을 띠었기 때문이죠. 과학자였던 저에게 과학에 대한 급진적인 관점은 매력적이었습니다. 학부 3학년일 때, 순전히 선택 교양 수업으로(제가 받은 학위에는 그 수업 학점이 인정되지 않았습니다) 배리 반스가 한 과학사회학 분야의 과학학 수업을 굉장히 즐겁게 수강하였습니다. 저는 대학 시절 내내 브리티시 페트롤륨British Petroleum, BP에서 대학 견습생으로 장학금을 받았는데, 결국에는 그들을 위해 일하고 싶다는 생각이 안 들어서 과학학 유닛에서 박사 과정을 밟기로 마음먹었습니다.

쉬프터 과학학 유닛에서 학생으로 지내는 건 어떠셨나요?

맥켄지 최고였습니다. 박사 학위를 취득하는 건 상당히 외로운 경험이라고들 하는데, 과학학 유닛의 대단한 장점 중 하나는 전혀 그렇지 않다는 것입니다. 당시는 SSK의 스트롱 프로그램이 초기 단계에 있었습니다. 이 분야의 연구에 임하는 박사 과정 학생으로서 저는 단순히 박사 학위 연구보다 더 큰 일을 한다는 느낌을 받았습니다. 교수님들, 특히 배리 반스와 데이비드 블루어 교수님은 제가 무엇을 연구하는지에 관심이

* 1968년에 생화학 무기 반대 운동을 시작으로 결성된 영국의 과학 운동 단체이다. 노벨상 수상자를 비롯해 많은 유명 과학자가 참여했고, 한때 회원이 2,500명에 이르렀다. 열정적으로 활동한 이들 중 제롬 라베츠(Jerome Ravetz), 스티븐 로즈(Steven Rose), 힐러리 로즈(Hilary Rose), 로버트 영(Robert Young)은 '급진 과학 운동'을 주도하면서 초기 STS에도 큰 영향을 주었다.

많았는데, 단순히 지도 교수로서 관심을 두는 정도가 아니라, 제 연구가 그들에게 잠재적으로 도움이 될 만했기 때문에 관심을 가지셨습니다. 진정한 공동체 의식이 느껴졌습니다.

쉬프터 스트롱 프로그램에 기여하고 있다고 느끼신 거죠?

맥켄지 그렇습니다.

쉬프터 당시 다른 연구 기관이나 사건과 관련해서 과학학 유닛의 위치는 어땠습니까?

맥켄지 한 가지 두드러지는 점은 그 시기에 서식스대학교의 과학정책 연구 유닛Science Policy Research Unit, SPRU이 급부상하고 있었는데, 에든버러 과학학 유닛의 에토스는 응용 정책 위주의 SPRU의 에토스와는 차별성을 가지고 있었습니다. 물론 일반화할 수는 없겠지요. 예컨대 정책적인 시각을 가지고 있던 데이비드 에지는 이공계 소속의 공학자 해리 디킨슨Harry Dickinson과 함께 과학학 유닛에서 별도의 연구 흐름을 주도하기도 했기 때문입니다. 그들은 제3세계 국가를 위한 '적정 기술'에 초점을 맞췄습니다. 하지만 이를 제외하면 우리 에든버러 유닛은 고전적인 학문적 에토스를 가지고 있었던 게 사실입니다.

쉬프터 연구 주제를 선택하신 계기는 무엇인가요?

맥켄지 쉽게 말해서, 학부에서 과학-수학 학위를 취득한 만큼, 그 직후 대학원 연구 주제를 학부와 연관 짓는 것이 당연하다고 생각했습니다. 그 당시에는 과학의 전문화specialization와 새로운 과학 분야의 탄생에 관해 연구하는 게 유행이었습니다. 마침 저는 역사적으로 통계학이 신생 과학 분야 중 하나임을 알고 있었습니다. 100년이 채 되지 않은 학문이었죠. 새로운 전문 과학 분야의 부상으로서 통계학의 부상을 분석하는 게 본래의 박사 논문 계획이었습니다. 해당 분야를 탐구하던 초기에 저는 세 세대에 걸친 영국 통계학의 선도자들, 그러니까 프랜시스 골턴Francis Galton, 칼 피어슨Karl Pearson, R. A. 피셔R.A. Fisher가 모두 우생학자였다는 점을 알게 되었습니다.* 그리고 박사 과정 첫 학기의 막바지 즈음, 우생학이 프랜시스 골턴의 통계학에 미친 영향을 다루는 루스 슈워츠 코완Ruth Schwartz Cowan**의 논문이 과학사 학술지 《아이시스Isis》에 발표되었습니다. 코완의 논문은 저에게 과학의 전문화에 대한 완전히 새로운 접근을 가능케 해 주었습니다. 저는 여전히 과학의 전문화를 연구하면서도 더 지식사회학적인 접근을 할 수 있게 되었습니다. 정말 재밌는 질문이란 "영국 통계학자들이 우생학에 헌신했다는 사실이 수리통계학의 발전에 어떠한 영향을 끼쳤는가?"임을 깨달았기 때문입니다.***

쉬프터 요즘 새삼 깨닫고 있고 또 많은 사람이 언급하는 한 가지는, 당대의 학회들이 대서양을 넘어 다양한 국가의 사람들을 모아 주는 중요한 역할을 했다는 사실입니다. 선생님께서도 이러한 모임들에 참여하였나요?

---

* 지능을 비롯한 인간의 능력이 대물림 되기 때문에 우수한 혈통을 가진 사람들이나 계급의 출산을 장려하고 열등한 사람들이나 계급의 출산을 억제해야 한다는 학문이나 사회 운동을 의미한다. 우생학의 영어 eugenics 는 well(eu)+born(genos)의 결합어로, 우월한 태생에 대한 학문을 의미한다. 다윈의 사촌이자 영국의 통계학자 프랜시스 갈톤(Francis Galton)이 창시했고, 19세기 후반부터 20세기 중엽까지 유럽과 미국에서 큰 영향을 미쳤다.

** 기술과 여성이라는 주제를 주로 연구한 미국의 기술사학자. 세탁기의 사용이 주부의 세탁 시간을 줄이지 않았다는 *More Work for Mother* (Basic Books, 1985) 등의 저술이 있다.(원주)

*** Donald MacKenzie, "Statistical Theory and Social Interests: A Case-Study," *Social Studies of Science*, 8 (1978), pp. 35-83.을 말한다.

맥켄지 많이 참여하지는 않았습니다. 제가 기억하는 것이 맞는다면 저는 박사 과정 학생일 때 학회 지원금을 받지 못했습니다. 저는 스코틀랜드 소재 대학교를 위한 카네기 재단의 장학금을 받고 있었는데, 연구 목적의 해외 출장 지원금은 받을 수 있었지만, 학회 참여 목적으로는 지원을 받지 못했습니다. 오히려 저는 데이비드 에지 교수님이 여러 유명한 과학사 학과를 소개해 주시면서 미국의 초기 STS 학과들도 포함하셨는데, 그때 미국에 있는 네 개의 STS 학과에서 세미나를 참여하는 여행을 재미있게 했죠. 하지만 제가 처음으로 합동 학회 모임에 참여한 것은 그보다 상당한 시간이 흐른 뒤입니다. 당시에는 수학에 대한 사회학적 관점에 대한 초기 모임 중 특히 중요하고 영향력 있는 것들이 있었습니다. 예를 들어 허버트 메르텐스Herbert Mehrtens가 베를린 공과대학에서 주최한 모임이 그랬죠. 확실히 눈에 띄는 좋은 모임들이 몇 개 있습니다. 어떤 모임들은 "도대체 무슨 소리를 하는 거지?"라는 생각이 들게 하지만, 바스대학교의 모임 같은 경우, 과학에 대한 민족지적 미시사회학의 초기 작업이 소개되기도 하였습니다. 브뤼노 라투르의 초기 연구와는 달랐고, 영국 사람들이 연구한 내용이었습니다.

또 다른 아주 중요한 모임은 1987년 트벤테 공과대학에서 열린 모임이었습니다. 그 모임은 저를 『기술의 사회적 형성The Social Shaping of Technology』이라는 책의 집필로 이끌었죠. 4S 학회에 참가하기까지는 꽤 오랜 시간이 걸렸기 때문에, 이 학회의 영향은 저보다는 다른 사람들에게 더 컸을 것입니다. 학회 참석을 위한 출장비라는 재정적 이유 때문이었죠.

쉬프터 박사 학위 취득 이후에는 어땠나요?

맥켄지 박사 학위 취득 후에는 일자리를 구하고 있었습니다. 처음에는 학업 관련 일자리를 잡지 못해서, 당시 가스 협회Gas Board라고 불리던 영국가스석유회사에 지원했었습니다. 그들은 가스 시설망을 설계할 수학에 능한 경영 관리자를 구하고 있었는데 저를 고용하지 않았습니다. 제가 자리를 잡은 곳은 여기 에든버러대학교입니다. 에든버러대학교의 사회학 부서가 통계학을 가르칠 수 있는 사람을 찾고 있어서, 과학사회학자로서가 아니라 사회학과 학부생들에게 통계학을 쉽게 가르칠 수 있는 사람으로서 일자리를 얻은 것입니다.

성장과 전환점

쉬프터 조금 더 넓은 주제로 옮겨가서, STS라는 학문의 역사와 학문의 궤도를 얘기해 보고 싶습니다. 선생님께서는 독특한 학문 분과로서 STS의 기원을 어떻게 이해하시는지요?

맥켄지 이 질문은 질문의 대상을 어떻게 개념화하는지에 따라 달라지겠습니다. 예를 들어 STS를 무엇의 약자로 여기는지에 따라 달라지죠. STS는 '과학기술학Science and Technology Studies'의 약자일까요, 아니면 '과학기술과 사회Science, Technology and Society'의 약자일까요? 후자의 경우 이미 제가 박사 과정을 시작한 시점인 1972년 이전부터 정체성을 지녔다고 생각합니다. 그 단어는 데이비드 에지가 흥미 있었던 분야, 그리고 '과학의 사회적 책임을 위한 영국협회'가 주로 고민했던 분야를 함축하고 있었는데, 공공정책 쪽을 조금 더 향하고 있었다고 할 수 있겠습니다.

쉬프터 일종의 개입주의interventionist라고 할 수 있나요?

맥켄지 어느 정도 그렇다고 할 수 있습니다. STS가 과학기술학으로 이해되는 것은 더 최근의 현상입니다. 물론 과학학 분야는 역사가 깊고,

그 기원을 과학학과의 설립과 학술지 《과학학Science Studies》의 개간까지 추적해 볼 수 있습니다. 하지만 1980년 이전에 과학기술학이 있었느냐 하면 확실하지 않다고 생각합니다. 그런 면에서 아까 말씀드린 트벤테 공과대학의 모임이 중요한데, 과학사회학 분야에 종사하는 사람들, 그중에서 자연과학 분야에서 시작하여 기술 분야로 옮겨간 저나 트레버 핀치 같은 사람들을 한곳에 모아 주었기 때문입니다. 무엇보다도 토머스 휴즈Thomas Hughes*와 루스 슈워츠 코완 같은 기술사학자들을 모아 주었죠. 코완이 트벤테 공과대학 모임에 있었는지 확실히 기억은 안 나지만, 당시 비슷한 관심사를 갖고 있었던 기술사학자임은 확실합니다. 질문에 대한 제 답은 다음과 같습니다. 과학기술과 사회는 최소한 1960년대, 만약 J. D. 버널J.D. Bernal과 같은 학자를 이 분야에 기여한 학자로 본다면 그보다 이전에 뿌리를 두고 있습니다. 반면에 과학기술학, 특히 최근 《과학의 사회적 연구》 혹은 《과학기술과 인간의 가치Science, Technology and Human Values》 같은 학술지에 실리는 과학기술학은, 1980년 이전에는 하나로 통합되지 않은 분야였습니다.

쉬프터 STS 학문의 궤적에서 또 핵심적인 순간들에는 무엇이 있나요?

맥켄지 한 가지 확실한 순간은 근대 과학에 대한 민족지적 연구의 부상, 예를 들어 브뤼노 라투르, 카린 크노르세티나, 아니면 조금 뒤 샤론 트래윅Sharon Traweek** 같은 학자들의 연구, 그리고 그들의 뒤를

---

* 미국의 기술사학자. '기술 시스템(technological system)'이라는 개념을 창안한 사람으로 유명하다. 『힘의 네트워크(Networks of Power)』(Johns Hopkins University Press, 1983), 『미국적 기원(American Genesis)』(Viking, 1989) 등의 저서가 있고, 바이커, 핀치와 함께 SCOT의 방법론을 널리 알리게 한 『기술 시스템의 사회적 형성(The Social Construction of Technological Systems)』를 편집했다.

** STS 학자로 스탠포드와 일본의 입자 물리학 연구소에서의 현장 연구를 바탕으로 입자물리학자들의 공동체의 독특한 문화를 분석한 『Beamtimes and Lifetimes: The World of High Energy Physicists』(1988)를 저술했다.

따랐던 여러 학자들의 연구가 부상한 것이라고 봅니다. 왜냐면 많은 기존 경험적인 연구들, 특히 SSK 분야의 기존 경험적 연구들은 제 연구와 비슷하게 역사 연구의 성격을 띠고 있었기 때문입니다. 초기 에든버러의 과학학 유닛의 박사 과정 학생들도 주로 역사 연구를 수행했습니다. 그래서 저는 민족지적 연구의 부상이 이 학문을 풍성하게 만든 아주 중요한 순간이었다고 생각합니다.

쉬프터 어떻게 말입니까? 해당 분야에 어떤 영향을 끼친 것이죠?

맥켄지 가장 분명하게는 다른 방법론을 제시한 점, 그리고 셰이핀과 섀퍼의 조금 다른 역사적 접근법을 통해 발전한 실험실의 역할을 강조할 수 있겠습니다. 하지만 동시에 조금 더 이전의 민족지적 연구가 없었다면 과연 실험실에 그렇게 지대한 관심을 가졌을지 물을 수 있겠군요. 아무튼 이것은 STS 학문 분야에서 아주 중요한 성장이었다고 생각합니다. 더불어 초기부터, 아니면 비교적 초기부터 과학기술학과 젠더 연구가 아주 중요했습니다. 정리하자면 다음과 같습니다. 제가 1985년 주디 와익먼Judy Wajcman과 공동으로 작업한 『기술의 사회적 형성』, 우리가 그 저술에서 참조한 루스 슈워츠 코완 그리고 신시아 코번Cynthia Cockburn과 같은 저자들, 그에 더해 과학과 기술에 대한 페미니즘 연구입니다. 일단은 이렇게 목록을 짜 보겠습니다.

쉬프터 핵심 순간뿐만 아니라, 매우 중요했거나 나중에 중요해진 핵심 인물 혹은 아이디어, 논문이나 출판물에는 무엇이 있었다고 생각하시나요?

맥켄지 그건 목록이 아주 길어질 것 같습니다. 단순하지만 지루하고 단편적인 답변이지만, 버널상Bernal Prize을 수상한 학자들의 리스트를 보면 쉽겠습니다. ("단편적"인 이유는 버널상이 주류가 아닌 학자에게 잘 수여되지 않기 때문입니다.)

쉬프터 선생님의 경력과 다양한 연구 프로젝트에는 어떤 것이 영향을 끼쳤는지 여쭙고 싶습니다.

맥켄지 어쩔 수 없이 훨씬 더 개인적인 이야기가 되겠습니다. 제 개인적인 경험 중 몇몇은 폭넓은 영향력을 끼쳤지만 몇몇은 그렇지 않았습니다. 저는 오늘날 STS 종사자들에게는 많이 알려지지 않은 역사학자 게리 워스키Gary Werskey*로부터 초기에 아주 큰 영향을 받았습니다. 학부생 신분으로서 마지막 해에 저는 워스키와 함께 뉴헤이븐의 큰 공동 주택에서 지냈는데, 당시 게리는 역사학자로서 과학학 유닛에 막 들어온 참이었습니다. 스티븐 셰이핀의 선배였던 그로부터 역사학자의 삶은 어떤지 많이 배울 수 있었는데, 당연히 수학을 전공하는 학부생에게는 처음 들어 보는, 아주 값진 얘기들이었습니다.

그리고 저에겐, 물론 저뿐만 아니라 다른 많은 사람에게도 해당하는 얘기일 것으로 생각합니다만, 행위자 네트워크 이론을 접하게 된 것이 기술 연구와 이후 주식 시장에 관한 연구에 지대한 영향을 끼쳤습니다. 저는 행위자 네트워크 이론이 있기 전부터 활동하고 있던 세대에 속합니다. 1979년에 출판된 라투르와 울가의 책 『실험실 생활』은 상대적으로 이르긴 했지만, 온전히 성장한 행위자 네트워크 연구가 아니었습니다(Latour and Woolgar 1979). 행위자 네트워크 이론의 완벽한 윤곽이, 모두가 알고 있는 그 형태로 드러나게 된 것은 1987년 『젊은 과학의 전선Science in Action』이 출판된 이후인데(Latour 1987), 사람들은 행위자 네트워크 이론에 각자 다르게 반응하였습니다. 저는 그 점이 항상 매력적이고 지적으로 자극적이라고 생각했습니다. 저 자신을

* 영국의 마르크스주의 과학사학자. 『과학……좌파』(이매진, 2014[2007])가 국내에서 번역되어 출간되었다.

공식적인 행위자 네트워크 이론가라고 여기지는 않지만, 그 이론이 저로 하여금 질문하게 만드는 것들은 아주 흥미롭고 생산적임을 믿어 의심치 않습니다. 비록 다른 사람들과 똑같이 답하지는 않더라도요.

쉬프터 선생님의 연구는 통계학으로 시작해서 현재는 주식 시장, 그리고 그 사이에 있는 많은 주제를 아우릅니다. 선생님의 여러 연구를 관통하는 하나의 줄기가 존재한다고 생각하시나요?

맥켄지 두 개의 미약한 줄기가 있습니다. 하나는 저의 모든 연구 대상이 강한 수학적 성격을 띤다는 것인데, 제가 가진 응용수학 학위가 아주 큰 도움이 되는 주제들입니다. 그리고 제가 쓴 책 『영국의 통계학Statistics in Britain』의 다소 심심한 표지 사진에는 이차원 가우스 분포 그림이 있는데요, 가우스 분포는 미사일 유도나 금융 공황에서 중요했던 모델에도 사용되기 때문에 제 연구의 여러 영역에서 매번 다른 형태로 지속적으로 나타납니다. 따라서 일종의 기술적인 줄기가 있다고 할 수 있습니다. 둘째로, 깨닫기까지 꽤 오랜 시간이 걸렸던 점이 하나 있습니다. 저는 지금까지 두 종류의 작업을 했는데, 하나는 대중적 관심을 못 받더라도 학문적인 의미가 있는 주제들이고, 다른 하나는 실제로 대중의 관심사인 주제들입니다. 시간이 지나면서 제가 둘째 유형의 연구를 더 선호한다는 점을 점차 깨닫게 되었습니다. 전자에 해당하는 건 통계학과 수학적 증명의 기계화에 대한 것들이고, 후자에 해당하는 건 미사일 유도와 증권에 대한 것들입니다.

쉬프터 후자 유형의 연구 주제들의 어떤 점이 선생님의 흥미를 끄는지요?

맥켄지 비유를 하자면, 당신이 파티에 갔을 때 누군가 당신이 무슨 일을 하고 무엇을 연구하는지 물을 때, 당신이 답을 하자마자 상대방의 눈빛이 흐려지기를 바라지 않는 것과 비슷합니다.

쉬프터 그러한 연구 주제들이 조금 더 다양한 스펙트럼에 걸쳐 있는 집단들에 접근할 수 있도록 도와준다고 생각하시나요?

맥켄지 당연하죠. 그렇습니다.

쉬프터 그것은 어떤 경험인가요?

맥켄지 두 가지 주요 양상이 있습니다. 핵미사일 유도 연구를 할 때 저는 반핵 운동Campaign for Nuclear Disarmament, CND의 회원이었습니다. 여전히 회원이고 직접 캠페인에 참여하기도 합니다. 하지만 저는 단순히 동료 사회학자들과 STS 학자들에게만 읽히는 것이 아니라 대중에게 읽히는 글을 쓰는 것을 특히 즐기는데, 지금은 그런 작업 대부분을 《런던 리뷰 오브 북스London Review of Books》를 통해서 상당히 재미있게 하고 있습니다. 그 재미 중 하나는 《런던 리뷰 오브 북스》의 편집자에게 초고를 첨삭받는 일입니다. 이 잡지에 글을 쓰려면 논문을 쓰는 것과는 다른 방식으로 써야 하기 때문입니다. 불과 몇 주 전 저는 학부 1학년 글을 심사하면서 학생들에게 학술 글쓰기를 알려 주는 동시에, 다른 한편 《런던 리뷰 오브 북스》에 실을 작은 저술의 교정을 하고 있었습니다. 그런데 《런던 리뷰 오브 북스》 편집자들은 제 원고에서, 제가 학생들에게 좋은 학술 에세이를 쓰기 위해 지시했던 종류의 흔적들을 모두 지워 버렸어요.

'암묵적 도덕적 의무'와 연구의 정치

쉬프터 선생님께서는 정치적 책임에 대해 다양하게 언급하셨는데요, 스스로를 급진주의자라고 일컬으셨죠. 선생님께서 STS 분야에 입문한 이래, STS를 특정 짓는 정치 성향이 있었다고 생각하나요?

맥켄지 STS 학계에 종사하고 있는 사람 대부분이 정치적 스펙트럼에서 좌측에 위치한다는 사실에는 의심의 여지가 없다고 생각합니다. 하지만 이는 STS 분야에만 국한되는 성격은 아닌 것이, 적어도 제가 가장 잘 아는 두 나라인 영국과 미국에서 학계는 지난 50년간 정치적 스펙트럼에서 왼쪽으로 옮겨가고 있었습니다. 제가 기억하기로 통계적으로 1950년대 중반에 대부분의 영국 학자는 보수당에 투표했는데, 지금으로서는 상상할 수 없는 일이죠. 따라서 현재는 대부분 학자가 좌파라고 설명할 수 있습니다. 그에 더해 강한 페미니즘적인 입장이 자리하고 있습니다. 강한 반-인종주의적인 입장도 있긴 하지만, 페미니즘만큼 학술 연구에 반영되지는 않는다고 생각합니다.

제 연구 영역과 연관 지어 한 가지 말씀드릴 점은, 경험적이고 사실상 민족지적인 STS 연구자가 되는 것과 정치 운동가가 되는 것은 쉽게 양립하지 않는다는 사실입니다. STS 연구를 하기 위해서는 그 연구의 대상이 되는 사람들의 눈으로 세상을 바라볼 줄 알아야 합니다. 그들의 머릿속으로 어떻게든 들어가면 작성하는 논문의 내용이 바뀌고 스스로도 변합니다. 지금의 저는 30~40년 전의 제가 전혀 볼 수 없었던 시장의 덕목들을 볼 수 있지요. 다르게 표현해 보자면, 제가 잠깐 지도했던 페미니즘 연구자는 인공 재생산에 관해 연구하고 있었는데 (간단히 시험관 아기라고 하죠), 저는 그가 할 수 있는 가장 자연스러운 일이 그 기술을 가장 처음 만들어 낸 영국 의사들을 만나 인터뷰하는 것이라고 생각했습니다. 하지만 그는 의료 기반 재생산을 신뢰하지 않는 페미니즘적 시각을 갖고 있었고, 그들을 인터뷰하고 싶어 하지 않았습니다. 당시에 저는 그가 단순히 방향을 잘못 잡았다고 생각했지만, 지금 생각해 보면 그가 옳았습니다. 인터뷰를 진행하는 것, 더 포괄적으로는 민족지적인 연구를 진행하는 것은, 우리의 사고방식에 영향을 주며, 나아가 암묵적인 도덕적 의무에 우리를 동참시킵니다.

핵무기 복합체나 금융계에 종사하는 사람들을 인터뷰하는 일은 여러 맥락에서 학계의 과학자나 연구원을 인터뷰하는 것과 다릅니다. 핵무기 복합체 종사자들은 가혹한 형사 처벌을 등에 업은 보안 규정에 얽매여 있습니다. 제가 인터뷰한 사람들은 법이 허락하는 범위를 정확히 알고 있었고 그 선을 넘지 않으려고 조심했죠. 하지만 여전히 제가 실시한 인터뷰들은 '블랙박스'를 열고자 노력했고, 인터뷰 대상자가 제 질문에 답하다가 무심코 보안 법규를 어기는 일도 충분히 가능성 있었습니다. 즉, 저와 얘기함으로써 그들은 어느 정도 위험을 감수했던 것이었죠. 증권 쪽 사람들을 인터뷰하는 것도 비슷합니다(금융위기 이후에 심해진 건데, 그 이전에는 조금 덜했습니다). 그들이 감수하는 위험은 징역형은 아니었지만 해고였죠. 많은 증권사는 담당 홍보부 직원이 없는 상황에서 직원이 언론에 정보를 제공하는 일을 금지했으며, 어떤 기업에서는 저와 비슷한 일을 하는 학자들을 언론인과 동일한 직종으로 분류했습니다. 그런 공식적인 방침이 없는 기업들도 거래 전략 같은 기업의 정보를 지나치게 많이 공개하는 직원을 징계하거나 해고할 수 있습니다.

그러므로 만약 제가 핵무기 설계자들을 인터뷰하고 그들을 전쟁광처럼 묘사하는 책을 출간한다면, 그것은 비윤리적인 일이 될 것입니다. (인터뷰를 요청하고 수행할 때는) 그들의 환대를 받아들이고 뒤에서는 비난하는 게 되기 때문입니다. 제 책 『정확성 발명하기Inventing Accuracy』가 출판되었을 때(MacKenzie 1990), 랭던 위너는 제 책의 논조tone를 아주 날카롭게 비판했습니다.* 일례로 고텐부르크에서 열린

* 예를 들어, Langdon Winner, "The Enduring Dilemmas of Autonomous Technique," *Bulletin of Science, Technology, and Society* 15 (1995), pp. 67-72를 보라.

4S 학회에 저자와 비평가가 한자리에 모이는 세션에서, 위너는 제가 기업을 비판했어야 한다고 주장했지만, 저는 차마 도덕적으로 그렇게 할 수 없었습니다. STS 학계에 몸담고 있는 학자 중 정치적으로 논란이 될 만한 이슈를 연구하는 모두가 이런 측면을 염두에 둬야 한다고 생각합니다.

쉬프터 그렇다면 지금 말씀하신 그런 성향과 의무, 그리고 간섭주의적이고 특정한 정치적 헌신을 추구하는 학문으로서 STS 사이의 관계는 무엇이라고 생각하시나요?

맥켄지 간섭주의적 정책과 완벽하게 양립할 수 있다고 생각합니다. 예를 들어서, 제가 최근 연구하고 있는 초단타 매매 분야에는, 『거짓말쟁이의 포커Liar's Poker』의 저자 마이클 루이스Michael Lewis가 쓴 『플래시 보이즈Flash Boys』라는 책이 있습니다. 이 책은 '그들은 악당이다'라는 메시지를 전달하는데요, 저는 앞서 말씀드린 이유로 도저히 그런 종류의 책을 쓸 수가 없었습니다. 하지만 그것이 시장 구조에 간섭하는 일을 못 하게 만들거나 그에 자신감을 가지지 못하게 만든다는 말은 결코 아닙니다. 초단타 매매는 속도를 위한 경쟁이라는 의미에서 군비 경쟁의 성격이 있다고 생각하는 것은 충분히 타당하며, 초단타 매매자들 또한 경쟁이 결국 제로섬 게임의 성격을 띠기 때문에 결국 여기에서 아무도 수혜를 볼 수 없다고 말할 것입니다. 예를 들어, 트레이드웍스Tradeworx라는 초단타 매매 회사에 마노즈 나랑Manoj Narang이라는 사람이 있는데, 그는 전송 속도가 몹시 빠른 대서양 횡단 케이블의 가능성을 이야기하지만, 동시에 아무도 그 기술로부터 혜택을 받지 못할 것이라고 지적합니다. 기업은 많은 세금을 내야 하고, 사용자들은 케이블을 이용하기 위해 아주 비싼 비용을 지불해야 하며, 아무도 그 기술로부터 추가적인 이익을 얻지 못할 것이기 때문입니다. 따라서 여기에 군비 경쟁의 요소가 있다고 하는 건데, 아직 제 연구

단계에서는 이 요소가 다른 요소들보다 얼마나 중요한지 알지 못합니다.

그렇지만 저는 최근 에릭 부디쉬Eric Budish라는 시카고 대학 경제학자의 연구에 흥미를 갖게 되었는데, 그는 서양 증권 시장의 기본적인 설계에 결점이 있다고 주장합니다.* 즉 해당 시장에서 매수와 매도, 입찰과 호가가 연속적으로continuously 대응하도록 설계된 점이 속도에 인센티브를 부여한다고 주장합니다. 그는 연속적 대응이 아니라 단순히 매초 혹은 매 0.1 초마다 거래가 대응되는 식으로 바꾸는 것만으로도 속도를 위한 경쟁과 그로 인한 비용을 제거하는 동시에 이득은 챙길 수 있다고 말합니다. 이런 게 자동화가 가져다줄 수 있는 혜택이라는 거죠. 저는 이런 주장은 현장 연구자들의 도덕적 의무와 양립할 수 있다고 생각하지만, 마이클 루이스 식의 '그들은 모두 무서운 악당이다'와는 양립 불가능하다고 생각합니다.

쉬프터 연구자와 외부 집단, 선생님의 경우 경제학자들과의 관계에 관해 얘기하면서 동시에 다른 영역의 과학자와 공학자들에 대해서도 말씀해 주셨는데요. 선생님께서는 우리(과학기술학자)와 다른 집단들, 예를 들어 다른 영역의 사회학자들과의 관계를 어떻게 보십니까?

맥켄지 어떤 영역인지에 따라서 아주 다양한 답변이 가능할 것 같은데요. 제가 몸담은, 종종 금융사회학이라고 불리는 이 분야는 사회학자에 더해 금융 시장에 STS적 시각을 끌어들이는 학자들까지 포함한 분야입니다. 이 분야 학자들은 경제사회학자들과의 생산적인 대화를 끌어낼 수 있고 또 그렇게 해 왔습니다. 가끔 게릴라 전투 비슷한

* 부디쉬의 연구는 Eric Budish, Peter Cramton, and John Shim, "The High-Frequency Trading Arms Race: Frequent Batch Auctions as a Market Design Response," *The Quarterly Journal of Economics* 130 (2015), pp. 1547-1621이다. 이 주제에 대해서는 그의 홈페이지에 나온 정보도 유용하다. https://ericbudish.org/research/financial-markets/

것도 있었지만 기본적으로 그런 대화들이 생산적이었다고 생각합니다.

저는 STS 학자라면 이런 식으로 말하지 않도록 조심해야 한다고 봅니다. "당신들은 참 아직도 오래된 사고방식에 휩싸여 있지 뭐야. 사회적 관계들은 사람들 사이에서만 형성된다고 믿고 있으니 말이야. 내가 말하는 비인간의 역할과 사회적 관계에 대해서 잘 들어 봐. 당신이 알던 모든 걸 바꾸어 줄 테니까." 이러한 얘기를 아주 공격적으로 하면 아무도 전향시킬 수 없을 것입니다. 반면에, "기술 시스템이나 비인간의 역할 등에 주의를 기울이면 기존 관점들을 발전시키고 보완할 수 있습니다"라는 식으로 말할 수 있겠죠. 제가 말하고자 하는 것은, 어느 정도 겸손과 예의를 갖추고서 친구를 만들고 사람들에게 영향력을 끼치라는 겁니다.

쉬프터 그렇다면 연구자 집단과 정책 입안자, 혹은 국가 공무원 사이의 관계는 어떨까요?

맥켄지 그 분야의 문제는 자명하게도, 정책 입안 과정에 대한 현실적인 관점을 가져야 한다는 겁니다. 정책 입안 과정은 상당히 제약이 많은 활동이며, 정책에 영향을 끼치려면 적시 적소에 있어야 하고, 정책 입안자의 특정한 문제, 우려, 제약들을 명확하게 표현하는 말을 해야 합니다. 저는 명시적으로 그렇게 하려고 노력한 적이 없는데, 만약 그에 성공한다면 좋은 판단력보다는 운 덕분일 것입니다. 제 연구에서는 두 집단 간의 토론을 풍부하게 하는 정도가 최종 목표가 될 것 같습니다. 올해 초 바젤 국제 결제 은행에서 강연한 적이 있는데, 세계은행의 자본적정성 기준을 정하는 바젤 은행 감독 위원회를 여는 곳이었죠. 어차피 그들이 저보다 자본적정성 기준에 대해 더 잘 알았기 때문에 제 강연은 그에 대한 것은 아니었고, 오히려 저는 수학적 모델, 특히 투자은행 업무에서 수학적 모델의 사용에 대해 강연했습니다. 강연이 끝난 후 누가 찾아와 아주 반가운 얘기를 해 주었는데요. 그자가 말하기를, "우리가 알고 있지만 말하지 않는 내용을 명확하게 표현해 주셨네요." 그래서 저는 이런 강연이 유용하다고 생각합니다. 다만 저 같은 사람이 금융 정책 수립에 영향을 미친다고 생각하는 일은 어리석죠. 이런 정책에는 아주 거대하고 논란의 여지가 있는 힘들이 작용하기 때문에, 제가 수행한 약간의 연구가 즉각적인 영향력을 미칠 수 있다고 생각하는 건 순진한 발상일 겁니다.

쉬프터 《런던 리뷰 오브 북스》에 원고를 제출한다고 언급하셨는데요. STS와 대중의 교류를 어떻게 보시나요? 선생님께서는 대중에게 접근하기 위해 어떤 노력을 하셨나요?

맥켄지 개인이 어떤 연구를 하느냐에 따라 근본적으로 달라진다고 생각합니다. 유전학과 생명공학 분야를 연구한 동료들은 제가 평생 한 것보다 대중과 더 많이 교류했는데, 왜냐하면 그들이 연구하는 기술은 인간의 정체성이나 현존하는 정치적 분열에 직접적으로 질문을 던지기 때문입니다. 다른 한편, 원래 난해하고 불투명한 영역을 대중이 조금 더 쉽게 이해하도록 돕는 데에 그치는 영역도 많이 있습니다. 올해 에든버러 책 축제에서 소설가인 동시에 《런던 리뷰 오브 북스》에 금융 관련 글을 투고하는 존 란체스터John Lanchester의 강연에 참석했습니다. 그는 금융 시장의 복잡성을 드러내는 것이 자신의 임무라고 생각하는 것 같았습니다. 《뉴요커The New Yorker》에 실린 글의 내용이기도 합니다만, 제 기억에 그는 강연 중간쯤 이런 말을 했습니다. “이해를 못 하는 것은 일종의 동의이다.” 그래서 저는 무언가를 이해하고 싶은 사람이 이해할 수 있도록 도와주는 것이 일종의 덕목이라고 생각합니다.

쉬프터 즉, 블랙박스를 열어 주는 것이 일종의 봉사라는 말인가요?

맥켄지 네, 전적으로요.

쉬프터 주식 시장에 대한 선생님의 연구들이 2008~2009년 금융 위기와 그 사회적 동역학에 관한 관심 이후 더 유의미해졌다고 할 수 있을까요?

맥켄지 네, 그렇습니다. 이전에도 많은 일이 있었는데, 과거에 아주 큰 금융 위기처럼 보이던 위기들은 진짜 거대한 금융 위기 이후 별것 아니었다는 점을 깨닫게 되었죠. 하지만 네, 그렇습니다. 우리는 금융 위기로부터 금융 자본주의는 근본적으로 불안정하다는 점을 배웠는데, 그전에는 명확하지 않았던 사실이지요.

성공과 미완 연구

쉬프터 그럼 이제 현재의 STS와 미래의 STS에 관해서 얘기해 보도록 하죠. 지금의 STS 분야를 어떻게 보시나요? 어떻게 묘사하실 건가요?

맥켄지 제일 먼저 말씀드릴 점은 제가 그 질문에 완벽한 답을 주기 힘든 위치에 있다는 것입니다. STS 학회나 모임에 잘 참석하지 않는다는 단순한 이유에서요. 저는 해외 출장이 많은 상당히 특화된 분야를 연구하고 있죠. 그리고 STS 학과에서 학생들을 가르치지 않고, 사회학과에서 학생들을 가르칩니다. 그래서 저는 제가 하는 모든 말에 대해, 저는 현재 이 분야가 어떻게 발전하고 있는지 따라잡고 있지 않다는 큰 전제 조건들을 달아야 합니다. 제가 말하고 싶은 건 크게 두 가지일 것 같습니다. 첫 번째로, STS는 지난 10년, 15년, 아니 어쩌면 20년간 인문학 및 사회과학 분야에 아주 성공적으로 큰 영향을 주었습니다. 예를 들어 영어영문학 박사 과정을 밟고 있는 제 딸은 브뤼노 라투르가 인문학계에서 가장 많이 인용되는 학자 20위 안에 든다고 하더군요. 저와 조금 더 직접적으로 연관된 얘기를 하자면, 인문 지리학human geography과 같은 분야는 STS에게서 지대한 영향을 받았습니다. 따라서 사회과학 분야에서의 영향력, 그리고 인문학에서 몇몇 분야에서의 영향력으로 그 성공을 측정하자면, STS는 의심의 여지 없이 대단히 성공적입니다.

쉬프터 사람들에게 수용되어 STS의 학문적 영향력을 주도하여 성공에 기여한, 특정한 교훈, 개념, 혹은 관점이 있다고 생각하시나요?

맥켄지 그렇습니다. 스트롱 프로그램과 사회구성주의라는 개념은 확실히 큰 영향을 미쳤습니다. 하지만 불행하게도, 이들을 앞세운 사람 대부분은 스트롱 프로그램에 대해 잘못 이해하고, 지식의 사회적 구성에 대해서는 원래 의도와는 다르게 해석한 것으로 영향을 미쳤습니다. 아주 큰 영향력인 것은 의심의 여지가 없지만, 상당히 기이하게, 혹은 거의 부정적인 방식으로 영향을 끼쳤다고 할 수 있습니다. 또 많은 관심을 끈 것은 행위자 네트워크 이론으로, 특히 브뤼노 라투르가 중심에 있죠. 다양한 전공의 다양한 사람이 라투르의 연구로부터 특정한 영감을 얻어 갑니다. 아무튼, 다른 연구 영역들도 각자 독특한 방식으로 영향을 끼쳤지만, 앞서 언급한 두 가지가 가장 큰 영향력을 끼쳤다고 말할 수 있습니다.

쉬프터 그렇다면 선생님께서 생각하시기에 STS가 아직 하지 못한 것은 무엇인가요? 가야 하지만 아직 도달하지 못한 지점이 있다면요?

맥켄지 아마 그게 두 번째로 말씀드리려던 부분인 것 같습니다. 우리는 SSK나 과학지식의 사회적 구성에 대해서, 그 분야의 문제들이 다 해결되었다고 생각하면 안 됩니다. 그리고 위험하게도 STS에 새로

유입되는 학자 중에는 그 문제들이 모두 해결되었다고 생각하는 이들이 있는데, 그렇지 않습니다. 우리는 과학지식이 어떻게 사회적으로 형성되었는지에 대해 아주 작은 통찰의 조각들을 얻은 것이고, 아직도 우리가 사실상 알지 못하는 거대한 영역이 가득합니다. 확실한 예시는 수학이겠죠. 연구 방법이 역사적이든 민족지적이든, 지식사회학 연구가 수학 영역에서 얼마나 진전이 없었는지 생각해 보아야 합니다. 사실 가장 좋은 연구들은 자신의 연구 방향을 SSK와 일치하도록 설정한 수학사학자들에 의해서 이루어졌습니다.

하지만 우리가 아는 것이 거의 없는 거대한 영역이 많기에, 그런 것들에 대해 우리가 답을 알고 있다고 생각한다면 실수입니다. 왜냐하면, 실제로는 그렇지 않거나 적어도 가장 추상적이고 형식적인 방식으로밖에 모르기 때문입니다. 예컨대 물리학이나 화학에서도 비슷한 얘기를 할 수 있습니다. 생물학은 최근 수십 년간 훨씬 큰 관심의 대상이 되었는데, 부분적으로는 연구비와 연관이 있겠습니다. 또 최근에는 무엇이 있냐면, 고전적인 과학의 범주를 벗어난 근대 사회의 많은 영역, 테크노사이언스적인 영역들이 있습니다. 금융도 한 분야이지만 다른 분야도 많은데 우리는 그 표면을 살짝 들춘 것뿐입니다. 근대 경제학 분야에서 알고리즘의 역할에 대해 생각해 보죠. 알고리즘은 저를 포함한 금융사회학 분야의 사람들이 최근 관심을 두기 시작한 분야인데요, 단순히 근대 경제적 삶에서 알고리즘에 대한 철학적 논평이 있고, 그 외에는 우리가 거의 알지 못하거나 민족지적인 방법으로 제대로 연구하지 못한 영역이 너무 많습니다.

그래서 다음 두 가지를 말씀드리는 겁니다. 수학을 포함한 고전적 과학의 사회학에서 아직 연구해야 할 분야가 많이 남았고, 두 번째로, 근대성은 결국 하나의 테크노사이언스 프로젝트이며 그 프로젝트에는 아직 우리가 이해하지 못하는 것들이 많습니다.

쉬프터 다음 세대 연구자들에게 충고를 해

주신다면….

맥켄지 그러기 시작하면, "이제 은퇴할 시간이야, 도널드."라고 말해야겠죠.

쉬프터 영감이나 조언은 없을까요?

맥켄지 미안하지만 하나 조언하자면, 젊을 때 과학 공부를 하라는 겁니다. 저는 사람의 뇌는 하루라도 더 어릴 때 기술과 어려운 언어를 더 잘 이해할 수 있다는 데 동의합니다. 이에 반해 사회학적 개념화는, 이것은 제 개인적인 경험인데요, 과학 공부와는 조금 다른 것 같습니다. 앞서 말씀드렸듯이 제 경험상 제가 배워 둔 실용적인 것들은 진짜 유용했고, 특히 첫 학위가 응용수학이었다는 점이 놀랍게 유리했습니다. 제가 공부했던 내용을 거의 다 잊어버렸지만, 이런 공부를 했다는 사실이, 새로운 내용을 정말로 이해해야 할 때 시간과 노력을 들이면 할 수 있다는 일종의 자신감을 준 것 같습니다.

대담자 소개

도널드 맥켄지Donald MacKenzie는 에든버러대학교 사회학과 교수이다. 그의 연구는 통계학, 핵미사일 권고안, 컴퓨터화된 증명 과정, 금융 시장 등 다양한 분야에서 수학의 역할을 검토한다. 최근에는 자동화된 초단타 매매와 금융 모델의 사용을 연구하고 있다. 맥켄지는 에든버러대학 수학과의 학부생일 때 과학학 유닛의 창시자들과 그들의 정치 활동에 영향을 받아 지식사회학 분야로 이끌리게 되었다. 과학학 유닛에서 박사 과정을 밟으면서 STS 학문 형성에 핵심적 아이디어를 만든 집단의 일부가 되었다. 그 이후로 그의 연구는 STS라는 분야의 발전에 엄청나게 기여하게 된다. 비록 지금은 자신을 외부인이라고 분류하지만, 맥켄지의 저작과 주장들은 여전히 이 분야에서 의의가 있으며 중요한 위치를 점한다. 나아가 《런던 리뷰 오브 북스》 같은 매체에 투고한 그의 최근 글들은 STS 분야의 중요한 생각들을 대중에게 전파하고, 현재 금융 시장의 역할과 구조에 대한 토론을 조성하는 데 이바지했다.

파블로 쉬프터Pablo Schyfter는 에든버러대학교 과학기술혁신학Sceicne, Technology and Innovation Studies 부서의 강사이다. 그는 기술적 인공물과 직업의 젠더화, 생명공학의 새로운 분야인 합성 생물학의 여러 측면에 주목하며, 연구 대부분은 여러 사회과학 및 철학 학파들 간의 개념적이고 이론적인 동업 관계를 이끌어 내는 것을 목표로 삼는다. 그의 연구는 후기 구조주의의 주체성 이론, 기술에 대한 현상학적 기술, 그리고 지식의 실용주의적 개념화를 다룬다. 최근에는 합성생물학 분야에서 남성성의 형성에 대해 연구하고 있다.

참고문헌

- 브뤼노 라투르 글, 황희숙 옮김 (2016), 『젊은 과학의 전선: 테크노사이언스와 행위자-연결망의 구축』, 아카넷. [Latour, B. 1987. *Science in Action: How to Follow Scientists and Engineers through Society, Mass*: Harvard University Press.]

- 브뤼노 라투르, 스티브 울가, 이상원 옮김 (2019), 『실험실 생활: 과학적 사실의 구성』, 한울. [Latour, B. and S. Woolgar. 1979. *Laboratory Life: The Construction of Scientific Facts.* Princeton, NJ: Princeton University Press.]

- MacKenzie, D. 1990. *Inventing Accuracy: A Historical Sociology of Nuclear Missile Guidance*. Cambridge, MA: The MIT Press.

존재론적 불복종 프로그램으로서 STS

스티브 울가Steve Woolgar와의 인터뷰

코이치 미카미Koichi Mikami

배상희, 구재령 옮김

STS는 우리 사회가 더 이상 누릴 수 없는 사치인가? 이 인터뷰에서 코이치 미카미는 스티브 울가의 특출한 경력을 통해, STS 분야가 소중히 여기는 감수성과 STS의 연구자들이 추구하는 비판적 참여가 변화하는 고등 교육과 학술 연구의 지형 속에서 어떻게 가장 잘 발휘될 수 있을지 배운다. 울가는 자기 경력의 주요 순간들에서, 단순하고 결정론적인 담론이 장악할 뻔한 영역에서 자신이 어떻게 성찰적 사고와 비판적 개입을 위한 공간을 확보할 수 있었는지 밝힌다. 그는 어떻게 그리고 누구에게 비판을 납득시킬지에 관한 문제가 그 비판의 내용만큼이나 많은 관심이 필요하다고 설명한다.

과학의 사회학으로의 초기 탐험

미카미 STS 학계에 어떻게 처음 참여하게 되셨는지 질문하며 시작해도 될까요?

울가 물론이죠. 저는 케임브리지 학부에서 공학을 전공하며 제 전공이 굉장히 지루하다고 느끼고 있었습니다. 매력적인 수수께끼나 도전이 별로 없는 것처럼 보였기 때문이죠. 많은 것을 배워야 했지만, 그에 대한 성찰은 독려되지 않았어요. 그래서 저는 진로를 바꿀 방법을 모색하고 있었습니다. 한때는 의학으로 전공을 바꾸는 것까지 고려해 보았죠. 그러다 공학 전공 내에서 하나의 선택지를 발견했는데, 경영 선택 과목이라고 불리던 것이었습니다. 그 시절, 그것도 케임브리지에서 그 선택 과목은 실제로는 경영과는 별 관련이 없었습니다. 경영대학원이 생기기 훨씬 전으로, 통계학 및 수학, 노사 관계, 직업 사회학, 조직사회학 등의 융합이었죠. 그래서 저는 케임브리지에서의 마지막 해에 자연스럽게 그 과목을 수강했는데, 상당히 즐거웠습니다.

그 과정을 가르친 선생님 중 한 분이 마이클 멀케이였습니다. 그는 그때 케임브리지에 있었죠. 그해는 정말 잘 풀렸고, 교수님들은 저에게 남아서 박사 과정을 하고 싶은지 물어봤습니다. 저는 대학원에서 경영의 측면과 사회학의 측면을 통합하는 역할을 맡기로 했는데, 몇 달 뒤 정말로 하고 싶은 것은 사회학임을 깨달았고, 결국 멀케이 밑에서 과학사회학 박사 과정을 밟게 되었습니다. 저는 연구 주제로 펄서pulsar*의 출연과 그 발견에 대해 조사했습니다. 박사 과정을 시작한 지 1년이 지났을 때, 멀케이는 케임브리지에 질려 버렸고 요크대학교 사회학과에서 자리를 얻었습니다. 그는 저에게 함께 가서 "진짜 대학"의 일원이 되자고 제안했습니다. 요크의 사회학 그룹은 당시 굉장히 활발하고 잘 알려져 있었기 때문에 저는 승낙했습니다. 저는 요크로 이사했지만 박사 과정은 케임브리지대학교에 계속 등록되어 있었습니다. 이렇게 STS 학계에 발을 들인 것이었죠.

그리고 1973년인가 1974년쯤, 해리 콜린스가 멀케이에게 논평해 달라고 보낸 원고가 있었던 것으로 기억합니다. 콜린스가 TEATransversely Excited Atmospheric pressure, **횡방향 여기 대기압** 레이저의 핵심 집단core set에 대한 작업을 진행하고 있던 때였습니다.** 바스대학교에 사실상 혼자였던 콜린스를 제외하고는, 이 분야에서 모든 일은 에든버러에서 일어나고 있었습니다. 저는 먼저 배리 반스에 대해 알게 되었고, 그다음엔 데이비드 블루어와 데이비드 에지에 대해 알게 되었습니다. 1975년에는 브루넬대학교에서 사회학 강사로 자리를 얻게 되었습니다. 브루넬대학은 과학의 사회학이라는 개념을 꽤 마음에 들어 했지만, 그즈음에 과학의 사회학은 어떤 의미에서든 큰 주제는 아니었습니다. 그들은 사실 사회학의 모든 범위를 가르칠 사람을 원했고, 그에 더해 제가 공학이 배경이었던 만큼 통계학과 같은 것도 가르치길 바랐습니다.

돌이켜 보면 그 시기에는 반스, 블루어, 콜린스의 연구가 많이

---

* 전자기파를 발산하는 중성자별. 1967년에 발견되었다.(원주)

** 콜린스에 의하면, 핵심 집단은 과학적 논쟁이 일어난 시기에 관찰이나 실험 혹은 이론 작업을 활발히 실시하여 논쟁의 결과에 영향을 미치는 사람들을 일컫는다. 논쟁의 결과에 누가 영향을 미치는지 정확히 파악하기 어렵기 때문에 핵심 집단의 경계를 명확히 하기 힘들다. 나아가 같은 핵심 집단에 속한 과학자들이라도 서로 왕래가 적을 수 있고 심지어는 적대적일 수도 있다.

읽혔습니다. 그들이 중심이었죠. 흥미롭게도 모든 이가 서식스대학교의 과학정책 연구 유닛SPRU에서 무슨 일이 일어나고 있는지 알고 있었지만, 동료들이나 지도 교수들은 그들과 연계가 거의 없었습니다. 맨체스터대학에서도 뭔가 활동이 일어나고 있었는데, 과학 자유전공이나 그 비슷한 이름으로 불렸던 것 같습니다. 그들과는 약간의 관계를 맺었습니다. 그곳에서 온 사람들 중 한 명이 전파천문학을 공부하겠다고 결심하고 갑자기 케임브리지에 나타나 모든 전파천문학자들을 인터뷰하기 시작해서 마이클 멀케이를 당황스럽게 한 기억이 납니다. 바로 제가 마이클 멀케이와 하던 연구였기 때문입니다. 그때가 1976년이었고, 브루넬에서 강의한 지 2~3년 된 1978년에 마침내 학위 논문을 완성했습니다.

미카미 여러 이름을 언급해 주셨는데 선생님께서 경력을 시작하실 때 읽은 문헌의 저자들인가요? 그들은 스스로를 STS 학자로 인식했습니까?

울가 당시 STS라는 칭호가 사용되고 있었던 것 같지는 않습니다. 데이비드 에지는 과학사학자였던 로이 맥클로드와 《과학학》이라는 이름이 붙은 학술지를 내기 시작했습니다. 시작할 때는 《과학학》이라고 불리다가 몇 년 뒤 《과학의 사회적 연구》로 바뀌었고 아직도 그대로 유지되고 있습니다. 한편 해리 콜린스는 학술지 이름으로 '과학지식사회학Sociology of Scientific Knowledge'을 추진했습니다. 그는 단지 과학자들 사이의 사회적 관계보다는 지식의 내용을 이해해야 한다는 생각을 밀고 있었기 때문이죠. 실제로 그 생각은 스트롱 프로그램의 일부였기도 해서 아주 잘 공명하는 것이었습니다. 콜린스는 '과학지식사회학'과 그즈음에 사용되던 그것의 줄임말인 'SSK'를 내놓았습니다. 제가 회상하기로는 당시 초기에 바스대학교에서도 진행되는 연구가 조금 있었고, 제가 있던 요크대학교에서도, 과학의 내용에 대해서 인식론적으로는 별로 관심을 기울이지 않았던 SPRU에서도 진행되는 연구가 있었어요. 그리고 물론 에든버러대학의 과학학 유닛이 있었습니다.

미카미 마이클 멀케이에게 다른 학생도 있었나요?

울가 물론이죠! 마이클 멀케이가 지도한 학생들의 족보는 길고 저명했죠. 그의 첫 번째 과학사회학 박사 과정생은 나이젤 길버트Nigel Gilbert였습니다. 길버트는 케임브리지에서 저보다 일 년 선배였고, 저와 같은 시기 요크대학으로 옮겼습니다. 그는 요크대학에서 강사 자리를 얻었고 이후에는 서리대학교에서 강사가 되었습니다. 그다음으로 박사 과정을 졸업한 사람은 저였고, 다음은 앤드류 웹스터Andrew Webster였는데 지금 요크로 돌아가서 아주 두각을 드러내고 있지요. 그는 저와 같은 시기에 요크에 있었죠. 또 다른 동시대 인물은 조나선 포터Jonathan Potter였는데, 그는 지속적으로 그리고 창의적으로 심리학자들을 제치고 사회심리학계의 스타가 되었죠. 또 말콤 애쉬모어도 있었습니다. 말콤과 저, 그리고 멀케이는 요크에서 담론과 성찰성 그룹Discourse and Reflexivity Group, DARG라는 것을 시작했습니다. 우리는 2년 동안 몇 번의 회의를 했는데 정말 대단하고 즐거운 시간이었습니다. 그 결과물 중 하나가 편저 『지식과 성찰성Knowledge and Reflexivity』입니다(Woolgar 1988). 포터는 담론 분석 쪽으로 더 깊게 들어갔고 러프버러대학교의 담론 분석 연구 그룹에 같은 이니셜 'DARG'를 사용했죠. 그들은 말콤 애쉬모어를 채용했고 애쉬모어는 경력의 거의 전부를 러프버러에서 보냈습니다.

미카미 그래서 그분들이 선생님과 가까운 사람들인가요?

울가 예, 그들이 저와 동시대 사람들입니다. 요크에서 저에게 큰 영향을 준 사람 중 한 명은 폴 드류Paul Drew였는데, 고교회High Church* 대화 분석가였습니다. 저는 1년 동안 드류와 한집에서 지냈는데 꽤 멋진 경험이었습니다. 그 이야기는 앨런 시카Alan Sica와 스티븐 터너Stephen Turner가 편집한 『불복종 세대The Disobedient Generation』라는 제목의 편저에 실린 제 글에 담겨 있습니다(Sica and Turner 2005). 『불복종 세대』는 1960년대를 성찰하는 논문들의 모음집입니다. 1960년대에 급진적 사회학자들에게 무슨 일이 있었고, 그들이 지금 무엇을 하고 있는지에 대한 책입니다. 거대한 라펠 재킷을 입고 콧수염과 긴 머리를 뽐내는 멋진 사람들의 사진이 많이 있는 재미있는 책이죠.

미카미 선생님도 그런 모습이셨나요?

울가 네, 우리 모두가 그랬죠. 그 책은 그 시대의 산물입니다. 그 당시를 되돌아보고 떠오르는 역사적인 질문들을 재구성하는 전체적인 작업이 매우 생생하게 담겨 있죠. 좋은 모음집입니다. 저는 1975년 요크를 떠나 브루넬로 갔는데, 과학사회학의 일부를 가르쳤지만, 그곳에 집단이라고 할 만한 것은 전혀 없었죠.

『실험실 생활』과 함께한 생활

미카미 1979년에 출간된 『실험실 생활』은 이제 우리 학계의 고전 중 하나입니다. 선생님께서 브루넬로 이동하신 것도 이 프로젝트의 시작과 같은 시기였나요?

울가 예, 그렇습니다. 저는 버클리대학교에서 한 "과학사에서 양적 측정의 사용"에 관한 학회에 초대받았습니다. 제가 초대받은 이유는

* 영국 성공회의 역사에서 등장한 집단으로 교회의 성사성(聖事性)과 권위를 높게 평가한다. 반대로 이를 낮게 평가하면서 부흥을 강조하는 쪽이 저교회(Low Church)이다. STS 내에서는 수준 높은 학문을 추구하는 쪽을 고교회, 사회 운동을 지향하는 쪽을 저교회로 칭한다. (원주)

제 첫 논문이 과학 연구에서 양적 측정의 사용을 향한 비판적 공격이기 때문이었습니다. 사람들이 측정되는 것들 이면의 개념적 문제를 다루지 않고, 그저 숫자들을 액면 그대로 받아들인다는 것이 주요 주장이었습니다. 굉장히 단순한 주장이었죠. 이를 바탕으로 버클리대학교로 오라는 초대장을 받았습니다. 많은 과학 분야의 역사학자와 사회학자, 특히 미국인들의 회의였습니다. 제가 강연을 시작하려고 하는데 어떤 사람이 다가와 "안녕하세요, 저는 당신이 속한 세션의 좌장, 로버트 머튼입니다"라고 했습니다. 우와!

브뤼노 라투르도 그 회의에 와 있었습니다. 각종 양적역사학자들이 모인 그 모임에서 우리는 전혀 어울리지 못하고 있었습니다. 그래서 우리는 긴 시간 수다를 떨었습니다. 그때가 1976년이었고, 라투르가 막 펠로우십 자리를 받은 샌디에이고의 소크 연구소Salk Institute로 저를 초대했습니다. 그는 로제 기유맹Roger Guillemin의 초청을 받았었는데, 이민자 과학자의 진로 비슷한 것을 연구하는 게 임무였습니다. 라투르는 이전에는 프랑스 인류학 훈련을 받았었는데, 환상적이게도 주변에서 일어나는 모든 일에 거리를 두는 훌륭한 본능이 있었죠. 저는 그가 측정 기구인 피펫 하나를 집어 들고 "그들은 이것으로 액체의 양을 측정할 수 있다고 상상한다"고 말하고는 다시 조심스럽게 내려놓았던 것을 기억합니다. 저는 생각했습니다. "이건 마법이야. 실험실에서 일어나는 일에 관한 회의적이고 분석적인 거리 두기야말로 우리가 정말 필요로 하던 거야." 아무도 그런 일을 한 적이 없었죠. 그때는 역사적으로 세밀하고 방대한 토머스 쿤Thomas Kuhn의 연구들, 블루어와 반스 식의 접근들, 또는 해리 콜린스가 하고 있던 인터뷰 연구들의 시대였습니다. 실제로 연구실에 들어가 앉아 있는 사람은 아무도 없었습니다. 저는 "이건 특별해, 이건 환상적이야!"라고 생각했죠. 그래서 우리는 함께 작업을 했고 결국에는 1979년에 세이지Sage 출판사에서 책을 출간했습니다.

미카미 선생님께서도 실험실에 앉아 계셨나요?

울가 아니요, 현장 연구는 라투르의 몫이었습니다. 당시 라투르의 영어 실력은 지금만큼 높은 수준에는 도저히 미치지 못했죠. 그래서 이 책은 그의 현장 연구를 제가 글로 옮긴 것입니다. 그게 우리 협업의 기반이었습니다. 아울러 그는 과학사회학의 선행 연구들을 많이 알고 있지 않았습니다. 머튼을 비롯해 비슷한 몇 가지를 알고 있긴 했지만 과학사회학에 대해서 정말로 무지했고, 그래서 제가 그 부분을 보완한 것입니다. 함께 일하며 정말 즐거웠습니다. 우리는 그 책이 그렇게 크게 히트를 칠지 전혀 예상치 못했습니다. 우리는 책이 나오고 몇 년 동안 여러 학회에 가서 서로에게 "우리 책에 이런저런 내용이 많아요, 좋은 내용이 많아요"라고 이야기했죠. 하지만 초기의 평들은 그리 너그럽지 않았습니다.

미카미 정말요?

울가 사람들이 "거친 땅을 덜커덩거리며 달리는 것 같다.", "따라가기가 힘들다." 같은 말을 했던 기억이 납니다. 한 동료는 저에게 "프랑스적인 주장을 잘 통제했다." 하고 축하해 주었습니다. 과학철학자의 또 다른 서평은 "의도치 않게 라투르와 울가는 과학철학이 실험실에 대해 이미 이야기한 모든 것을 증명했다." 하고 평가했습니다. 굉장히 이상했습니다. 하지만 결국 인기를 끌게 된 요소는 매일 과학자들의 생활을 관찰하면서 현장에서 일어나는 기초적인 일들을 다뤘다는 사실이었지, 그냥 주제의 차원이 아니었습니다.

다른 몇몇이 대체로 비슷한 아이디어의 토대에서 작업하기 시작했습니다. 카린 크노르세티나는 버클리대학교의 한 연구실에서 어떤 작업을 하고 있었지만, 우리의 연구처럼 민족지적인 성격의 무언가는 아니었던 것 같습니다. 뭐, 당시에는 아무도 '민족지적ethnographic'이라는 단어를 쓰지 않았고 오히려 '인류학적anthropological'이라는 말을 썼습니다.

스탠퍼드대 입자물리학자에 관해 연구하던 인류학자 샤론 트래윅도 있었습니다. 마이클 린치Michael Lynch*는 해럴드 가핑클Harold Garfinkel 밑에서 실험실 연구를 하고 있었습니다. 모든 게 꿈틀거리고 있었죠. 이런 움직임과 아울러 독특하고, 놀랍고, 창의적이고, 특이한, 프랑스인 비영어권 학자로서 라투르의 출현은 상당히 흥미로웠습니다.

꽤 열띤 논쟁도 있었습니다. 그 큰 토론은 하나의 집중된 형태로 나타나지는 않았지만, 앤드류 피커링의 1992년 책 『실천과 문화로서의 과학Science as Practice and Culture』을 보면 동맹에 균열이 나기 시작했다는 점이 눈에 띕니다(Pickering 1992). 그때까지만 해도 우리 모두가 포스트쿤주의자post-Kuhnian였고 공공의 적은 객관주의 과학철학이었지만, 그 책에서부터 분열이 보이기 시작하죠. 데이비드 블루어가 마이클 린치와 함께 비트겐슈타인의 유용성에 대해 토론하는 것도 보이고, 브뤼노 라투르가 해리 콜린스와 함께 사회구성주의의 의미와 한계에 대해 논쟁하는 것도 보입니다.

한편 이런 영국-미국 사이의 긴장감 때문에 에든버러 과학학 유닛의 명성은 계속해서 오르고 있었습니다. 사회학자들의 경우, 미국에서는 로버트 머튼이 과학사회학을 지배했고, 영국인들은 "아니, 이건 과학의 사회적 기능이나, 사회적 제도와 과학자들 사이의 관계에 대한 게 아니야. 이건 과학의 내용에 대한 거야. 인식론에 관한 거고, 무엇이 과학적 지식의 내용과 성격에 영향을 미치는지에 관한 거야"라고 이야기하고 있었습니다. 이런 접근은 머튼의 접근과는 상당히 구별되는 것이었습니다.

과학학 유닛의 명성은 가장 먼저 데이비드 에지와 로이 맥클로드가 시작한 학술지**에 의해 크게 향상되었습니다. 로이 맥클로드는

* 사람들의 일상생활과 대화를 분석하는 민속방법론(ethnomethodology)을 창안한 해럴드 가핑클의 제자로 주로 과학자들의 일상생활과 대화를 분석 대상으로 삼아 연구했고 『실험실 과학에서의 기술과 인공물(Art and Artifact in Laboratory Science)』(Routledge, 1985); 『과학적 실천과 일상적 행위(Scientific Practice and Ordinary Action)』(Cambridge, 1993)을 저술했다.

** 《과학의 사회적 연구(3S)》를 가리킨다.

서식스대학교에 있었지만, 데이비드 에지는 에든버러에서 이 학술지를 추진했고 학술지에 투입한 업무의 측면에서 볼 때 발전소 역할을 한 환상적인 편집자였습니다. 그러다 데이비드 블루어와 래리 라우든Larry Laudan 사이에 논쟁이 있었고,*** 그 후 1~2년 동안 블루어-라우든 논쟁이 다양한 학회와 워크숍 같은 곳들에서 여러 번 재연되었습니다. 저도 몇 군데 참석했는데 정말로 날이 선 격렬한 대립들이었죠.

유명한 인류학자 클리포드 기어츠Clifford Geertz가 옥스퍼드대학에 있던 스티븐 루크스Steven Lukes를 만나러 갔을 때가, 루크스가 기어츠와 데이비드 블루어를 초대한 옥스퍼드에서의 회합입니다. 회의실은 객관주의 철학자들로 꽉 차 있었는데, 그들은 "말도 안 되는 얘기야"라고 웅성거리고 있었습니다. 한번은 루크스가 데이비드 블루어에게 이렇게 물었죠. "제가 만약에 충분한 돈을 준다면 당신은 주장을 바꿀 건가요? 사회학자들은 그렇게 말하지 않나요? 자원의 문제일 뿐이잖아요, 그렇죠?" 그들은 주장을 일축해 버리기 위해 전체 주장을 과도하게 단순화하는 일에 열을 올렸습니다. 데이비드 블루어가 그런 상황에서 멋지게 대응했다고 생각합니다. 그는 정말 명료하고, 조심스러웠고, 휘둘리기를 거부했지요.

과학학 유닛의 명성에 대한 이야기가 또 하나 더 있습니다. 이때쯤 시카고에서 강연을 하라고 초대를 받았었습니다. 강연을 하기 바로 직전에 주최자가 물었습니다. 선생님을 소개하기 위해 배경 지식이 필요한데요. 선생님은 에든버러의 과학학 유닛 소속 맞죠? 아닌가요?" 대서양의 거리를 두고 그들은 모든 영국인이 과학학 유닛에서 왔다고 생각했습니다. 그래서 대답했죠. "아뇨, 아닙니다. 저는 에든버러와는 꽤 다른 문제들을 다루고 있습니다. 요크에 근거지를 두다가 브루넬로 옮겼지요." 그러나 그는 청중에게 저를, "스티브 울가입니다. 최근에 과학학 유닛을 떠났지요."라고 소개했습니다. 즉, "과학학 유닛"은 모든 영국의,

*** 출판된 논문으로는 L. Laudan, "The Pseudo-Science of Science," *Philosophy of Social Science* 11 (1981), 173-198; David Bloor, "The Strengths of the Strong Programme," *ibid.*, pp. 199-213이 있다.

미국적이지 않은 과학사회학을 지시하는 기호였죠. 이는 과학학 유닛의 명성에 대해 많은 것을 이야기해 줍니다.

미카미 동시에, 미국에서는 민족지적인 작업을 시작하는 마이클 린치나 샤론 트래윅 같은 학자들이 있었습니다. 그곳에 동료들이 좀 계셨죠, 맞나요?

울가: 네, 맞습니다. 하지만 실험실 연구에 초점을 맞춘 회의나 학회 주제가 있었는지는 잘 모르겠습니다. 첫 번째 4S 모임이 1976년도에 있었다는 점을 기억해야 합니다. 저는 그해 여름에 라투르를 만났고 코넬에서 열린 첫 번째 4S 모임에 참석했습니다. 분야의 형성기였죠. 저는 '과학자들의 서술account'에 관한 논문을 발표했습니다. 당시 저는 민속방법론ethnomethodology에 큰 영향을 받았고 과학자들이 어떻게 자신을 묘사하는지, 그리고 그들이 자신이 누구이며 어디서 왔는지 묘사하기 위해 사용하는 어휘와 개념들에 관심이 있었습니다. 그런데 주최자들은 저를 '과학의 경제학economics of science' 패널에 넣어 버렸습니다! 그도 그럴 것이 (그들에게) 그 논문은 '회계account'에 관한 것이었으니까요! 주최자에게 "제 논문은 경제학이 아닙니다"라고 한 기억이 납니다만, 그는 민속방법론에 대해 아무것도 몰랐죠. 이 모든 게 새롭고 다소 곤혹스러웠습니다.

성찰성, 분석적 회의주의, 네트워킹

미카미 다음 질문은 우리 분야가 겪은 변화들에 관한 것입니다. 변화 중 하나는 '기술로의 전환the turn to technology'이죠. 기술로 전환한다는 게 무슨 의미인지 토론이 일어났을 때 선생님께서도 참여하셨죠. 좀 더 자세히 설명해 주실 수 있을까요?

울가 바이커와 핀치는 사회구성주의 개념들을 기술 생산에 적용할 기회를 엿보고 그를 위한 공식을 제시했습니다. SCOT, 기술의 사회적 구성the social construction of technology이라고요. 저는 과학을 분석하는 공식을 기술을 분석하는 데에 적용하는 것이 불만이었습니다. 제 작업에서 되풀이되는 주제는, 사람들이 연구 대상 자체와 그것이 연구 방법에 어떤 영향을 미치는지에 충분히 주의를 기울이지 않는다는 점입니다. 사람들은 하나의 공식을 가져다가 너무 섣불리 다른 것, 또 다른 것, 그리고 또 다른 것에 적용하려고 합니다. 저에게 STS가 흥미로운 점은 그것이 관심 분야와 연구 방식에서 끊임없이 변화하고 늘 스스로와 논쟁하고 있다는 사실입니다. STS의 이런 요소들이 분야를 매우 흥미진진하게 만들고 살아 있게 만듭니다. 그렇기 때문에 같은 공식을 단순히 과학에서 기술로 적용할 수 있다는 발상은 좋은 시도로 보였지만, 절망적으로 비성찰적이고 순진했습니다.

최고 수준의 STS가 훌륭한 점은 계속해서 더 많은 도전 과제와 더 어렵고 궁금한 문제들을 찾고 있다는 것입니다. SSK의 시대에 사회학자들에게 '가장 어려운 사례'는 과학 지식이었습니다. 과학 지식이 사회적 구성물임을 보일 수 있다면 다른 (더 낮은 수준의) 지식들도 사회적 구성물이라고 가정할 수 있다는 주장이었습니다. 과학 지식은 명백하게 아주 어려운 사례였기 때문에, 임신 중절권, 이민율, 은행 이자율의 감소 같은 지식은 자신 있게 사회적 구성물로 여겨질 수 있었습니다. 가장 어려운 사례를 보는 것은 전략적이었죠.

하지만 그다음에 일어난 일은 과학 지식이 더 이상 가장 어려운 케이스가 아닌 게 됐다는 것이었습니다. 우리의 관심과 힘은 더 어려운 영역과 문제로 쏠리게 됐습니다. 이런 현상이 바로 우리 분야에 추진력을 부여하고 이 분야를 지속시키고 스스로를 새롭게 만드는 원천입니다. 대학원생이었던 저에게는 데이비드 블루어가 래리 라우든과 논쟁하는 것을 들으러 가는 건 굉장히 신나는 일이었습니다. 주변에 '위험'이 도사리고 있는 것처럼 느껴졌고 그들은 언제든 서로에게 소리를 지르기 시작할 것 같았습니다. 실제로 서로에게 소리를 지르기도 했습니다.

최근 옥스퍼드의 대학원생들이 4S 학회에 갔다 와서 "별일 없었다"고 보고했는데요. 그들은 학계 사람들 사이에 고성과 논쟁이 있었던 초창기가 부럽다고 말했습니다. 지금 소수의 STS 학자들은 다툼이 될 만한 주제와 주장들을 식별하여 학계에 위험과 도발을 재주입하려고 노력하고 있습니다. 모두 훌륭하죠. 하지만 이 분야는 전체적으로 아주 커지지 않았습니까? 이 분야는 큰 힘을 가지고 있고, 좋은 의미에서 굉장히 다양합니다. STS는 우리가 당연하다고 여기는 것들에 굉장히 도전적인 감수성을 제공한다는 점을 보였습니다. 가장 좋은 점은, STS가 절대 스스로 안정을 찾지 않는다는 것, STS가 단지 멀리 있는 사람들을 위해 여기 소식을 전달하는 일에 절대 만족하지 않는다는 점입니다. 다른 한편으로 STS는 매우 탄력적인 브랜드입니다. 다양한 사람들이 자신이 STS를 하고 있다고 말하죠.

미카미 선생님의 연구와 관련해서, 브루넬에서 연구를 시작하신 이후로 변화한 것이 있습니까? 선생님께서 연구하신 것들은 무엇입니까? 동료들로부터 영향을 받은 게 있습니까?

울가 1980년대에는 새로운 기술을 이해하기 위한 연구 지원이 커졌습니다. 저는 그곳에서 기회를 봤습니다. 예를 들면 IT 기업들에 관해 민족지적 연구들을 했습니다. 무엇이 기술적인 핵심인지, 무엇이 기술적 지식으로 인정되는지, 그리고 그것이 어떻게 서로 다른 사회적 조직적인 상황에서 작동하는지에 대한 질문이 다시 제기되었습니다. 당시 영국 정부는 이름하여 IT 혁명의 영향에 대응하기 위해 많은 돈을 투자했습니다. 그것은 저에게 상당히 의미 있는 움직임이었습니다. 제가 샌디에이고에 1년간 체류하던 와중 한 동료가 이메일을 보내 여기 "경제사회 연구 협의회Economic and Social Research Council, ESRC라는 무슨 새로운 프로그램의 회장 자리가 생겼어."라고 말해 주었습니다. 저는 그곳에 지원해 자리를 얻었습니다.

처음에 저는 그러한 모험적인 사업에서 분석적 회의주의를 좇을 여지가 있을지 상당히 걱정했습니다. 그 자리에 지원할 당시에 프로그램은 이미 윤곽이 그려져 있었습니다. “가상 사회: 새로운 전자 기술의 사회과학”이라는 제목이 붙어 있었죠. 그런 이름의 프로그램에서, 핵심적인 전제는 신기술이 교육, 사회생활, 은행업에 광범위한 영향을 미친다는 점이었고, 아시다시피 IT가 극적으로 모든 걸 변화시킨다는 가정이 자리하고 있었습니다. 여기서는 그다지 회의주의를 볼 수 없었습니다. 그래서 자리를 얻은 후 저는 “이 프로그램의 세부 항목을 다시 써야 합니다.”라고 주장했습니다. 하지만 ESRC는 “그럴 수 없습니다. 프로그램 모두 위원회에 의해 승인을 받았습니다. 이제 와서 프로그램이 어떤 것인지 새로 정의한다니요.” 하며 거부했습니다. 제 해결책은 “가상 사회” 뒤에 물음표를 삽입하는 것이었습니다.

그래서 “가상 사회” 프로그램은 “가상 사회?” 프로그램이 되었고 위원회를 통과할 수 있었습니다. 저를 지지해 준 프로그램 의장 제프 로빈슨Geoff Robinson이 기억나는데, 물리학자 출신으로 당시에는 보수 정부의 주요 과학 고문이었고, IBM 허슬리Hursley 연구소의 대표였습니다. 프로그램이 몇 년째 진행되고 있었을 때, 그는 어떤 문서의 제목을 보고 “우리가 지금까지 항상 물음표를 붙였나요?”라고 했습니다. 제가 STS적 회의주의의 필요성을 나타내기 위해 그렇게 했다는 점을 알아채지 못하고 있었던 겁니다.

이런 상황에서 기술이 무엇을 할 수 있을지, 그리고 그에 수반되는 두려움에 대한 표준적인 설명을 지지하는 동시에, 다른 한편 그런 주장에 대해 회의적인 태도를 유지해야 한다는 점이 정말 흥미롭습니다. 뭔가를 분석하려면 회의적이어야 합니다. 어떻게 두 가지를 모두 할 수 있을까요? 그저 회의적이기만 할 수도, 결정론적이기만 할 수도 없습니다. 두 가지를 모두 다루어야 합니다. 저는 이 문제를 해결하기 위해 이 방법을 시도했는데 꽤 성공적이었습니다. “가상 사회?” 감독직은 매우 흥미로웠습니다. 저는 그 3~4년 동안 출판은 많이 하지 않았지만 굉장히 많이 배웠죠. 저는 산업계의 수장들을 찾아다니며 그들에게 학술적 사회과학이 필요하다고 설득했습니다.

미카미 그 일은 어려우셨나요?

울가 일단 흥미로웠죠. 저는 그런 사람들이 고정관념에 들어맞지 않는다는 사실을 발견했습니다. 보통은 이들이 기술적 배경을 가졌거나 고위직 관리자이기 때문에 그들이 사회과학을 반대한다고 상상합니다. 그러나 실제로는 상당수가 대학교 또는 사회과학 연구와 연관을 맺는 데 관심이 있습니다. 그래서 이들을 네트워크에 끌어들이고 적합한 위원회에 배정하여 그들이 우리를 도울 수 있도록 만드는 식의 방법이 등장했습니다. 행위자 네트워크 이론이 나오기 훨씬 전에 현실의 네트워킹이 일어났음을 보여 준다는 점에서 저는 그때 일을 정말 좋아합니다.

예상과 달리 많은 기업들이 자주 회의주의적 접근을 잘 받아들인다는 사실을 발견했습니다. 언젠가 영국통신회사BT와 큰 미팅을 했는데 저는 이렇게 말했습니다. "사회과학자로서, 가장 중요한 것은 신기술에 관한 주장에 대해 분석적 회의주의를 유지하는 동시에 관련자들과 관계를 발전시키는 것입니다." 그러자 BT 감독 중 한 명이 소리쳤습니다. "그게 바로 BT가 저에게 돈을 주고 하는 일이죠! 저는 급여를 받는 회의주의자입니다. BT는 모든 새로운 아이디어와 프로젝트를 저에게 검사받아야 하는데, 제가 비판하고, 자르고, 그 기대가 어떻게 사회적으로 구성되는지 보여 주기를 기대합니다." 그래서 저는 제 역할이 비슷하지만, 보수가 더 적은 회의론자라고 말한 기억이 납니다!

저에게 STS적인 감수성을 이용해 STS 외부와 학계 외부의 사람들과 관계를 형성하는 전체 과정은 아주 중요하고 몹시 흥미롭습니다. 어떤 사람들은 제가 성찰성에 관심을 갖고 있다는 이유로 저를 이론-실천 스펙트럼의 한 극단에 위치시키고 싶어 합니다. 그러나 성찰성은 사람들과 관계를 맺기 위한 수단이고, 산업계 등에서 만나는 많은 사람은 그들 스스로 상당히 성찰적으로 조율되어 있습니다. 그래서 무턱대고 고정관념으로 상대방이 원할 거라 생각하는 걸 제공하려고 하면 꽤 잘못될 수 있습니다.

일화를 하나 이야기해 드리죠. 브루넬에서 혁신, 문화, 기술 연구 센터CRICT를 운영하고 있을 때, 런던으로부터 방문단을 받은 적이 있습니다. 우리는 그들로부터 연구비를 받고 싶다면 프레젠테이션을 해야 한다는 것을 알았습니다. 저는 연구 센터에 있는 모두에게 프레젠테이션 시간이 되었으니 멋 부린 파워포인트와 양복, 넥타이 등이 필요하다고 일러 주었습니다. 우리는 예행연습을 하고 또 했고, 저는 "오늘은 말도 안 되는 넌센스, 성찰적인 얘기, 영리한 이중사고 같은 거 하면 안 돼요. 우리는 그들에게 확실한 사실만을 전달할 겁니다."라고 말했습니다. 그날이 되었고 우리는 발표를 했지만, 잘 먹히지 않는다는 사실을 금방 알 수 있었습니다. 시간이 좀 흐르고 한 명이 일어나서 물었습니다. "모두 좋습니다, 그런데 당신들은 포스트모더니즘에 대해 들어 보지 못했나요?!"

이 일화는 어떻게 우리 사회과학자들이 다른 사람들이 원하는 것에 대해 오해할 수 있는지 보여 주는 놀라운 사례죠. 그들이 정말로 원했던 것은 일터로 가지고 돌아갈 프랑스 이론 성격의 자극이었습니다. 최신 트렌드와 새로운 사고방식에 대해 사람들에게 말해 주고 싶어 했죠. 그건 그들의 목적에 잘 맞을 것이었고, 우리는 완전히 잘못 판단했습니다. 연구자로서 우리는 자주 그런 실수를 저지른다고 생각합니다. 왜냐하면 정책 쪽 사람들이 어떤지, 관리자는 어떤 사람인지, '소비자'가 누구인지 등에 대해 검증되지 않은 선입견을 갖고 있기 때문입니다.

STS의 제도적인 집 만들기

미카미 선생님께서 브루넬에서 그 센터를 감독할 때 브루넬의 STS 집단은 성장하고 있었나요?

울가 생각해 봅시다. STS 집단이 성장하기 시작한 건 분명 1990년대였습니다. 제가 브루넬에서 더 고참이 되면서, 어떤 종류의 사람을 고용할지 결정하는 데에 보다 영향력이 생겼습니다. 그래서 저는 때때로 새로운 자리에 앉힐 사람으로 과학기술사회학자를 밀어줄 수 있었습니다. 우리는 사회학의 넓은 범위를 가르칠 수 있으면서도 이 분야에서 전문성이 있는 누군가를 찾곤 했습니다. 그러다 연구 센터를 만들었고, 센터는 훗날 STS라고 불리게 될 분야에 종사하는 동료와 학생을 많이 끌어들였습니다. 우리는 아주 운이 좋게 브루넬에 마이클 린치를 고용할 수 있었고, 함께 놀라운 6~7년의 기간을 보냈습니다. 또 그 시기에 앨런 어윈Alan Irwin*과 같은 사람을 시니어 교수 자리에 임명했습니다. 또 누가 있더라…. 앤드류 배리Andrew Barry, 로스 질Ros Gill을 임명했죠. 맞습니다. 굉장히 흥미로운 시기였고, 집단을 성장시킬 수 있었죠.

중요한 발전 하나는 연구 평가 연습research assessment exercises, RAEs을 시작한 것이었습니다. 브루넬의 사회학 수준을 향상시킬 핵심적인 방법은 사회학 RAE 패널에 등재되는 것임을 깨달았습니다. 패널의 대표인 존 어리John Urry는 사회학 패널이 필요로 하는 것은 과학사회학 전문가라고 판단했습니다. 이는 과학학의 역사에서 꽤 중요한 순간이었다고 생각하는데, 사회학계가 STS 전문성의 필요성을 인식했기 때문입니다. 그래서 저는 RAE 패널의 멤버가 되었고, RAE 사회학 패널에 두 번 참여했습니다. 브루넬과 STS 모두에게 아주 좋은 일이었죠.

미카미 그러고 나서 선생님께서는 옥스퍼드대학으로 가셨죠. 2000년의 일인가요?

울가 예, 2000년입니다.

---

* 현재 덴마크 코펜하겐대학교 STS 학과 교수이다. 시민과학, 과학기술의 위험, 과학의 대중적 이해(public understanding of science) 등에 관해 연구했다. 그의 저서 『시민과학(Citizen Science)』이 국내에 번역되어 있다.

미카미 옥스퍼드에서 선생님께서는 마케팅 교수였습니다. 그런 종류의 직함을 가진 STS 학자는 많지 않을 것 같습니다.

울가 맞아요, 신기한 점이죠. 옥스퍼드 사이드Said 경영대학 학장이던 앤소니 홉우드Anthony Hopwood에게 연락이 왔습니다. 제가 옥스퍼드에 자리를 원하는지 물었죠. 그는 경영 교육을 재건하고 재구성하기를 원했습니다. 경영 교육은 보통 굉장히 엄격하고 단절된 부서들로 조직되어 있습니다. 금융, 마케팅, 운영 관리 등이 있죠. 홉우드는 이들을 섞어서 학부 및 MBA 수준에서 교차하는 지적 주제들을 중심으로 구성된 교육을 제공하고 싶어 했습니다. 정말 생각지도 못하게 비경영 대학원 사람을 옥스퍼드에 채용하는 것이 이를 위한 방법이라고 생각해서 저에게 접근한 거죠, 저도 구미가 당겼어요. '가상 사회?' 프로그램이 막바지에 다다르고 있었는데 이미 브루넬의 학과장 그리고 연구 센터CRICT를 감독한 후였기 때문이었죠. 그가 제 자리가 마케팅 교수라고 이야기해 주었을 때 저는 "사람을 잘못 보신 것 같은데요?"라고 말했습니다. 그러나 그는 "아뇨, 아뇨, 이해하지 못하셨네요. 옥스퍼드는 후원자들의 요구에 응하는데, 이 자리에 돈을 대는 후원자가 이 자리를 마케팅이라 불리길 원합니다, 실제로 마케팅 연구를 하지 않아도 되고 마케팅을 가르치지 않아도 됩니다. 그저 직함만 지니고 STS를 개발하면 됩니다." 그는 이렇게 말하기까지 했습니다. "원하시면 아마 1~2년 뒤에는 직함을 떼 버려도 될 겁니다."

그러나 저는 그러지 않기로 했는데, 이 직함이 놀라운 기회들을 열어 주었기 때문입니다. 한번은 어떤 사람에게 전화를 받았는데 그는 제게 마케팅 교수로서 불가리아**를 리브랜딩 하는 일을 도와줄 수 있느냐고 물었습니다. 정말 미친 생각 같았지만, 그보다 더 흥미로운 일을 생각해 낼 수 없었습니다! 그 직함은 무척 도움이 되기도 했습니다. 제

** 원문에 Bulgaria로 되어 있지만 이탈리아의 명품 브랜드 Bulgari(불가리)로 보인다.

학생이었던 엘레나 시마코바Elena Simakova는 마케팅 부서의 민족지 연구를 했는데, 마케팅 직함을 가진 교수의 도움을 받아 이 연구에 진입할 수 있었습니다. 타냐 슈나이더Tanja Schneider와 함께 해 온 뉴로 마케팅 연구도 나의 마케팅 직함에서 많은 도움을 받았습니다. 그 직함을 버리기보다 유지하는 것이 훨씬 더 흥미롭고 유용함이 밝혀졌죠. 평행 우주에서 저는 중국의 "브랜드 지도자brand guru"입니다. 마케팅은 지적으로 굉장히 영양분이 부족한 학문 분야이고, STS와 같은 생기 있는 분야에서 오는 통찰은 큰 역할을 합니다. 그래서 이런 일들이 벌어진 겁니다.

홉우드는 제게 STS를 구축하라고 격려해 주었고 그룹을 만들기 위한 조성금을 주었습니다. 그 후 스티브 라이너Steve Rayner도 옥스퍼드에 와서 ESRC '사회 속 과학Science in Society' 프로그램을 운영했습니다. 그곳 경영대학원에서 재미있던 점은 강의와 연구 등을 위해 조직된 집단들이 있었는데, 그중에 금융, 재무, 마케팅, 조직행동, 그리고 STS가 있었다는 것입니다! 옥스퍼드에서 STS는 경영 교육 내의 뚜렷한 조직 범주가 되었던 거죠. 전국의 많은 경영대학원과 경영학과 부서 동료들은 이를 상당히 부러워했는데 STS를 경영대의 지도에 올려놓았기 때문입니다. 아주 바람직한 일이었죠. 홉우드의 퇴임 이후로 변했지만, 한동안은 정말 대단했습니다.

STS 감수성과 세상과의 관련성

미카미 교육 측면에 관해 더 말씀해 주실 수 있나요? MBA를 가르치셨나요?

울가 가르치지 않았습니다. 가르칠 수 있었고 아마도 그랬어야 하는데요, 우선순위의 문제였습니다. 제가 하던 연구와 연구 교육에 그것까지 더할 수는 없었기 때문이죠. 우리는 최소 일 년에 한 번 큰 학회와 워크숍을 개최했습니다. 그것도 굉장히 즐거웠습니다. 매년 11월 함께 둘러앉아 "내년 여름에 어떤 엉뚱한 주제의 학회를 개최할까?" 하고 고민했습니다. 그중 첫 번째는 'STS는 사업Business을 뜻하는가?'였습니다. 실제로 STS가 경영대 내부에 자리 잡게 된 참신한 상황에 대한 반응이었죠. 'STS는 사업을 뜻하는가?'는 물론 이중적인 의미를 가지고 있습니다. 'STS는 경영과 관리에 유용한가?' 그리고 'STS는 이제 진지해지고 있는가?' 이 모임을 두 번이나 가졌는데 정말 성공적이었고 기억에 남습니다. 많은 사람들이 그 주제를 지지했죠. 물론 그것은 특정한 '학술적 노력이 유용할 수 있는가, 어떻게 그럴 수 있는가?' 하는 보다 일반적인 물음의 대안 질문이었습니다. 그로부터 생산된 출판물이 제가 원하는 만큼 널리 받아들여지지는 않았지만 말입니다.

그 후에 여름 회의가 계속 이어졌습니다. '뇌는 요즘 왜 그렇게 화제인가?', '척도에서 척도학까지From scale to scalography', 그리고 'STS의 존재론적 전환A turn to ontology in STS'이 있었습니다. 마지막 회의는 2013년 《과학의 사회적 연구》의 특집호까지 이어졌죠. 다시금 정말 많은 관심을 받았다는 점이 기쁩니다.

미카미 에든버러의 과학학 유닛이 하는 일 중 하나는 이과생들에게 STS를 가르치는 것입니다. 이에 대해 어떻게 생각하시나요?

울가 찬성합니다. 굉장히 흥미로운 일이고 그런 기회는 항상 잡아야 합니다. 과학사회학이 정말 과학에 도움이 되는지는 아직 해결되지 않은 문제입니다. 과학사회학은 과학자의 작업에 방해가 되기 때문에 필요 없다는 말이 오래전에 있었던 걸로 기억합니다. 하지만 STS의 핵심이 무엇이라고 생각하느냐에 따라 다릅니다. 과학자들에게 과학으로부터 한 발짝 물러나, 자본주의의 힘에 영향받은, 역사적 과정의 결과로서 과학을 "더 큰 그림"으로 보도록 가르치려고 들면, 그들의 눈이 바로 게슴츠레해질 것입니다. 반면 "실험 과정에서 측정값을 구할 때 여러분은 그 측정 장치에 대해 어떤 가정들을 세웠나요?"라고 물으면, 그들은 훨씬 더 많은 관심을 보이는 경향이 있습니다. 그래서 일반적으로 앞의 생각에 찬성하지만, 이를 하기 위한 가장 생산적인 방법은 수행되고 있는 과학, 실천되는 과학에 대해 가르치고 그에 흥미로운 철학적, 인식론적 문제들을 엮어 내는 것입니다.

미카미 마지막으로 하나 여쭤보고 싶은 것은 STS의 미래에 대한 것입니다. 미래를 어떻게 전망하시나요?

울가 굉장히 긍정적이라고 봅니다. 앞서 말했듯이, STS는 스스로와 논쟁하고, 스스로 갱신하고, 새로운 퍼즐, 새로운 호기심, 새로운 현상을 구상하는, 환상적인 성향이 있습니다. 게으르게 틀에 박히지 않고, 사물을 획일화된 방식으로 바라보지 않고, 사람들이 특정 방식으로 연구하도록 강제하지 않는 한, STS는 계속해서 성장하고 확장할 것입니다. 저는 너무 다양한 것들이 요즈음 STS로 여겨지는 것이 조금 걱정되기도 하지만, 다른 한편 우리는 계속해서 다각적이고 너그러워져야 합니다. 모든 종류의 관심은 바람직합니다.

저는 STS가 다른 영역으로 침투할 수 있는지, 그리고 어떻게 그럴 수 있는지에 관심이 있습니다. 경영대학원과 경영학의 경우, MBA의 시대는 막을 내리고 있으며 MBA는 사람들을 잘 교육하지 못한다고 인식됩니다. 어쩌면 MBA는 갱신되어야 한다는 점에서 STS가 경영대학원에서 앞으로 수행할 역할이 있을 겁니다. 사람들은 교육이 너무 직업적인 것이 되어 STS 같은 사치는 밀려날 것이라고 이야기하지만, 저는 STS가 사치라고 생각하지 않습니다. 저에게 과학학 유닛은 언제나, 적어도 그 기원에서는 SPRU와 같은 곳과 비교할 때 정책적 문제 등과는 약간 거리가 있었습니다. 반면에 (STS에서는) '세상과 관련이 있는' 연구가 더 많이 진행됩니다. 예를 들어 스티븐 셰이핀은 흥미로운 궤적을 가지고 있습니다. 그는 과학사에서 전통적인 학자이지만, 최근에는 과학의 사업, 즉 과학이 어떻게 사업 공동체와 관계를 맺으면서 생존하고 성장하는지 살피는 작업을 꽤 많이 했습니다.*

미카미 흥미롭군요. 도널드 맥켄지도 금융 시장을 연구하고 있는데요.

울가 맞습니다. 금융에 관한 도널드의 연구는 다양한 방식으로 많은 영향력을 끼쳐 왔습니다. 그와 저는 알고리즘에 대해 린셰핑대학교가 개최한 모임에 참석했습니다. 알고리즘은 새로운 화두입니다. 흥미진진한 주제인데, 대규모로 널리 퍼진 이러한 기술이 의사결정을 자동화시키는 것처럼 보이며, 이는 의사결정에 대한 책임을 수학 공식에 위임하는 기술관료 체제의 궁극적 형태이기 때문입니다. 맥켄지와 린셰핑대의 학자 일부가 이런 연구를 하고 있죠. 사업에서 알고리즘의 사용보다는 국가 기관, 보안, 예를 들어 테러범을 포착하거나 질병의 확산을 예측하기 위해 어떤 데이터 감시를 개발하는지 말입니다. 굉장히 흥미롭습니다. 다시금 STS로서는, 만들어지고 있는 가정들을 드러내고 비판하는 동시에 이런 가정을 만들고 있는 사람들과의 관계 속에서 작업할 좋은 기회입니다.

미카미 가끔 STS 사람들이 정책의 차원에 열중하면서 비판적인 부분은 놓친다고 느낄 때가 있는데요.

울가 그건 잘 모르겠습니다. "비판적"이 무슨 뜻인지에 따라 달라지죠. 무엇을 비판적이라고 치는지 잘 이해하지 못하는 경우가 많습니다. 한 경우에서는 "나는 정말 비판적이기 위해 내가 연구하는 것에서 완전히 거리를 두고 있어."라고 말합니다. 이때 문제점은 연구 대상에서 완전히 떨어지면 아무도 당신을 알아채지 못한다는 것입니다. 경영대학원과

* 이 연구에 대해서는, Steven Shapin, 『과학적 삶: 한 후기근대 직업의 도덕적 역사(The Scientific Life: A Moral History of a Late Modern Vocation)』 (Chicago, 2008), 특히 이 책의 후반부를 보라. (원주)

경영학에서 좋은 예시 하나는 '비판적 마케팅'입니다. 비판적 마케팅은 전통적인 마르크스주의에 따라 마케팅에 굉장히 비판적입니다. 매번 비슷하게 "그들이 하는 가정은 정말 괘씸하다. 소비자들을 속이는 것이다." 등의 진부한 말을 합니다. 저에게 그보다 훨씬 흥미로운 것은 비판적이 되기 위해 당신이 어떻게, 누구와 소통하는지의 문제입니다. 마케팅은 사람들과 소통하며 물건을 팔기 위해 노력하는 일이기 때문에, 비판적 마케팅은 특히나 모순적이죠. 우리 사회과학자들은 우리가 가진 것을 사람들에게 파는 일에 단순히 너무 서투릅니다. 제 생각에 우리는 비판을 훨씬 더 잘 팔 수 있습니다. 이는 매우 중요하죠.

브뤼노 라투르는 「왜 비판은 기력이 다했는가?Why Has Critique Run Out of Steam?」라는 훌륭한 논평을 쓴 바 있습니다(Latour 2004). 그의 불만은 STS 초기의 격정적인 날들이 모두 결국 허사가 되었다는 것인데, 특히 최악의 사람들인 기후 변화 부정론자와 홀로코스트 부정론자들이 그들의 주장을 펼치기 위해 구성주의를 이용하고 있기 때문입니다. 제가 보기에 라투르의 주장은 비판이 무엇인지, 혹은 무엇이 될 수 있는지에 대해, 오히려 좀 부족하게 이해한 데에서 비롯합니다. 우리는 비판이 무엇인지 제대로 들여다보지 않은 것 같아요. STS는 그 질문을 훨씬 더 발전시킬 잠재력을 가지고 있다고 생각합니다.

대담자 소개

스티브 울가Steve Woolgar는 린셰핑대학교 기술과 사회 변화 학과의 교수이자 옥스퍼드대학교 사이드 경영대학 마케팅 학과 명예 교수이다. 옥스퍼드에 합류하기 전 그는 브루넬대학교 사회학 교수, '발명, 혁신, 문화, 기술 연구센터Centre for Research into Innovation, Culture and Technology, CRICT'의 설립자이자 소장이었다. 그는 케임브리지 박사 과정에서 마이클 멀케이의 지도하에서 펄서의 발견에 대해 연구했다. 이후 그의 작업은 정보기술, 신경과학, 거버넌스, 책임성, 도발과 개입을 아우르는 광범위한 주제들을 살폈다. 울가의 작업은 STS에서 "달랐을 수 있다It could have been otherwise"라는 문구로 특징 지어지는, 기존의 선입견과 가정들을 불안정하게 만들고, 다른 가능성을 제시하는 STS의 '감수성sensibility'이라는 가치를 잘 나타낸다. 그는 성찰적으로 분석하는 자세를 취하는 것으로 특히 잘 알려져 있고, 2008년에는 STS 분야에 대한 뛰어난 기여로 4S로부터 J.D. 버널상을 수상했다. ESRC의 '가상 사회?' 프로그램 책임자를 포함하여, 연구하는 대상과 교류하는 동시에 그것에 대해 비판적인 울가의 능력은, 그의 연구에서 중추적이었으며 STS의 미래에 귀중한 교훈을 제공한다.

코이치 미카미Koichi Mikami는 생명과학과 생의학을 연구하는 사회과학자이다. 그는 생명, 신체, 생애주기에 대한 인식에서 나타나는 문화적 차이에 관심을 가져 다소 순진하게 STS에 진입했다. 그는 2010년 교수 스티브 라이너와 사라 하퍼Sarah Harper의 지도하에 옥스퍼드대학교에서 박사 과정을 마쳤다. 그는 박사 논문으로 생의학적 개입에서 미래의 궤적을 형성하는 데 연구 환경의 역할을 연구했는데, 영국와 일본에서 실시한 현장 연구를 기반으로 조직 공학과 재생 의학을 살폈다. 인터뷰를 실시한 시기에, 코이치는 웰컴 트러스트Wellcome Trust의 지원을 받고 에든버러대학교의 교수 스티브 스터디Steve Sturdy가 주도하는 의학사 프로젝트인 '게놈 의학 만들기Making Genomic Medicine' 프로젝트의 연구원으로 일했다. 그의 연구는 생의학 연구와 공중 보건 정책에서 중요한 의제가 되는, '희귀 질환'을 만드는 환자와 환자단체의 역할, 그리고 고도로 전문화된 과학 및 정책 결정 영역에서 활동하기 위해 그들이 부담해야 하는 비용을 조사한다. 2017년 4월 그는 도쿄대학교 과학 해설자 훈련 프로그램의 프로젝트 조교수 자리에 취임했지만, 계속해서 앞의 프로젝트에 방문 연구원으로서 참여하고 있다.

참고문헌

- Latour, B. 2004. "Why Has Critique Run out of Steam? From Matters of Fact to matters of Concern." *Critical Inquiry* 30:225-248.

- 브뤼노 라투르, 스티브 울가, 이상원 옮김 (2019), 『실험실 생활: 과학적 사실의 구성』, 한울. [Latour, B. and S. Woolgar. 1979. *Laboratory Life: The Construction of Scientific Facts.* Princeton, NJ: Princeton University Press.].

- Pickering, A. 1992. *Science as Practice and Culture*. Chicago; London: University of Chicago Press.

- Sica, A., and S. Turner eds. 2005. *The Disobedient Generation: Social Theorists in the Sixties*. Chicago, OH: University of Chicago Press.

- Woolgar, S. ed. 1988. *Knowledge and Reflexivity: New Frontiers in the Sociology of Knowledge*. London: Sage.

스스로 깨서 거듭나는 STS

해리 콜린스Harry Collins와의 인터뷰

마르셀로 페츠Marcelo Fetz

김가환, 홍성욱 옮김

이 인터뷰에서 해리 콜린스와 마르셀로 페츠는 실험실 연구에서 암묵지가 갖는 중요성을 다룬 콜린스의 초기 저작과 초기 STS 연구의 혁명적인 정신에 대해 이야기한다. 아울러 행위자 네트워크 이론의 인기와 정책 관련 STS 연구의 증가로 인한 현재의 지적 상황에 대한 우려를 논한다. 콜린스는 STS의 초창기에 과학 지식과 실천의 분석에 관심이 있는 사회과학자 집단의 일원이었으며, 과학에 대한 친숙함을 바탕으로 특정 연구 분야에 몰두하고 그에 대한 급진적이고 새로운 접근법을 개발했다고 회고한다. 이 과정에서 만들어진 "상호작용적 전문성interactional expertise"은 그에게 있어 과학기술을 이해하는 새로운 방법을 창출하는 STS의 가장 효과적인 수단이며, 이것이 다른 접근법으로 대체되면 안 된다고 그는 말한다.

레이저의 사회학

페츠 과학학에 대한 선생님의 기억으로 시작하고자 합니다. 어떻게 STS를 전공하게 되셨나요?

콜린스 저는 STS가 STS로 불리기 전부터 그것을 전공했습니다. 굳이 말하자면 그건 "과학학science studies"이라고 불렸고, 과학학과 관련된 제 첫 연구는 1971년에 나왔습니다. 에식스대학교에서 석사 학위를 밟을 때 한 연구죠. 수업을 다 수강하고 학위 논문을 써야 했는데 과학과 관련된 논문을 쓰기로 했습니다. 저는 실험실을 관찰하는 데 흥미가 있었기 때문에 사람들이 어떻게 TEA 레이저라는 새로운 레이저를 만드는지 연구했습니다. TEA 레이저에 대한 이 연구는 결국 1974년에 논문으로 출간되었습니다. 그 논문은 1999년 하버드대학에서 책으로 다시 발행되기도 하는 등 오래 사용되었습니다.

그 논문을 어떻게 쓰게 됐는지 이해하기 위해서는 조금

더 과거로 거슬러 올라가야 합니다. 제 지적 생활 전반에서 가장 중요한 책은 피터 윈치Peter Winch가 쓴 『사회과학이라는 개념The Idea of a Social Science』(1958)입니다. 모종의 이유에서 저는 1967년 그 책을 처음 접하고 읽기 시작했는데, 내용을 이해하지 못해서 많은 시간을 썼습니다. 그러다 얼마 후 이해가 되기 시작했고, 결국 그 책은 제 모든 작업의 토대가 되었습니다. 이후 1968년에는, 우연히 LSELondon School of Economics, 런던정치경제대학교 서점의 선반에서 토머스 쿤의 『과학혁명의 구조The Structure of Scientific Revolutions』를 집어 들게 되었습니다. 당시에 저는 그 책에 대해 들어 본 적이 없었고 그저 제목이 흥미롭다고 생각했습니다. 그 책은 양장이었는데, 불행하게도 지금은 도둑맞은 상태입니다(만약 누군가 가지고 있다면 돌려주세요). 윈치의 책과 그것이 기반으로 삼은 비트겐슈타인의 후기 철학을 읽었기 때문에, 저는 쿤을 읽고 "아, 이 사람은 비트겐슈타인의 삶의 형식form of life 개념을 과학에 적용하고 있구나, 매우 직관적이군."이라고 생각했습니다. 쿤이 비트겐슈타인과 윈치의 생각을 과학에 적용했기 때문에 쿤의 말을 이해하기가 쉽다. 이렇게 생각했습니다.

에식스대학에서 석사 과정을 밟을 때 이 모든 생각을 하고 있었고, 그래서 그때 좀 더 과학에 관한 무언가를 하기로 결심했습니다. 몇몇 실험실을 방문해서 무슨 일이 이루어지는지 보다가 어느 시점에 TEA 레이저를 만드는 사람들을 발견한 거죠. 저는 미국인들이 '정보 전달information transmission'이라 부르는 지식 전송 네트워크 분석을 하려고 했습니다. 미국 학자들이 의사들 사이에서 이루어지는 정보 전달을 연구한 적이 있는데, 저는 사람들이 어떻게 TEA 레이저를 제작하는 방법을 배우는지를 가지고 비슷한 연구를 하기로 했죠.

그러나 중요한 점은 제가 이를 다른 방식으로 하려 했다는 것입니다. 정보 전달에 관한 제 관념은 윈치와 비트겐슈타인의 관점으로부터 영향을 받았기 때문에, 저는 개별 정보 조각들이 전달되기보다는 사람들이 언어를 배우는 것과 같다고 생각했습니다. 쿤도 염두에 두고 있었죠. 과학자들은 패러다임을, 아니면 현상학자의 방식으로 말하자면 "세상에 존재하는 방식way of being in the world"을(당시 제가 연구하려고 한 또 다른 개념이죠) 학습하고 있다는 생각이었습니다. 그래서 저는 그들에게 단지 무엇을 읽고 누구와 대화하는지 물어본 게 아니라, 작동하는 레이저를 가진 집단과 그렇지 않은 집단 간의 차이점을 밝혀내기 위해 노력했습니다. 저는 그들이 작동하는 레이저를 만들 수 있게 하는 요인이 무엇인지 궁금했고, 당연히 그들이 레이저 제작을 위해 사회화되는 방식에 주의를 기울였습니다.

운이 좋게도 아주 명백한 결과가 나타났습니다. 작동하는 레이저를 가진 사람들은 모두 작동하는 레이저를 가진 다른 집단의 사람들과 시간을 보낸 바 있었고, 작동하지 않는 레이저를 가진 사람들은 작동하는 레이저를 가진 집단의 사람들과 함께한 적이 없었습니다. 당연하게도 처음에는 누군가가 레이저를 발명해야 했지만, 일단 만들어지고 나니, 레이저를 제작하는 능력은 정보 전달이 아니라 사회화socialization를 통해 이동했던 것입니다.

그래서 저는 이전까지 아무도 들어 본 적 없는 종류의 제목인 "CO_2 레이저의 사회학"이라는 학위 논문을 썼습니다. 레이저의 사회학이란 무엇일까요? 누군가 제게 "이 글을 어디에다 출판할 거야?"라고 물었고 당시 그저 학생이었던 저는 "출판? 내가 출판을 해야 해?"라고 되물었습니다. 그는 제게 《과학학》(지금은 《과학의 사회적 연구》)이라는 학술지에 논문을 내라고 조언해 줬습니다. 그래서 저는 《과학학》에 논문을 투고했습니다. 당연하겠지만 《과학학》이 없었다면 저는 그곳에 투고하지 않았을 거고, 어쩌면 아무 데도 안 했을 수도 있습니다. 그러나 데이비드 에지에 의해 창간된 그 학술지가 존재했죠. 이 논문을 받은 데이비드 에지가 저를 만났을 때 이렇게 말해 준 기억이 납니다. "마침내 그저 철학적인 성찰을 하는 게 아니라 경험적인 연구를 하는 글이 나타났군." 매우 기분이 좋았죠. 나중에 마이클 멀케이로 밝혀진 논문 심사 위원 중 한 명이 "이건 암묵지tacit knowledge에 대한 거네요"라고 말해 주었습니다. 저는 암묵지에 대해 들어 본 적도 없었지만, 그는 이 논문이 마이클 폴라니Michael Polanyi가 말하는 암묵지의 전달에 관한 것이라고 일러 주었습니다. 글을 쓰고 오랜 시간이 지난 뒤에 저는 이 연구가 암묵지에 관한 것임을 추가했고, 「TEA 레이저 세트: 암묵지와 과학 연결망The TEA Set: Tacit Knowledge and Scientific Network」이라는 제목을 붙였습니다(Collins, 1974). 이후 제가 암묵지 분야의 전문가가 되었다는 점을 감안하면 잘한 일이었죠. 하지만 다른 면에서는 나쁜 일이었는데, 왜냐하면 사실 그건 암묵지와는 다른 종류의 생각이었기 때문입니다. 저는 삶의 형식이 전파되는 것을 염두에 두고 있었지만, 폴라니의 개념은 훨씬 더 개인적인 이해와 본능에 관한 것이었죠. 그래서 암묵지는 장단점을 모두 갖고 있었습니다. 아무튼 논문은 암묵지를 제목에 달고 출판되었습니다.

7개의 성별Seven Sexes 발견하기

페츠 어떻게 레이저의 사회학이 '논쟁 연구controversy studies'라는 새로운 분야로 거듭났나요?

콜린스 저는 박사 과정에 진학해서 TEA 레이저 연구를 완성하기로 결심했습니다. 논문을 투고하기 이전에 박사 과정을 시작했죠. 논문을 마무리하기 전에, 미국에 가서 레이저 학자들과 이야기를 나눴고, 캐나다에서부터 시작된 지식 전달 연결망을 그려 낼 수 있었습니다. 에식스대학에서 석사 연구를 할 때는 그저 영국을 돌아다녔지만, 박사 과정 때는 미국을 돌아다니고 퀘벡에 가기도 했습니다. TEA 레이저에 관한 연구를 논쟁이 발생하는 다른 과학들과 비교하는 것이 흥미로운 작업이 되리라고 생각했습니다. 그래서 두 가지 비교 사례를 선정했는데요, 하나는 중력파였고 다른 하나는 초심리학parapsychology의 유형인 염력 운동psychokinesis이었습니다.

그런데 제 공식적인 지도 교수였던 스티븐 코트그로브Stephen Cotgrove는 비교 연구에 또 다른 이론적 논쟁을 추가해야 한다고 했습니다.

그래서 비정형 반도체amorphous semi-conductors 이론을 포함시켰지만 결코 그 이론을 이해하지는 못했습니다. 미국 전역에 걸쳐 12명과 비정형 반도체 이론에 대해 인터뷰를 했지만, 차마 과학적 내용을 이해할 수 없었기 때문에 결국 폐기해야만 했습니다. 하지만 그건 소중한 경험이었어요. 이해하지 못한다는 것이 어떤 느낌인지 알게 되면 이해하고 있는 것들에 대해 자신감이 생기기 때문입니다.

자료 조사 여행은 즐거웠습니다. 낡은 차를 운전하여 미국을 돌아다녔습니다. 캘리포니아에서 차를 팔고 집에 돌아가기 위해 네바다를 가로지르면서 어떻게 이 박사 논문을 마무리할지 고민했습니다. 그러다 저는 갑자기 박사 논문을 끝낼 수 없을 것 같다는 생각이 들었습니다.. TEA 레이저의 사례에서 작동하는 레이저와 작동하지 않는 것의 구별이 매우 중요했는데, 왜냐하면 그래야 누가 삶의 형식을 습득했고 누가 그러지 못했는지 알 수 있었기 때문입니다. 작동하는 레이저는 매우 강력한 방사선 빔을 내뿜었습니다. 물체에 레이저 빔을 쏘면 연기를 내거나 화염에 휩싸였습니다. 그런데 중력파 검출기에는 이런 기준이 없었기 때문에 그것이 작동하는지 아닌지 알 방도가 없습니다. 중력파 분야의 선구자 조셉 웨버Joseph Weber와 몇몇은 잘 작동하는 중력파 검출기가 중력파를 검출한다고 말했습니다. 또 다른 사람들은 "이 장치 자체가 중력파를 검출하는 데 부적합하기 때문에 작동하는 중력파 검출기는 아무것도 못 한다"고 반박했습니다. 그리고 저는 제가 '이 중력파 검출기가 작동하는지 아닌지에 대해 명확한 정의가 없잖아?'라고 갑자기 깨달았습니다. 차를 몰고 가면서 '내 박사 학위는 재앙이야! 돈만 다 낭비했어!'라고 속으로 생각했습니다. '이런 기본적인 방법론적 오류를 저지르다니 나는 왜 이렇게 바보지?' 목뒤의 털이 곤두섰습니다.

운전을 계속한 지 20분 정도 되자 다른 생각이 들었습니다. '잠깐, 만약 내가 그것이 작동하는지 안 하는지 알 수 없다면 과학자들도 알 수 없다는 건데, 그렇다면 그건 내가 원래 하려고 했던 것보다 더 흥미로운걸.' 저는 '과학자들은 중력파 검출기가 작동하는지 안 하는지 어떻게 결정하는가?'라는 새로운 질문을 던졌습니다. 이 질문은 제 두 번째 논문 「일곱 개의 성별The Seven Sexes」(Collins 1975)로 거듭났고, 저는 덕분에 꽤나 유명 인사가 되었습니다. 그 후 몇 년 동안 저는 SSK 분야의 선도자 중 한 명이 되었습니다.

아마 당신은 '이것이 에든버러와 무슨 관련이 있는가?' 묻고 싶을 겁니다. 그 질문에 대한 답을 풀어내기는 꽤 어렵습니다. 이 연구를 시작할 때 저는 아무것도 몰랐고 심지어는 과학사회학자인 로버트 머튼에 대해서도 알지 못했습니다. 폴라니나 암묵지에 대해서도 몰랐습니다. 에든버러의 과학학 유닛에 관해서는 언젠가 들은 적이 있었고 그곳에서 내는 학술지에 제 TEA 레이저 논문을 투고했죠(Collins 1974). 논문이 출간된 것이 1974년이었으니 그들에 대해 들었던 것은 아마 일러 봐야 1973년쯤이었겠네요. 제가 에든버러에서 일어나는 일에 사로잡힌 건 데이비드 블루어 때문이었는데, 그는 비트겐슈타인에 대해서 저와 같은 생각을 갖고 있었기 때문입니다. 물론 블루어는 제대로 된 철학자였기 때문에 저보다 비트겐슈타인을 잘 다뤘습니다. 저는 단지 윈치의 저작을 읽고 제 나름대로 비트겐슈타인을 해석하고 있었죠. 에든버러 과학학 유닛의 존재, 학술지의 존재, 연구자 집단의 존재는 모두 과학학을 학문 분야로 만들 수 있는 '임계 질량'이 되었습니다. 만약 그렇지 않았다면 저 혼자서 엉뚱한 연구를 하고 있었겠죠.

말하는 연구 대상: 과학자 인터뷰하기

페츠 자연과학자들이 선생님의 생각과 과학학 전체의 생각을 어떻게 받아들였다고 생각하시나요? 그들은 이 분야를 어떻게 생각했나요?

콜린스 우리는 그저 괴팍한 학자들로 이루어진 작은 집단이었고 사실상 눈에 보이지 않았기 때문에, 어떤 면에서 그들은 우리를 인식하지 않았습니다. 당시 우리가 싸우던 사람들은 머튼 학파의 과학사회학자였습니다. 1976년에 아마 코넬대학교의 모임에서 버나드 바버Bernard Barber와 대화를 나누었는데요, 그는 이렇게 말했지요. "선생님이 하시는 일은 대단합니다. 처음으로 과학의 내부로 들어갈 방법을 보여 주셨죠. 이제는 상대주의를 버리기만 하면 됩니다. 상대주의는 미친 짓이기 때문입니다. 그렇게 하면 우리는 함께할 거고 선생님은 계속 우리에게 과학의 내부로 들어가는 방법을 보여 주실 겁니다."

저는 상대주의 작업을 포기하고 싶지 않았어요. 그게 가장 신나는 부분이었기 때문입니다. 과학의 내부로 들어가는 방법을 알려 준 것은 맞죠. 저는 인터뷰를 잘하고, 사람들과 잘 소통하고, 과학의 내용에 정말 관심이 있고, 과학자들 사이에서 무슨 일이 일어나는지 알고 싶어 한다는 장점이 있었습니다. 저는 비정형 반도체 이론 연구를 폐기했다는 점에 스스로 실망했는데, 그 이유를 말하자면 이론을 이해할 수 없어서 과학자들과 어울리지 못한다는 사실 때문이었습니다. 그러나 초심리학과 중력파 물리학 분야에서는 과학자들과 어울리면서 그들과 함께 과학을 논할 수 있었습니다. 우리가 참여관찰자로서 숟가락을 구부리는 아이들에 대해 쓴 투고문이 《네이처Nature》에 실렸을 때 저는 반짝 인기를 얻기도 했습니다(Pamplin and Collins 1975:8). 과학자들은 저와 편하게 이야기를 나눴죠. 다만 저는 제 논문들이 출판되었을 때 과학자들에게 보내 주지 않았고, 심지어 숨기려고도 했습니다.

이제 20년을 건너뜁시다. 저는 인공 지능 분야에서 잠깐의 외도를 마치고 돌아와, 1990년대 초에 진지하게 다시 중력파 연구에 임하기 시작했고 보조금도 받았습니다. 바스대학의 제 사무실에서 워싱턴 소재 미국국립과학재단National Science Foundation의 중력물리학 책임자였던 리치 아이작슨Rich Isaacson에게 전화를 건 기억이 납니다. 저는 그에게 "저는 사회학자고 중력파 물리학을 다시 연구하고 있습니다. 괜찮다면 인터뷰를 하러 방문해도 될까요?"라고 물었습니다. 그는 "당신이 『골렘The

Golem』의 저자입니까?"라고 되물었고(당연히 그 책은 중력파 물리학에 관한 장을 포함하고 있었습니다), 저는 "유감스럽지만 제가 맞습니다."라고 말했습니다. 저는 그걸로 끝이라고 생각했습니다.* 그러나 예상과는 다르게 그는 "네, 당신과 정말 이야기를 나누고 싶습니다."라고 말했습니다.

놀랍게도, 저는 제가 숨기려고 애썼던 초기의 논문들이 중력파 물리학자들에게 실제로는 매우 잘 받아들여졌다는 사실을 알게 되었습니다. 어쩌면 그들은 과학에 대한 제 주장을 이해하지 못했을 수도 있는데요. 중요한 점은 제가 단지 과학의 형식적 모델이 아니라 과학 자체를 이해하려고 노력해서 실제로 이해했고, 또한 진화하는 과학 공동체의 역동성을 이해했다는 점입니다. 저는 그들과 같은 방식으로 조셉 웨버에 대해 생각하고 있었습니다. 끝에서는 서로 다른 철학적 결론을 내렸지만, 결론을 내릴 때까지는 세계를, 과학적 주장들의 전개를, 같은 방식으로 보고 있었습니다.

저는 가끔 문제가 생길 때 빼고는 물리학자들과 항상 잘 지냈습니다. 그리고 대개 그 문제들은 해결되었고 관계를 더 깊어지게 했습니다. 물론 이후에 '과학 전쟁science wars'이라고 불리는 시기도 있었는데**, 루이스 월퍼트Lewis Wolpert나 앨런 소칼Alan Sokal 같은 사람들이 우리에게 고함을 쳤죠. 그러나 저는 과학 전쟁이 우리에게 도움이 되었다고 늘 생각하는데, 아무도 듣도 보도 못한 우리를 대중의 무대 중심으로 끌어올렸기 때문입니다. 물론 그들은 사실상 아무것도 이해하지 못했기 때문에 우리는 모든 논쟁을 이겼고, 제가 아는 한 과학 전쟁에서 지적인 측면은 우리에게 결코 문제가 되지 않았습니다. 논쟁에서 이기는 건 너무 쉬웠습니다.

---

* 콜린스가 트레버 핀치와 함께 쓴 『골렘』은 그 상대주의적인 논조 때문에 일부 과학자들에게 비판의 표적이 되었다. 위 에피소드에서 콜린스는 아이작슨이 이 책을 비판적으로 읽은 사람이어서 인터뷰가 물 건너갔다고 지레짐작한 것으로 보인다.

** 과학 전쟁에 대해서는 홍성욱, "국내외 '과학 전쟁'에 대한 해부" 《교수신문》(2006.08.10)을 참조하라. https://www.kyosu.net/news/articleView.html?idxno=10275

비트겐슈타인과 STS

페츠 선생님의 아이디어들에는 일관성이 있는 것 같습니다. 선생님의 개념들 간 연관성을 어떻게 보시나요?

콜린스 모두 하나로 봅니다. 윈치/비트겐슈타인 입장에서 비롯하는 삶의 형식이 제 모든 사고 기반이 되죠. 저의 거의 모든 아이디어는 윈치/비트겐슈타인식 사고에서 비롯합니다. 저는 지식이 정보 전달이 아닌 사회화라는 아이디어에 착안해서 인공 지능에 관한 책을 몇 권 썼습니다.*** 인공 지능에 관한 작업은 튜링 테스트Turing test와 모방 게임imitation game에 관심을 가지는 계기가 되었습니다.**** 지금은 모방 게임 연구에 큰 지원금을 받은 상태입니다. 일군의 아이디어를 여러 가지 형식으로 풀어내는 일에 신이 납니다. 제3의 물결은 변한 것일까요?(Collins and Evans 2002; 2007)***** 아니요, 그렇지 않습니다. 전문성의 정의는 '기술적 공동체의 암묵지 소유'이고, 암묵지는 사회화를 통해 습득되기 때문에, 전문가가 된다는 건 삶의 형식을 공유하는 일원이 된다는 의미이기 때문입니다. 따라서 모두를 관통하는 것은 삶의 형식이라는 개념입니다.

페츠 그렇다면 선생님의 사회학에서는

*** 가장 널리 알려진 책은 『인공 전문가: 사회적 지식과 기능형 기계(Artificial Experts: Social Knowledge and Intelligent Machines)』(MIT Press, 1992)이다. 최근 연구로는 『인공픽션 지능: 컴퓨터에 대한 인류의 항복에 맞서서(Artifictional Intelligence: Against Humanity's Surrender to Computers)』(Wiley, 2018)가 있다.

**** Harry Collins et al., "The Imitation Game and the Nature of Mixed Methods," *Journal of Mixed Methods Research*, 11 (2017), 510-527을 참조하라.

***** 2002년에 로버트 에반스와 함께 쓴 '제 3의 물결' 논문에서 콜린스는 과학기술이 낳는 논쟁의 위험 등을 평가하는 과정에 전문성을 가진 사람만이 참여해야 한다고 주장해서 '시민 과학' '시민 참여'를 주장했던 학자들로부터 '변절했다'는 비판을 받았다.

비트겐슈타인이 핵심입니까?

콜린스 그렇습니다. 그렇지만 그에 한정되지는 않습니다. 저는 비트겐슈타인의 이론으로부터 두어 가지 이탈을 했습니다. 예를 들어 제 책 『질서의 변동Changing Order』은 변화를 다루고 있는데 비트겐슈타인의 관심사와는 다릅니다. 또한 전문성에 대한 분석에서 중심을 이루는 상호작용적 전문성interactional expertise에 대한 저의 아이디어는 삶의 형식에서 실행과 언어의 측면을 분리시키고 있는데, 이는 둘을 합쳐서 보는 비트겐슈타인과 윈치로부터 이탈합니다.* 이 점은 2015년에 《과학사 및 과학철학 연구Studies in History and Philosophy of Science》에 실린 논문에 잘 설명되어 있습니다(Collins and Evans 2015). 그럼에도 불구하고, 비트겐슈타인의 기본적인 생각이 없었다면 저는 아무것도 발전하지 못했을 겁니다. 그러니 몹시 중요하죠. 물론 저를 같은 곳에 이르게 해 줄 수 있는 다른 이론들도 있었겠지만, 그건 제 모든 연구 프로그램을 45년 동안 지탱했습니다.

페츠 STS와 과학철학의 관계는 어떻다고 생각하십니까?

콜린스 제가 만약 STS와 과학철학의 관계에 대한 역사를 써야 한다면, 가장 먼저 그 당시 영국의 사회학이 어땠는지 이해할 필요가 있겠습니다. 그 시절 영국의 사회학은 런던 정치경제대학교의 의제에 의해 주도되었고 매우 철학적이었습니다. 사회학 학위를 따려면 과학철학을 공부해야 했는데, 칼 포퍼Karl Popper에 대해서 공부하고, 피터 윈치의 『사회과학이라는 개념The Idea of a Social Science』을 읽고, 비트겐슈타인에

* 상호작용적 전문성은 특정 분야에서 직접 연구를 실시할 수는 없지만, 실용적인 기술이나 전문 지식에 대해 전문가들과 자연스럽게 대화할 수 있는 능력을 가리킨다. 상호작용적 전문성은 실무자들과의 활발한 교류를 통해 습득되고, STS 학자와 사회학자 및 다양한 행위자들에 의해 발휘될 수 있다.

대해 고찰하는 법을 배웠습니다. 블루어, 반스와 얘기를 나눠 보시면 저를 포함한 모두가 비트겐슈타인의 사회학, 즉 합리성 논쟁rationality debate에 대해 공통의 배경지식을 가지고 있다는 점을 알아차리실 겁니다. 사람들은 늘 아잔데족의 해로운 신탁이 합리적인지 비합리적인지 토론하고는 했습니다(Evans-Pritchard 1937). 아무튼 모두가 철학적으로 사고하고 있었고 그것이 저와 배리 반스와 데이비드 블루어의 일치된 사고에 기여했다고 생각합니다. 물론 그들이 저보다 조금 먼저 시작했지만, 우리 모두 같은 데서 시작했다고 생각합니다.

이런 종류의 철학적 공통 토대는 과학 분석에 영향을 미쳤습니다. 당시 임레 라카토슈Imre Lakatos 또한 중요한 학자였어요. 그의 책 『증명과 반증Proofs and Refutations』이 매우 훌륭했죠. 그의 박사 학위 논문이었는데 모두 맞는 말로 가득했습니다. 물론 라카토슈는 포퍼를 비판하는 데 결정적인 역할을 했죠. 포퍼주의에서 벗어나는 방법을 알기 전에는 모두가 포퍼주의자였는데, 포퍼주의에서 벗어나는 법을 보여 준 사람이 라카토슈였다고 생각합니다. 이 모든 게 철학적 사고에서 나왔으며 저는 여전히 철학 학술지에 많은 논문을 발표하고 있습니다. 제 이야기는 아직 현대에 다다르지 못했는데, 그건 또 완전히 다른 얘기입니다. 우리는 과학에 대해 과학철학자들과 같은 질문들을 던지고 싶었지만 다른 한편 사회학적 답을 제시하고 싶었습니다. "진리는 어떻게 만들어지는가?" 같은 질문에 대해, 우리는 "진리는 사회적 합의를 통해 만들어진다"고 답했습니다. 오늘날 많은 STS 학자가 환경과 더 나은 세상 만들기 등에 관심을 갖고 있지만, 당시에는 세상을 더 나은 곳으로 만드는 것에 관심이 없었습니다.

페츠 스트롱 프로그램은 인과성causality을 핵심 분석적 원칙 중 하나로 꼽았습니다. 그에 동의하십니까?

콜린스 인과적 설명이요? 아니요, 저는 그게 무슨 뜻인지 이해한 적이 없습니다. 1981년에는 이것이 무슨 뜻인지 모르겠다는 내용의 논문을 쓰기도 했습니다(Collins 1981). 스티븐 셰이핀과 도널드 맥켄지는 정치가 어떻게 실험 연구에 영향을 미치는지 보이는 좋은 연구를 발표한 바 있습니다. 그러나 이에 대한 제 생각은, 정치가 실험 연구에 영향을 미치는 것을 발견할 때마다 그 영향을 줄이려고 노력해야 한다는 것이었습니다. 그렇지 않으면 과학을 하는 게 아니라는 거죠.

이것이 제3의 물결의 시작점이었습니다. 모든 게 엉망으로 돌아가고 있고, 누구나 전문가가 될 수 있는데, 누구의 의견이 다른 이의 의견보다 더 의미 있고, 관찰과 전문성을 통해서 가치를 얻을 수 있다는 관념이 없다면, 우리는 디스토피아에 살게 될 것이라고 말하고 싶었습니다. 우스꽝스러운 결과가 초래되는 거죠. 대학에 강연자를 초청하고 싶을 때, 굳이 저를 부를 필요 없이 길을 지나가는 아무에게나 부탁하면 되는 것처럼요. 그리고 담배가 인체에 해롭지 않다고 주장하는 '과학적인' 논문을 쓰는 사람들을 비판할 방도가 없어지는데, 그들은 단지 그들의 입장에 잘 들어맞는 결과를 잘 찾은 것이기 때문입니다. 그래서 저는 이 악명 높은 제3의 물결에 관한 논문을 쓰게 되었죠(Collins and Evans 2002). 우리에게는 모두가 동의할 만한 소소한 논문처럼 느껴졌지만, 엄청난 소란을 일으켰고 우리로 하여금 더 많은 연구를 하게 만들었습니다. 우리에게 그것은 심경의 변화가 아니라 초점의 변화를 나타내는 것이었습니다.

저는 제 커리어 중에 생각을 바꾼 적이 딱 한 번 있는데, 바로 1981년입니다. 그전까지 저는 세상이 실제로 상대적이며 과학 지식은 사회적으로 구성된다는 철학적인 주장을 증명하고 있다고 생각했습니다. 1981년 저는 그런 것은 증명할 수 없으며, 세계가 사회적으로 구성되지 않음을 증명하는 일은 어렵다는 사실을 보여 주는 게 제가 유일하게 할 수 있는 일임을 깨달았습니다. 자세히 들여다보면 자연 자체는 누가 틀렸고 누가 옳은지 드러내지 않기 때문인데, 소위 해석적 유연성interpretive flexibility이 크기 때문입니다. 물론 자연은 사물이 그렇게 존재하도록 만들 수도 있겠지만, 보기 어려울 뿐입니다. 그래서 저는 '방법론적 상대주의자methodological relativist'가 되었습니다. 방법론적 상대주의는 무엇이 존재하는지가 아니라 SSK를 어떻게 해야 할지에 관한 것입니다. 방법론적 상대주의는 특정 주제를 제대로 연구하고 싶다면 자연을 배제하고 사회적인 것에 집중해야 한다고 말합니다. 왜 자연 세계에 관하여 다른 이들보다 과학자들의 주장에 더 무게를 실어 주어야 하냐는 것이 새로운 질문이죠.

(이런 관점에서) 나와 에반스는 『과학이 만드는 민주주의Why Democracies Need Science』라는 제목의 책을 썼습니다(Collins and Evans 2017). 이 책은 과학의 도덕적 우위 때문에 과학의 가치를 인정해야 한다고 주장합니다. 누군가는 이것이 머튼으로 회귀하는 것이라고 말하겠지만, 머튼은 민주주의가 좋은 과학을 만들기에 민주주의를 가치 있게 여기라고 말하는 반면, 우리는 과학이 좋은 민주주의를 만들기 때문에 과학을 가치 있게 여기라고 말합니다. 옛날의 저는 제가 과학의 도덕적 우수함을 주장하게 될 것이라고는 상상도 못 했습니다. 1970년대의 맥락에서는 그렇게 할 필요가 없었지만, 지금은 필요한 일입니다.

과학이라는 결정체에 균열을 내다

페츠 STS 분야를 더 견고하게 만드는 데 과학 논쟁이라는 개념이 어떤 역할을 했다고 보시나요?

콜린스 저는 박사 과정에서 그 개념에 착수했습니다. 당시 '논쟁 연구'와 라투르와 크노르세티나의 '실험실 연구' 사이 경쟁이 있었습니다. 그들은 과학을 연구하기 위해 하나의 실험실에 머무르며 무슨 일이 일어나는지 관찰했습니다. 반면 나중에 "바스 학파"로 불릴 우리들은, "아뇨, 그런 식으로 하면 안 됩니다, 실험실이 아니라, TEA 레이저나 중력파 같은 과학적 주제를 가지고서 연구 대상으로 삼아야 하는데, 이 발견은 여러 실험실에서 일어납니다. 모든 실험실을 방문해야 하고 실험실들 사이에 논쟁이 어떻게 진행되는지 봐야 합니다. 한 실험실에만 앉아 있으면 거기서 일어나는 일밖에 못 봅니다"라고 말했습니다.

논쟁 연구는 1980년대 초반에 매우 인기를 끌었습니다. 제가 논쟁 연구에 기여한 가장 큰 공헌은, 논쟁을 살피다 보면 발견하게 되는 '실험자의 회귀experimenter's regress'라고 생각합니다(Collins 1985). 요지는, 모두가 실험을 하고 실험을 반복함으로써 진실을 볼 수 있을 텐데, 왜 논쟁이 계속되느냐 하는 문제입니다. 실험자의 회귀에 따르면, 과학자들이 서로의 실험을 반복해도 논쟁이 해결되지는 않습니다. 그게 가장 큰 이론적 기여였고, '과학이라는 결정체에 균열을 내는' 결정적인 사건이었다고 생각합니다. 그것이 없었다면 과학자들과 다른 이들은 "너희 사회학자들은 멋대로 말할 수 있지만 우리는 실험을 반복함으로써 진실을 시험하므로 진리에 도달해 있다." 하고 항상 주장할 수 있었을 겁니다.

페츠 당시 과학이라는 결정체를 깨겠다는 목적을 지닌 다른 사회과학자들의 시도도 있었나요?

콜린스 SSK 이전에는 머튼주의자나 철학자들이 그랬던 것처럼 과학을 오로지 밖에서만 볼 수 있었습니다. 인용 횟수를 세고, 논문을 세고, 노벨상 수상 소감을 찾아보고, 반증과 확증, 과학의 규범적 구조에 대해 논쟁할 수는 있었지만, 과학의 내부에는 들어갈 수 없었습니다. 과학은 너무 기술적이고 난해하고 완전하다고 생각했기 때문입니다. SSK가 한 일, 그러니까 우리가 한 일은, 다른 지식과 마찬가지로 과학 내부에 들어가서 그것을 논하고 분석할 수 있음을 보여 준 것입니다. 이미 70년대 초에 브뤼노 라투르는 소크 연구소에서 과학의 내부에 들어가려고 하고 있었지만, 그의 방식은 달랐습니다. 라투르는 인류학자로서 이 일을 하고 있었기 때문에, 아시겠지만 그는 과학을 이해하지 않아도 그것을 분석할 수 있다고 생각했습니다. 그에 따르면 그는 소크 연구소에서 무슨 일이 일어나는지 알지 못했고 그저 외부 관찰자로서 이를 관찰하고 있었는데, 이러한 낯섦이 강력한 이방인의 관점을 부여해 준다는 것이었죠. 반면 저는 이렇게 해서는 많이 배울 수 없다고 생각했습니다. 우리는 과학을 이해하고 과학의 내면을 알고 싶었습니다. 그게 우리의 출발점이었습니다.

물론 이 역사를 다르게 쓸 수도 있는데, 그렇게 한다면 아마도 제도, 혹은 과학의 사회적 책임 운동Movement for the Social Responsibility of Science에 관한 것이 되겠네요. 추측하건대 데이비드 에지는 그런 제도적 배경에서 나와서 매우 중요한 과학학 유닛을 설립했습니다. 이런 역사는 또한 머튼주의자들에 관한 것이 될 수도 있습니다. 로버트 머튼이 과학사회학이라는 분야를 발명한 일과, 인용 횟수를 세고 공동 저술 연구를 수행하는 과학 정보 연구소Institute for Scientific Information*가 설립된 일 말입니다. 또 1976년에 첫 모임을 한 4S를 다룰 수도 있습니다. 과학학 유닛과 특히 4S라는 이 두 제도적 조각이 없었다면 우리 집단이 어떻게 되었을지 모르겠습니다. 물론 첫 모임에 유럽인들을 초대한 이들은 머튼주의자였는데, 나중에 우리가 지적인 우위를 차지했다는 점을 보면 그들의 관점에서는 큰 실수였죠. 1~2년 만에, 이 분야의 모든 지적 생명이 우리로부터 나오고 있으며 머튼주의는 사망했다는 점이 명백해졌습니다. 머튼주의자들은 10년 정도 동안 강력한 제도적 위치를 차지했지만 어떻게 될지는 명확했고, 실제로 그렇게 되었습니다. 그리고 물론 현대의 STS는 머튼주의보다 훨씬 더 깊고 강하게 자리 잡고 있습니다. 그렇지만 그 대가를 치르고 있습니다. 대가라는 말을 쓴 이유는 STS가 변화에 강하게 저항하기 때문입니다.

저는 제가 로버트 머튼과 동시대에 태어났다면 그의 추종자가 되었을 거라고 종종 말하곤 합니다. 이에 대해 사회학적으로

* 1956년 필라델피아에서 유진 가필드(Eugene Garfield)에 의해 설립된 학술 출판 정보 서비스로, 주로 논문에 대한 서지 데이터베이스 서비스를 제공했다. 이 ISI는 이후 톰슨 SCI로 발전했다.

이해해야 합니다. 제2차 세계대전의 영향을 이해해야 하죠. 제가 보기에 머튼은 파시즘의 잘못된 점들에 이유를 제시하려고 했는데, 만약 "파시즘은 민주적이지 않기 때문에 좋은 과학을 생산할 수 없다"고 말할 수 있다면 이는 파시즘에 대항하는 민주주의를 위한 좋은 논거가 됩니다. 이 주장이 성립하지는 않지만, 꽤 좋은 주장이고 당시에 저에게는 충분했을 겁니다.

우리가 주장하는 방식은 맥락에 의존합니다(그렇게 생각하지 않는 것은 비-사회학적입니다). 제3의 물결은 포스트모더니즘의 맥락에서 발전된 것으로, 정확하게는 포스트모더니즘에 대한 반작용입니다. 그래서 저에게 STS는 SSK에서 시작한 것입니다. 1970년대 초에 발명된 SSK가 없었다면 우리가 아는 STS는 없었을 텐데, 다시 그 은유를 사용하자면, SSK가 과학의 결정체에 균열을 냈기 때문입니다.

'강한' 공동체 만들기

페츠 오늘날 우리는 우리 자신을 집단적 '에토스ethos'를 공유하는 공동체로 봅니다. 초창기에는 어땠나요? 초창기에도 그런 소속감이 있었나요?

콜린스 처음에는 아니었습니다. 제가 처음 두 논문을 쓸 때까지만 하더라도 말이지요. 그러나 소속감은 꽤 일찍 생겨났습니다. 1976년의 4S 첫 모임으로 가 봅시다. 첫 모임을 위해 코넬대학교에 갔는데, 거기에는 저, 스티브 울가, 브뤼노 라투르를 포함하여 머튼주의자들이 초청한 이상한 영국인 집단이 있었죠. 그 시점에 저희는 갑자기 아주 견고하고 통일된 집단처럼 느껴졌습니다. 고작 1976년이었죠. 단 몇 년으로 모두 압축되었지만, 저는 그것이 매우 긴 시간이었다고 말하고 싶습니다. 새로운 분야에 진입하는 학생에게 매우 긴 시간이었고, 그 분야의 모든 사람에게도 그랬죠.

당시 우리는 우리가 무엇인지 알아내려고 애쓰고 있었습니다. 분명하게 말할 수 있는 점은 무엇이든지 최초로 한 사람, 이런 관점에서 생각하기 시작한 사람은 데이비드 블루어라는 사실입니다. 저는 SSK의 첫 논문으로 그의 「비트겐슈타인, 만하임, 수학의 사회학Wittgenstein, Mannheim, and the Sociology of Mathematics」을 꼽겠습니다(Bloor 1973). 제가 알기로 SSK에서 최초로 경험적 연구를 한 사람은 저였고, 저는 이런 종류의 흐름을 독자적으로 발전시켰습니다. 이미 과학학 유닛이 크고 잘 확립되어 있던 반면 저는 바스대학교에 있었는데, 여기에는 저, 트레버 핀치, 데이브 트래비스Dave Travis라는 대학원생이 다였고, 우리는 "제품 차별화product differentiation"라고 부를 만한 것에 노력을 기울였죠. 우리는 우리 자신이 과학학 유닛이나 스트롱 프로그램과 다르다고 말해야 했습니다. 당시 사람들은 우리를 "과학학 유닛에서 온 사람들이구나." 하고 생각하곤 했지요. 그러나 우리는 과학학 유닛 출신이 아니었으며 우리의 방식으로, 그러니까 경험적 방법으로 연구를 했죠. 사실은 과학학 유닛 학생들이 우리의 방식을 도입하기도 했어요. 도널드 맥켄지과 앤드류 피커링이 우리가 개척하고 그들에게 방법을 알려 준 경험적인 유형의 연구를 시작했기 때문이죠. 요즘에는 우리와 블루어, 맥켄지 등등 모두가 아주 가깝습니다. 물론 우리는 항상 우호적인 관계에 있었고, 스티븐 셰이핀이 나타나면서 중요한 역할을 하기도 했습니다.

우리는 늘 친밀했지만, 처음에는 바스에 있는 우리와 과학학 유닛 사이에 약간의 공간을 만들어야 한다고 느꼈습니다. 우리에게는 우리를 대표할 데이비드 에지가 없었습니다. 마이클 멀케이도 이런저런 일을 하고 있었고, 나이젤 길버트와 스티브 울가라는 두 학생을 데리고 있지만, 이들은 다른 전통에서 왔던 것 같습니다. 멀케이는 머튼주의 전통을 매우 의식하며 규범과 반규범에 대해 글을 쓰곤 했습니다. 우리는 그런 것에는 관심이 없었고, 비트겐슈타인적 접근에 관심을 두고 머튼을 비롯한 과학사회학의 전통적인 접근들을 무시했습니다. 이런 점에서는 에든버러 사람들과 공통적인 면이 있었죠.

저는 데이비드 에지의 중요성을 강조하고 싶습니다. 그는 리더이자 기관 설립자로서 매우 중요하고 또 큰 용기를 지닌 사람이었기 때문입니다. 스티븐 셰이핀과 저는 이탈리아 파비아에서 열린 회의에 초대받아 같이 간 적이 있는데, 그곳에 데이비드 에지도 있었습니다. 스티븐 셰이핀과 저는 각자의 글을 발표했는데 그곳에 참석했던 과학자 몇몇은 우리에게 정말 심한 말을 퍼부었습니다. 아주 선명하게 기억나는데, 회의가 끝날 무렵, 본인이 천문학자였던 데이비드 에지는 자리에서 일어나 이들을 꾸짖었습니다. 그는 이들에게 "아니죠, 이 사람들에게 주목해야 할 것입니다"라고 말했죠. 그런 점에서 그는 매우 용감했고, 권력자들 사이에서 이런 사고를 할 수 있는 공간을 마련하고 또한 기관을 설립하는 데도 큰 용기를 발휘했습니다. 그래서 우리는 데이비드 에지를 그리워합니다. 그는 어떤 면에서는 별났지만 항상 우리 집단에 아주 충성스러웠습니다. 그를 무시해서는 안 되죠. 그는 멀케이와 함께 천문학에 관한 나쁘지 않은 책을 썼지만, 이 분야를 창시하는 데 도움을 준 특정한 출판물이 있지는 않습니다. 그러나 다른 모든 면에서 그는 아주 중요한 인물이었다고 생각합니다.

분명히 70년대 초에 STS 공동체가 구축되고 있었습니다. 특히 그 시기에는 과학자들의 눈에 우리가 하고 있던 일이 미친 짓처럼 보였기 때문에, 재밌게도 우리는 모두 좋은 친구로서 세상에 맞서고 있다고 느꼈지요. 70년대 초는 확실히 학문적으로 제 인생에서 가장 흥미진진한 시기였습니다. 우리는 새로운 공동체로 성장하고 있었고, 모두가 매우 친밀했고, 비록 사소한 차이는 있었지만, 바깥세상에 저항하는 하나의 집단이라고 느꼈습니다. 그러나 1980년대에 들어서 이 집단이 허물어지기 시작했고, 그 이후로는 예전 같지 않았습니다.

광야의 외로운 목소리?

페츠 STS는 지난 수십 년간 몇 가지 전환점을 겪었다고 알고 있습니다. STS 분야에서 나타난 변화들에 대해 어떻게 생각하시나요?

콜린스 몇 가지 전환점이 있죠. 우선 서로 다른 관점을 가진 사람들이 음모를 꾸미기 시작했습니다. 70년대는 모두가 친구였지만, 80년대 중반에는 그렇지 않았습니다. 우리의 경우 그 계기는 마이클 멀케이와 그의 학생들이 쓴 논문들이었던 같은데요, 크노르세티나와 멀케이가 편찬한 『관찰된 과학Science Observed』이라는 책에 실려 있습니다(Knorr-Cetina and Mulkay 1983). 여기에는 콜린스가 많은 인터뷰를 실시한 뒤에 입맛에 맞는 인용문만을 사용했기 때문에 그의 자료가 믿을 수 없다고 말하는 멀케이, 포터, 이얼리의 글이 실렸습니다. 콜린스는 인터뷰에서 무작위로 인용문을 뽑거나 했어야 한다는 것이죠(Mulkay, Potter and Yearley 1983).

그들에 의하면 분석해야 할 대상은 사람들이 말하는 것, 즉 서로 다른 "담론의 레퍼토리repertoires of discourse"였던 것입니다. 저는 이것이 완전히 어리석은 일로 보였는데, 이 방향으로 밀고 나가면 다음에는 무엇이 담론인지, 과연 우리는 어떻게 아는지를 물어야 하고, 결국 끝없는 회귀에 빠지기 때문입니다. 반면에 우리 세상은 의미에 기반하고 있으며, 단어는 그저 설명적입니다. 세상은 단어가 아니라 의미로 이루어져 있으며, 제가 논문과 책에서 사용하는 인용문들은 데이터가 아닌 의미의 예시일 뿐입니다. 그러나 이런 저의 연구가 논쟁을 촉발한 것입니다. 이전에는 외부 세계에 맞서 단합했다면, 이제는 분열과 논쟁이 시작되었죠. 이것이 하나의 전환점이었고, 그 이후로 STS는 전처럼 친절한 분야가 아니게 됐습니다.

저를 놀라게 했고 아직도 놀라운 또 다른 큰 전환점은

브뤼노 라투르의 엄청난 지배력입니다. 몇십 년 동안 라투르는 놀라울 정도로 이 분야를 장악했는데 저는 아직도 이 점이 의아합니다. 제가 이해할 수 있는 유일한 설명은, 라투르가 과학을 아예 이해하지 못하면서 과학사회학을 할 수 있는 방법을 발견해서 사람들을 쉽게 이해시켰다는 것입니다. 근본적으로 그는 인문학의 장난감이 될 수 있는 일종의 반-과학anti-science 주제를 만들어 냈습니다. 초기에는 라투르를 제외하고 모두가 과학에 대해 능숙하게 쓰기 위해서는 과학에 대해 약간이라도 알아야 하거나 과학을 배워야 한다고 생각했습니다. 이런 요구는 STS를 항상 작고 난해한 분야로 유지했죠. 그러나 『실험실 생활』과 이방인의 관점, 그리고 행위자 네트워크 이론과 함께라면 과학에 대해 전혀 알지 못해도 과학에 관해 논평할 수 있었고, 이는 곧바로 두 문화 간의 긴장을 고조시켰죠. 인문학자들은 과학을 먼저 이해하지 않고도 과학을 비판할 방법을 가지게 되었던 것입니다. 라투르가 한 일은 STS를 더 이상 난해하지 않은 분야로 만들어 STS 분야를 엄청나게 확장했다는 것입니다. 한편으로는 좋은 일이지만, 다른 한편으로는 나빴죠. 모든 게 너무 산만해졌습니다.*

우리 분야의 확장에 기여한 또 다른 요소는 앞서 언급한 과학 전쟁입니다. 그리고 또 다른 전환점이 있었는데, 그 전환점을 상징하는 한순간을 아주 뚜렷하게 기억합니다. 애틀랜타에서 열린 4S 모임에서 일어난 일입니다. 위비 바이커가 회장일 때의 일이죠. 위비 바이커가 회장 자리에서 일어나 네덜란드어로 "우리는 정치의 대로로 가야 합니다"라고 말한 기억이 납니다. 저는 손을 들고 말했죠. "안 돼요! 우리는 정치를 하고 싶지 않습니다. 우리는 과학적 공동체고 정치가 아닌 과학을 해야 합니다. 정치는 너무 쉽고 과학은 어렵습니다." 그러나 그것은 광야의

---

* 해리 콜린스의 라투르에 대한 비판과 초기 SSK의 경향에 대해서는 Harry Collins and Steven Yearly, "Epistemological chicken," In Andrew Pickering ed. *Science as Practice and Culture* (Chicago: University of Chicago Press, 1992), pp. 301-326; Harry Collins, "Performances and Arguments," *Metascience* 21 (2012), 409-418를 참조. (원주)

외로운 목소리였고 운동 전체가 매우 정치적으로 변했습니다. 그래서 제가 보기에 이것은 별로 좋지 않은 또 다른 전환점이었죠. 브라이언 윈이나 쉴라 재서노프처럼 과학을 민주화하고 과학자들에 대항하는 대중의 편에 서고자 하는 매우 정치적인 동기를 가진 사람들에게 STS 학계의 주도권이 넘어갔습니다. 다시금 저는 이것이 별로 좋지 않은 결과들을 낳았다고 생각합니다. 이런 새로운 경향은 과학의 층위을 낮춘 SSK의 통찰을 가져가서, 과학은 그저 다른 수단을 사용한 정치일 뿐이라고 말했기 때문이죠. 만약 과학이 정치라면 정치가 과학이고, 그게 바로 디스토피아입니다.

연속된 파도를 탐색하기

페츠 STS 역사의 어떤 면이 흥미롭거나, 답답하거나, 유용했다고 생각하시나요? STS의 다양한 측면에 대해 어떻게 생각하시나요?

콜린스 저와 한두 명은 과학에 대한 새로운 이해, 일종의 과학 혁명에 기여할 수 있었다는 점에서 행운이었습니다. 정말 신나는 일이었죠. 그 어떤 것도 그와 비교할 수 없었습니다. 그 이후에는 이 혁명을 바탕으로 이해를 발전시켜야 했습니다. 사람들은 각기 다른 길을 걸었고, 그 길 중에 몇몇은 꽤 흥미롭지만 우리가 세상에 존재하는 방식을 근본적으로 재조정하지는 않았습니다. "이 발전이 좋고, 저 발전은 싫다." 같은 식의 선호 목록을 제시하기보다는 STS 전체가 어디로 갈지, 혹은 어디로 가지 않을지 생각해 봅시다. 학문 분야의 병리 현상에 대해 생각해 본 다음, 주요 혁명이 끝난 지금 STS가 얼마나 함정에 빠졌는지, 아니면 함정에서 빠져나오고 있는지 반성하는 일은 다른 사람들에게 남겨 둡시다.

하나의 큰 위험은 학문 분야가 병적으로 자기 참고적self-referential이 되는 것입니다. 오늘날 고도로 수학화된 경제학에서 일어난 일인데, 경제학자들은 경제학이 계속해서 세상을 설명하지 못하는 게 경제학이 아닌 세상의 잘못이라고 생각합니다. 학계에서 자체적으로 선임한 우등생들로 구성된 위원회를 통해 그 성과물을 평가하는 방식을 사용하기 때문에, 이 우등생들을 제외하고는 모두가 무언가 크게 잘못되었음을 알고 있음에도 불구하고 경제학을 바꾸는 것은 거의 불가능해졌습니다. 이런 문제로 어려움을 겪는 것은 사회과학뿐만이 아닌데요, 리 스몰린Lee Smolin은 물리학에서 끈 이론string theory*이 병적으로 지배적인 위치에 있다는 생각을 가지고 책을 썼습니다(Smolin 2008). STS도 이런 위험을 피할 필요가 있습니다.

초창기로 돌아가서, 제2의 물결**은 STS를 머튼주의 정통성으로부터 쟁취하기 위해 열심히 싸웠고, 그에 어울리는 제도적 지위를 얻기 위해 더 열심히 싸웠습니다. 그러나 지금 우리가 가진 것은 머튼주의보다도 더 확고하게 자리 잡고 있습니다. 우리가 제3의 물결 논문을 쓸 때까지 저와 동료들은 이를 명확하게 알지 못했습니다. 그 논문에 대한 반응은 악랄했습니다! 저는 더 이상 《과학의 사회적 연구》에 논문을 게재할 수 없었습니다. 이전에 약 30년 동안 매년 대략 한 편의 논문을 한 번도 거절당하지 않고 출판했음에도 불구하고요. 그리고 더 이상 연구비를 받을 수 없었습니다. 그렇게 우리는 학문적 '주변인'이 되었습니다. 몇 년이 지난 어느 날 아침, 저는 학과 복도를 돌아다니며 롭 에반스Rob Evans 그리고 대학원생들의 문을 두드리며 말했습니다.

---

* 근본 입자가 1차원인 끈이며, 세상이 10차원으로 존재한다는 물리 현상에 대한 수학적 이론. 많은 이론 물리학자와 수학자들이 끈 이론을 연구하고 있지만, 실험적으로 전혀 증명하거나 반증할 수 없다는 문제와 세계에 대한 상식적 이해와 너무 동떨어져 있다는 이유로 비판하는 과학자들도 많다.

** 과학자만의 전문성을 강조한 제1의 물결(머튼주의 과학사회학)을 비판하면서 전문성을 해체하고 시민 전문성을 주장했던 STS 내의 흐름을 말한다. 앞서 얘기했듯이, 콜린스는 에반스와 함께 제3의 물결을 주장했다.

"여러분들은 가라앉는 별***에 마차를 매달아 놓은 것 같네요. 아무 일도 되는 게 없으니, 여러분은 딴 길을 알아볼 때가 된 것 같습니다. 생각해 보세요." 공교롭게도 다음 날 제가 부서에 돌아와 보니 그들은 이 일을 고민해 본 결과 이것이 지금 일어나는 일들 중 가장 흥미로우며, 학문적인 성공이나 실패와 관계없이 그 일을 계속할 것이라고 말했습니다. 그래서 우리는 계속했습니다. 몇 년이 지나고 고비를 넘겼습니다.

그러나 여전히 STS의 심장부에는 제3의 물결에 대한 강한 저항이 있는데, 과학학의 역사를 여러 시기로 나누거나 '물결'이라는 단어를 사용하는 것에 강하게 저항하는 STS 분야 핵심 인물들의 거부감이 심사평에서 보입니다. 제3의 물결 사상을 받아들인 것은 더 넓은 세상이었습니다. 따라서 어느 정도까지는 제3의 물결이 병리적 자기 참조에서 벗어났지만, 우리가 서 있는 곳에서 볼 때 STS의 심장부는 그렇게 하지 않은 것 같습니다. 제 경험을 돌이켜 보면, 자신의 연구가 좁은 학계의 동료 외의 사람에게 유용하게 쓰인다는 사실을 발견하는 것은 큰 전율을 줍니다. 중력파 과학자들이 "블라인드 인젝션blind injection****" 같은 기술적 문제에 비전문가들의 관심을 끌기 위해 가끔 제 책을 인용한다는 사실을 알았을 때, 레이저 간섭계 중력파 관측소Laser Interferometer Gravitational-Wave Observatory, LIGO의 새로운 소장이 제 책을 읽지 않았다면 그 자리를 얻지 못했을 것이라고 말해 줄 때, 다른 분야의 물리학자들이 제가 쓴 『중력의 유령Gravity's Ghost』(Collins 2013)이 그들이 하고 있는 거대 과학big science을 이해하도록 도와주었으며 이 책을 동료들에게 추천한다고 말할 때, 저는 몹시 기쁩니다. 또 소프트웨어 시험 공동체가 인공 지능과 암묵지에 대한 제 연구를 그들의 세계로 흡수하고 제게 기조 강연 등을 요청해 줄 때 기쁩니다. STS 학자들이 좁은

*** 여기서 가라앉는 별은 콜린스 자신을 의미한다.

**** 중력파 검출 연구자 중에 비밀 팀을 만들어서 중력파와 비슷한 시그널을 주입하고 이를 발견했다고 하면서 동료들의 반응을 평가했던 모의실험. 연구자들은 이 거짓 시그널 검출 이후에 이를 공표할지 말지를 투표에 부치기도 했다. 이런 블라인드 인젝션에 속지 않았음이 밝혀진 뒤에 연구팀의 검출은 그 신뢰도가 올라갈 수 있었다.

자기 참조로부터 벗어나게 도와주는 모든 것을 소중히 여기고, 앞날이 내다보이지 않아도 걱정하지 않았으면 좋겠습니다. 이는 영향력 증대가 아니라, 그저 "분야가 건강하지 않게 자화자찬하고 있음을 보여 주는 지표들을 예의주시하라"는 의미입니다.

페츠 STS의 정치적 전환political turn은 이런 문제들의 일환인가요?

콜린스 단일주제정치single-interest politics*는 또 다른 병리적인 현상입니다. 1960년대 영국 사회학은 규범적으로 마르크스주의였습니다. 마르크스주의자가 아니면 사회학자가 아니었죠. 요즘의 STS에는 강한 환경주의가 있습니다. 환경의 편에 서는 건 괜찮지만 유전자 변형 작물을 대칭적으로 다루려면 조심해야 합니다. 학문 분야가 정치화되는 것은 병리적인데, 건강한 학문을 위해서는 누구든 특정 입장을 지지할 수 있어야 한다는 점이 중요합니다. 일부러 반대 입장을 취하는 것이라도요. 학문적 논쟁의 핵심은 반대하는 상대방의 입장에 대해 가능한 한 최선의 설명에서 시작해야 한다는 점입니다. 상대방의 관점 내부로부터 밖으로 뻗어 나감으로써 그것이 왜 틀렸는지 보여야 합니다. 다른 주장을 반박하는 것은 최대한 어려운 일이 되어야지, 쉬워서는 안 됩니다. 반면에 정치적 논쟁의 핵심은 수단과 방법을 가리지 않고 상대방의 신뢰도를 떨어뜨리고, 빠르고 효율적으로 상대방을 물리치는 것이기 때문에, 상대방의 관점을 공정하게 제시하는 것은 의미가 없었습니다. 만약 한 학문이 규범적인 정치적 입장을 발전시킨다면 다른 관점에 대해 공정하게 심사하기가 매우 어려워집니다. 사람들은 게을러지기 마련입니다. 복잡한 논거를 제시하거나 새로운 아이디어를 발견하고 제시하여, 정치적 입장이

---

* 특정 사건이나 사태에 대해 마치 그것을 해결하지 못하면 다른 어떤 일도 해결할 수 없는 것처럼 그 주제를 악마화하면서 강조하는 정치적 태도. 미국의 경우 대표적인 예로 낙태, 총기 소지, 환경 문제 등이 이런 범주에 속한다. single-issue politics라고도 한다.

아닌 아이디어 자체에 기반하여 성공을 노리기보다는, 비슷한 신념을 가진 청중을 상대로 연설하기가 훨씬 쉽습니다. 막스 베버는 직업으로서 과학과 정치에 대해 이런 점을 설명한 적이 있습니다.**

STS의 경우, 과학의 본질에 대한 STS의 지적인 입장으로 인해 직면한 위험은 더 커집니다. 만약 과학이 다른 수단을 통한 정치의 연속이라고 믿는다면, 사람들은 당신이 정치를 하고 있을 때 과학을 하고 있다고 믿게 될 것입니다. 이것은 논쟁자들을 무자비하게 만들 수 있고, 전통적으로 진실을 향해 나아가기 위해 취해 왔던 논쟁 방식, 즉 청중에게 더 잘 다가가기 위해 상대방의 관점을 왜곡하는 논쟁 방식이 아니라, 가능한 한 진지하게 상대방의 관점을 받아들이는 데서 출발하는 논쟁 방식에 대한 존중을 떨어뜨릴 수 있습니다. 청중이 내 편이라면 좋아할 게 아니라, 내가 어려운 과학의 길보다는 쉬운 정치의 길을 택하고 있는 것은 아닌지 걱정해야 할 때입니다.

같은 이유에서 저는 항상 과도한 매력을 불신해 왔습니다. 이것은 학문적 삶에 대한 제 접근법이 라투르식의 관심 끌기interessement와 등록하기enrolment와는 반대임을 의미합니다.*** 그래서 저는 롭 에반스에게 이렇게 말한 적이 있습니다. 제 접근법은 우선 첫 번째로 사람들이 저를 싫어하게 만드는 것이며, 그 뒤에 두 번째로 제가 옳다고 그들을 설득했다면 그것은 매력 때문이 아니라 논증의 힘 때문이라고 말이죠. 롭 에반스는 제가 앞부분은 성공했지만, 뒷부분은 그러지 못한 것 같다고 답했습니다!

제가 말하는 것 중에는 STS가 과학과 같다는 가정도 포함되어 있습니다. STS가 과학이 되어야 한다면 STS가 인문학이 되는 것은 또 다른 병리적인 현상입니다. 왜냐하면 인문학은 청중의 해석적

** 막스 베버의 『직업으로서의 과학/직업으로서의 정치』를 의미한다. 이 책은 국내에 여러 판본으로 번역되어 나와 있다.

*** 라투르의 행위자 네트워크 이론에서 인간-비인간의 이종적인 네트워크가 형성되는 번역(translation)의 4단계 중 두 번째, 세 번째 단계이다. 첫 단계는 문제제기(problematization), 마지막 단계는 동원하기(mobilization)이다.

자유를 강조하기 때문입니다. 인문학자들은 하나의 관점만이 옳다고 청중들에게 증명하는 것을 임무로 삼기보다, 청중을 하나의 관점으로 끌어들이거나 다양한 관점을 제공하려고 노력합니다. 이 경우에는 논쟁보다 퍼포먼스가 중요해지고, 유행에 따르는 것이 훌륭함의 기준이 된다는 의미입니다.

저는 STS가 STS 학자들에게 유행에 뒤떨어지고 인기가 없는 사람이 되라고 격려하고, 매력이나 수사학보다는 논증의 힘으로 설득하라고 격려해야 한다고 생각합니다. 이것은 달성 가능 여부와 관계없이 과학이 지향해야 하는 목표입니다. 새로운 과학 원리 발명보다 정치적 태도를 갖추고 정치적으로 옳은 편에 서기가 훨씬 쉽습니다. 과학 분야와 그 종사자들은 쉽고 유행하는 일만 하지 않도록 경계해야 합니다.

대담자 소개

해리 콜린스Harry Collins는 웨일스 소재 카디프대학교 사회과학대학의 사회학과 교수이며, '지식, 전문성, 과학 연구를 위한 센터KES'의 책임자다. 그는 UC 샌디에이고, 케임브리지대학교, 코넬대학교, 막스 플랑크 연구소, 캘리포니아 공과대학교에서 방문 교수 겸 소속 연구자로 재직했다. 콜린스는 과학사회학의 바스 학파 지지자이자 공동창립자로서, 실험실 활동의 미시사회학적 연구를 강조했다. 그는 여러 유형의 전문성과 중력파 물리학의 사회학에 관한 연구로 가장 잘 알려져 있고 이 주제에 관해 35년 넘게 집필해 왔다. 콜린스는 『골렘: 과학의 뒷골목The Golem: What You Should Know About Science』으로 에모리헨리대학교에서 수여하는 1994~1995년 올해의 책, 미국 사회학 협회가 수여하는 로버트 K. 머튼 도서상을 수상하였다. 또한 과학의 사회적 연구에 대한 기여를 인정받아 1997년 4S에서 수여하는 J.D. 버널상 등을 수상했다. 2012년에는 영국 학술원의 특별 회원으로 선출되었다.

마르셀로 페츠Marcelo Fetz는 브라질 에스피리토 산토 연방대학교의 사회학 이론 교수이다. 그는 캄피나스 주립 대학교UNICAMP에서 사회학으로 박사 학위를 취득했으며, 과학사와 과학의 사회적 연구 분야에 관심이 있다.

참고문헌

- Collins, H. M. 1974. "The TEA Set: Tacit Knowledge and Scientific Networks." *Science Studies* 4: 165-186.
- Collins, H. M. 1975. "The Seven Sexes: A Study in the Sociology of a Phenomenon, or the Replication of Experiments in Physics." *Sociology* 9(2): 205-224.
- Collins, H. M. 1981. "What is TRASP: The Radical Program as a Methodological Imperative." *Philosophy of the Social Sciences* 11: 215-224.
- Collins, H. M. 1985. *Changing Order: Replication and Induction in Scientific Practice*. London: Sage.
- Collins, H. M. 2012. "Performances and Arguments." *Metascience* 21(2): 409-418.
- Collins, H. M. 2013. *Gravity 's Ghost and Big Dog: Scientific Discovery and Social Analysis in the Twenty-first Century*. Chicago: University of Chicago Press.
- Collins, H. M. and R. Evans. 2002. "The Third Wave of Science Studies: Studies of Expertise and Experience." *Social Studies of Science* 32(2): 235-296.
- Collins, H. M. and R. Evans. 2007. *Rethinking Expertise*. Chicago: University of Chicago Press.
- Collins, H. M. and R. Evans. 2015. "Expertise Revisited I: Interactional Expertise." *Studies in History and Philosophy of Science* 54: 113-123.
- Collins H. M. and R. Evans. 2017. *Why Democracies Need Science*. Cambridge, UK; Malden, MA: Polity Press.
- Collins, H. M., and T. J. Pinch. 1993. *The Golem: What Everyone Should Know about Science*. Cambridge: Cambridge University Press.
- Collins, H. M. and S. Yearley. 1992. "Epistemological chicken." In *Science as Practice and Culture*, edited by A. Pickering. 301-326. Chicago: University of Chicago Press.
- Evans-Pritchard, E. E. 1937. *Witchcraft, Oracles and Magic among the Azande*. Oxford: Clarendon Press.
- Jasanoff, S. 1999. "STS and Public Policy: Getting Beyond Deconstruction." *Science Technology Society* 4(1): 59-72.
- Knorr-Cetina, K., and M. J. Mulkay. 1983. *Science Observed: Perspectives on the Social Study of Science*. London: Sage.
- Kuhn, T. S. 1962. *The Structure of Scientific Revolutions*. Chicago: University of Chicago Press.

- Latour, B., and S. Woolgar. 1979. *Laboratory Life: The Social Construction of Scientific Facts*. Beverly Hills: Sage Publications.

- Mulkay, M. J., J. Potter, and S. Yearley. 1982. "Why an Analysis of Scientific Discourse is Needed." In *Science Observed: Perspectives on the Social Study of Science*, edited by K. Knorr-Cetina, and M. J. Mulkay. 171-203. London and Beverly Hills, CA: Sage.

- Pamplin, B. and H. Collins. 1975. "Spoon Bending: an Experimental Approach." *Nature* 257. 8.

- Smolin, Lee. 2008. The Trouble with *Physics: The Rise of String Theory, the Fall of a Science and What Comes Next*. London: Penguin.

- Winch, P. 1958. *The Idea of a Social Science, and Its Relation to Philosophy*. London: Routledge & Kegan Paul.

3부

학문과 실천으로서의 STS

공공 프로젝트로서 과학과 성찰적 이성

브라이언 윈Brian Wynne과의 인터뷰

마리 안톤센Marie Antonsen,
리타 닐슨Rita Nilsen

황정하, 홍성욱 옮김

북유럽 STS 학회와 《북유럽 STS 학술지Nordic Journal of Science and Technology Studies, NJSTS》를 창립했을 무렵, 브라이언 윈이 첫 번째 북유럽 STS 컨퍼런스에서 기조 강연을 한다는 소식을 듣고, 인터뷰어들은 분야의 선구자인 윈과 소위 STS의 정치적 전환에 대해 인터뷰할 기회를 잡았다. 윈의 연구 주제는 전문가, 일반 지식, 정책 결정 사이의 관계에 초점을 두며, 기술과 위험 평가, 대중 위험 인식, 과학의 대중적 이해에 걸쳐 있다. 그는 아주 초기부터 STS가 민주주의를 확장할 잠재력을 주창했고, 과학의 대중적 이해와 대중적 참여의 더욱 논쟁적인 측면을 결코 회피하지 않는 것으로 알려졌다. 이번 인터뷰에서도 마찬가지임을 볼 수 있었다. 윈은 다른 이들과의 마찰에도 불구하고 여전히 스트롱 프로그램을 고수하고 있는 것으로 보인다.

안톤센 선생님께서는 STS의 요람 중 하나인 에든버러 학파의 일원이었습니다. 최근 STS의 정치적 전환과 관련하여 그때부터 지금까지 STS의 발전에 대해 어떻게 생각하시나요? STS에 정치적, 규범적 전환이 있었다는 전제에 동의하시나요?

윈 이 문제는 STS와 SSK의 핵심적인 차이에서 시작해야 합니다. 항상 과학의 역사, 인류학, 철학 (이에 더해 과학의 정치학) 작업이기도 했던 SSK는 STS 분야 전체에서 핵심적이었지만 동시에 꽤 작은 부분이었습니다. 지금의 굉장한 범위와 다양성으로 발전한 STS 연구는 과학적 지식이 구성되고, 도전받고, 구체화되고, 그리고 '순수한' 지식 혹은 순수하지 않은 공공 권위로 사용되는 모든 다양한 곳과 방식에서의 과학적 지식의 생산 과정을 조사하고 심지어 의문을 제기하기도 합니다. SSK 자체는 에든버러의 반스와 블루어, 바스의 콜린스, 파리의 라투르와 칼롱 등 여러 구별되는 접근법으로 구성되었지만, 이 모든 것은 과학적 제도를 조사한 머튼주의 과학사회학의 과학 지식 생산 과정에 파고든 비판적 연장선 위에서 만들어졌지요. 에든버러 학파는 특히 쿤의 이단적 주장의 지적 기여를 강조했습니다.

제가 케임브리지대학 재료과학부의 전자 현미경 연구실에서 박사 과정을 마치고 바로 1971년 에든버러대학에서 SSK의 스트롱 프로그램에 참여했을 때, 당시 형성되던 과학학 연구의 전방에서 상이하면서도 서로 연관된 철학적 입장들과 더불어 오늘날 STS에서 언급되는 '정치적 전환'과는 아주 다른 종류의 정치적 전환이 이미 진행되고 있었습니다. 당시의 맥락은 아주 달랐고, STS는 1960~1970년대 전 세계적 반공 운동의 맥락 속에서 미국이 베트남인들에게 화학 살충제인 고엽제 에이전트 오렌지Agent Orange를 퍼부은 것과 같이, 군산 복합체*와 그 의제에 과학을 눈에 띄게 심어 놓은 것에 반대하는 넓은 정치적 반발에서 부분적으로 탄생했습니다. 당시 미국과 영국 같은 나라들의 연구개발비 절반 이상이 군사 연구를 위한 것이었습니다. 베트남 전쟁, 냉전의 전개, 그리고 군산 복합체의 자기 목적을 위한 지식 생산의 조직적인 '포섭'은 큰 문제였고, STS는 여기서 (비판적인) 역할을 담당했습니다. 그러한 군부-산업 권력을 강화하는 데 과학과 기술의 역할과, 덜 두드러지게는 어떤 대안들이 구상되고 실현될 수 있을지에 관한 질문들은 STS를 결정짓는 지적인 문제였습니다. 과학학 연구에 학생, 연구자, 선생 신분으로 참여한 많은 이들에게도 마찬가지였고요.

에든버러의 SSK 스트롱 프로그램 학파는 초기 STS의 공공연하게 정치적인 추동력과는 스스로 거리를 뒀고, 정치에 무관심한 쿤의 과학사학과 과학철학에 더욱 영감을 받았지요. 그것은 기술적인technical 방식으로 과학철학, 과학사, 과학사회학의 길로 들어섰습니다. 여타 STS와는 달리, 스트롱 프로그램은 '과학에서의 사회적 책임'과 '급진적인 과학' 운동에 참여한 비판적인 과학자들과

---

* 주로 냉전 시기에 무기 생산을 중심으로 이해관계가 맞아떨어진 군부와 산업의 복합체가 국가의 정책이나 전쟁 발발 등을 좌지우지 했다는 점에 주목해서 만들어진 개념이다.

함께 STS 대부분이 그랬던 것처럼, 과학자들이 정치에 더욱 관심을 갖고 활동하게 하는 데에는 관심이 없었어요. 그 흐름에 무지한 상태로 1971년 에든버러 학파에 들어간 제게 그곳의 학문은 완전히 새로운 것이었습니다. 제 이력서에 있는 처음 3개의 출판물은 모두 과학사회학이 아닌 과학 출판물이었고, 저에게 쿤, 포퍼, 폴라니, 플레크Ludwik Fleck, 파이어아벤트Paul Feyerabend, 그리고 과학철학과 과학사의 학자들은 완전히 생소한 사람들이었습니다.

에든버러 학파는 사실상 정치에서 전적으로 떨어져서 만하임, 쿤, 플레크, 프랑크푸르트 학파에 천착했고, 또한 에든버러대학에서 재해석된 문화인류학에 빠져들었습니다. 저는 아주 순진한 상태에서 시작하여 모든 스트롱 프로그램의 견해와 그들이 그리던 모든 근원에 대해 배웠지만, 실제로 저를 가르치던 (블루어와 반스 같은) 스승들이 제쳐 둔 정치적 문제들에 흥미를 느끼게 되었습니다. 또 그들과 달리 저는 스트롱 프로그램과 과학의 정치학 사이의 연결 고리를 찾아내기 위해서 노력하고 있었습니다. 1970년대 초에 부상하던 반핵 운동과 환경 운동에 관여하기도 했죠. 당시 과학 지식은 원자력, 공업용 화학 물질, 초음속 항공 운수, 제약 같은 논쟁적인 정치적 수행에서 공공 권위를 부여하는 (전문성으로서) 강력한 행위자가 되어 가고 있었습니다. 저는 대학의 과학 연구에 적용되던 SSK가 공공 영역에서 구성되는 과학 지식에 대해 어떤 흥미로운 것을 짚어 낼 수 있을지 궁금했습니다.

1975년 에든버러를 떠난 저는 "공공 영역에서의 과학지식사회학Sociology of Scientific Knowledge in Public Arena, SSKiPA"이라는 의제를 더욱 뚜렷하게 추구하던 랭커스터대학교로 갔습니다. 저는 에든버러의 철학 박사MPhil 과정에서 수행했던, 20세기 초양자 이론의 역사를 경험적으로 19세기 후반 과학사로 거슬러 올라가는 SSK 연구를 논문으로서 발전시켜서 1976년 《과학의 사회적 연구》 특집호에 실었죠. 이것은 에든버러의 스승들과 동료인 반스, 블루어, 셰이핀에게 아주 직접적으로 영향받은, 여전히 공공 과학이 아닌 학술 과학에 대한 꽤

상세한 과학 지식의 역사 및 사회학 연구였습니다.

그러나 이러한 학술적 과학 연구에 대한 더 직접적인 SSK 연구와 함께, 저는 에든버러 과학학 유닛의 책임자이자 논쟁적인 스트롱 프로그램의 옹호자였던 데이비드 에지의 격려를 받았습니다. 또한 저는 자칭 '과학적' 정책 수단으로서의 기술 평가에 대한 비판적인 분석 등을 통해 저만의 SSKiPA 의제(특히 1975년 《연구 정책Research Policy》에 실린 논문*)를 발전시키고 있었습니다. 아울러 윈즈케일/세라필드에 있는 논쟁적인 THORP 핵연료재처리시설에 관한 1977년 윈즈케일 공개 조사Windscale Public Inquiry의 '활동가' 실무가-민족지학자로 참여하고 있었죠. 당시 제가 라디오 진행자에게 이야기했던 것과 같이 "소용돌이에 빨려 들어가는 것" 같았던 이 일은 1982년 영국 과학사학회에서 나온 책 『합리성과 의례Rationality and Ritual』에 실렸습니다(Wynne 1982).** 이 책에서 저는 특정한 형태의 과학적-법적 합리성이 어떻게 정치적 공약들을 위한 광범위한 공적 권위의 의례ritual가 되면서, 대중과 그들의 우려가 어떻게 그것들을 수동적으로 수용했는지를 보여 주려고 했습니다. 제 접근은 당시 지배적이었던 STS 공공 과학의 정치학, 즉 좋은 친구이자 동료인 도로시 넬킨Dorothy Nelkin과 제자들이 사용한 이익 기반 접근과는 많이 달랐습니다.

제 SSKiPA 접근은 리스크과학, 공공 문제, 과학에 대한 대중의 이해와 참여에 관한 SSK로 발전됨에 따라, 주류 SSK에서 크게 벗어나게 되었습니다. 이는 1980년대 초반에 라투르-칼롱과 울가의 성찰적인 도전에 직면했습니다. 돌이켜 보면 에든버러의 SSK 스트롱 프로그램에 대중과 과학에 대한 특정한 관점이 내재해 있음을 알 수 있습니다(예를 들어 1979년 반스와 셰이핀의 『자연적 질서Natural Order』를 보세요). 이처럼 사회학적으로 흥미롭지만 초기에는 무시되었던

* 이 논문을 말한다. Brian Wynne, "The Rhetoric of Consensus Politics: A Critical Review of Technology Assessment," *Research Policy* 42 (1975), pp. 109-158.

** 이 책은 2011년에 Earthscan에서 재출판되었다. (원주)

학술적 과학 문화의 요소는 대중이나 다른 불명확한 군중에 대한 권위, 혹은 '사회적 통제'와 관련된 것이었습니다. 바이마르 공화국의 문화와 양자물리학 설명의 형성에 대한(부분적으로는 널리 퍼진 대중의 감정에 대한 물리학자들의 반응인) 폴 포먼Paul Forman의 1971년 논문 또한 대중에 대한 이러한 분석적인 관심을 반영했고, 제가 에든버러대학교에 있는 동안 그곳에서 영향력을 발휘했습니다.

스티븐 셰이핀은 사이먼 섀퍼와 함께 쓴 논문, 로버트 보일Robert Boyle과 17세기 과학을 위한 넓은 권위의 도구로서 증언의 사회적 구성에 관한 중요한 연구인 『리바이어던과 공기펌프Leviathan and the Air Pump』(Shapin and Schaffer 1985)를 발표함으로써 과학의 공적 차원에 대한 지속적인 관심을 보여 주었습니다. 책이 출판될 때에는 셰이핀이 에든버러를 떠난 상태였지만요. 과학 지식의 공적 차원에 대한 이런 관심은 에든버러 스트롱 프로그램의 과학 지식 분석의 분명한 요소였지만, 공적 영역과 정치적 권위를 위한 과학 지식의 구성 과정을 조사하는 것은 뚜렷한 관심사가 아니었습니다. 에든버러에서 우리는 대중을 과학자나 과학적 지식과 상호 영향을 주고받는 상상의 차원으로 접근하고 있었지만, 우리가 그러고 있다는 것은 천천히 알게 됐습니다. 이것은 신마르크스주의 STS와 초기 환경페미니스트green-feminist STS와 같이 다른 곳에서 발전된 것들이 하던 일과는 완전히 다르고, 더 우회적이고 완곡하게 과학의 정치, 대중, 과학과 민주주의에 대한 질문에 접근하는 방식이었습니다. 초기 스트롱 프로그램 내에서 과학의 정치, 대중, 과학과 민주주의에 대한 관심이 발달하고 있었음을 돌이켜 보면 흥미롭지만, 이는 완전히 두드러지거나 유망한 부분은 아니었습니다. 그것은 라투르와 칼롱, 그리고 그들의 파리 학파 동료들처럼 '만들어지고 있는' 인간 주체들을 성찰적으로 보지도, 정치에 비인간 행위자들을 포함하지도 않았습니다.

안톤센 그때와 지금을 어떻게 비교하시겠습니까?

윈 추측건대 1970년대 후반부터 주류 STS는, 1980년대와 1990년대를 통틀어 두드러진 주제가 된 실험실 연구 쪽으로 향했고, 그러한 맥락에서 크노르세티나의 입자물리학과 분자생물학의 인식론적 문화들에 관한 연구처럼 인류학적 자원과 방법론을 사용한 아주 좋은 연구들이 세계 곳곳에서 수행되었죠. 그러나 이것은 라투르의 "나에게 실험실을 달라, 그러면 세계를 들어 올리겠다Give me a laboratory and I will raise the world"라는 1983년 논문 제목에서 표현된 것 같이, 의무통과지점obligatory passage-point과 더 넓은 세계 건설을 위한 계획의 중심으로서 실험실 과학에 대한 라투르의 관심과는 아주 달랐어요. 이런 여러 흐름 사이에서 실험실 연구는 STS-SSK의 주류였습니다. 1990년대에 전투적인 과학주의scientism 옹호자들이 STS에 가한 '과학 전쟁'이 있었고, STS는 그들에 의해 반실재론으로 끔찍하게 오해되었지요. STS가 '우리는 믿고 싶은 것을 믿는다.' 하는 어리석은 생각을 내세우는 것으로 간주되었습니다.

다만 그 시기에 저는 다른 곳에서 SSK 훈련을 받고 있었는데요. 바로 냉전 시대 동서양의 독특한 국제 과학 연구소인 오스트리아 국제응용시스템분석연구소International Institute for Applied Systems Analysis, IIASA에서 위험에 관한 동서양 연구 그룹을 이끌고 환경 및 에너지 시스템에 대한 대규모 모델을 도입하려는 IIASA의 시도를 조사하는 일을 하고 있었습니다.* 그곳에서 저는 여전히 SSKiPA를 실시하고 있었지만, 주류 STS에서 완전히 벗어나서, 과학적 위험 및 모델에 임하는 집단과 국제 정책에 영향을 미치려는 그들의 야망 사이에서 민족지학자로서 환경과 에너지 모델 연구자들과 함께 일하고 공부하고 있었습니다.

저와 IIASA 에너지 연구단의 전 모델 제작자는 그런 에너지

* IIASA는 냉전시대에 오스트리아 락센부르크에 설립된 국제 연구 기관으로, 단일 국가나 학문 분야가 해결하기에는 너무 크거나 복잡한 문제에 대해 정책 중심의 학제 간 연구를 수행한다. IIASA가 다루는 문제에는 기후 변화, 에너지 안보, 지속 가능한 개발 등이 있다.

모델의 실제 문제들을 조사했습니다. IIASA는 지구적 에너지 시스템의 시뮬레이션 모델의 결과로 나온 『유한한 세계에서의 에너지Energy in a Finite World』라는 책 두 권의 연구를 막 지원하고, 감독하고, 출판한 참이었습니다.** IIASA에서 출판되어 세계적으로 전파된 이 연구는 미국에서 큰 영향력을 발휘했는데, 그 줄거리는 기본적으로 "우리는 원자력이 필요하다, 우리는 원자력이 필요하다, 우리는 원자력이 필요하다"는 것이었습니다. 에너지 연구단 출신인 제 친구 빌 키핀Bill Keepin은 내부인으로서 염려를 드러내며, "그들이 하는 일에는 정말로 문제가 있지만, 인지하지 못하고 있고 정직하지도 않아요"라고 말했습니다. 우리는 공들여 모델들과 그 설계, 작동, 입력 데이터와 출력 데이터를 검토했습니다. 이를 바탕으로 우리는 내부 조사 보고서를 작성했고 에너지 연구단을 포함하여 그 기관을 상대로 세미나도 열었습니다. 우리는 그것을 분명히 밝혔고, "할 수만 있다면 우리의 해석을 바로잡아 보세요. 그렇지만 여러분은 이 모델을 과장해 왔습니다"라고 말했습니다. 이러한 거대한 시뮬레이션 모델들은 에너지의 수요와 생산에 관한 시스템의 역학을 시뮬레이션하면서 현실의 복잡성을 반영하고 미래를 예측한다고 표방했습니다.

그러나 빌이 알아낸 것은, 세계적인 에너지 수요, 소비, 분배, 생산을 표상하는 이 모델의 기술적 복잡성, 수백 개의 매개 변수들, 수천 개의 변수들 중 어느 것 하나 제대로 작동하는 게 없다는 사실이었습니다. 모든 출력값은 휴대용 계산기를 가지고도 계산할 수 있었습니다. 그렇지만 그들이 고른 가정과 입력 변수들을 가지고 그 모델은 정말 아무것도 하지 않았어요. 그 모델에 내재된 핵심 기술적 '운영 영역operational zone'인 '실현 가능 공간feasibility space'은 0이었습니다. 다르게 말하자면, 그 출력값은 전혀 입증되지 않은 입력 변수들에 의해 좌지우지되었습니다. 그러나 그 모델은 입증된 수학적-계산적 설계가 복잡한 과학적 지능을

** 이 두 권의 책은 지금도 각각 IIASA 의 사이트인 https://pure.iiasa.ac.at/id/eprint/1539/와 https://core.ac.uk/display/33893009?source=2에서 내려받을 수 있다.(원주)

통해 출력값을 산출하는 것처럼 표현되고 있었고, 그 출력값은 사실상 지구적 에너지 위기를 해결하고 싶으면 “50년 동안 이틀마다 세계 어딘가에 핵발전소를 건설해야 한다”고 말하고 있었습니다. 그리고 물론 이것은 IIASA 에너지 연구 프로그램의 후원자들을 포함해 많은 강력한 국제적 이해관계와 공약에 아주 잘 들어맞았어요! 우리는 에너지 연구 프로그램의 가장 영향력 있는 ‘과학적’ 대중 지식 산물을 축소시키는 이 분석을 기록하고 지적했습니다. 그때 저는 SSKiPA를 하고 있었습니다! SSK는 제 분석 도구와 동기에만 내재해 있었고, 그 외에 아주 다른 학문적 배경과 관심사를 가진 새로운 동료들과 새로운 민족지적 현장에서 저만의 지적 탐험을 하고 있었습니다.

우리는 결국 이 SSKiPA 연구를 《연구 과학Policy Sciences》의 IIASA 에너지 모델에 관한 특별호에 게재했고(Wynne 1984), 네이처에 더 짧은 버전을 출간했습니다(Keepin and Wynne 1984). 널리 알려졌고 상당한 영향력을 미쳤지요. 벨벳 혁명과 철의 장막 붕괴 이전 시대에 IIASA는 동서 세계를 가로지르는 유일한 과학적 단체일 때였습니다. 레이건Ronald Wilson Reagan 대통령은 “악의 제국을 제거하라”고 말하며 IIASA를 폐쇄하고 싶어 했습니다. 하버드 물리학자이자 미국 과학정책의 대가 하비 브룩스Harvey Brooks는 백악관에 가서 IIASA를 놔둬도 괜찮다고 레이건의 자문단을 설득하려고 노력했습니다. 그리고 그는 저에게 “제가 IIASA의 가치에 대해 이 사람들을 설득하는 데 가진 유일한 근거는 『유한한 세계에서의 에너지』입니다. 그런데 선생님과 에너지 연구단의 누군가가 이것을 날려 버렸습니다!”라고 말했습니다.

그의 명성에 걸맞게 브룩스는 “자, 저는 이 분야의 동료 과학자들에게 선생님의 보고서를 돌리고, 동료 평가처럼 그것을 주의 깊게 검토해 보기를 요청할 겁니다. 그리고 만약 선생님의 보고서에서 무슨 잘못을 찾으면, 선생님은 큰 곤경에 처하시겠죠. 그러나 만약 잘못하신 게 없다면 저는 선생님을 지지할 겁니다.”라고 말했습니다. 그리고 솔직하게 말하자면, 얼마 뒤 그는 우리를 찾아와서 “어떤 틀린 점도 찾을 수 없었습니다. 여러분을 지지하겠습니다."라고 했습니다. 그것은 거대한 대중적 문제가 되고 우리가 폐를 끼치고 싶지 않았던 IIASA에 큰 문제가 될 정도였지만, 브룩스는 그렇게 했습니다. 그는 자신의 말을 지켰어요. 그의 명성이 IIASA와 함께했다는 점을 고려할 때(그는 '유한한 세계에서의 에너지' 연구의 큰 지지자였어요), 그것은 그러기 힘든 위치에서 진실성을 보여 준 훌륭한 사례였죠.

이것은 (대중 영역에서의) SSK였지만, 집단적 실수를 바로잡는다는 점에서 직접적인 과학이기도 했습니다. 그것은 거대한 정치적, 사회적, 규범적 수행의 기반이 된 잘못된 과학 결과물이었지만, 이후 '과학'에 의해 객관적으로 결정된 것처럼 표현되었습니다. 이것은 '과학주의'의 한 종류고, 고의든 우연이든 이러한 규범적 수행을 폭로하는 것은 SSKiPA의 중요한 임무 중 하나로 남아 있습니다. 이것은 하나의 규범적 입장을 다른 것보다 더 옳다고 정당화하기 위해 우리의 그리 대단하지 않은 과학적 권위를 이용하는 것과는 다릅니다. 그저 온전히 과학적인 것처럼 사회에서 은폐되어 온 공론화와 정치적 의사 결정을 규범적 질문들에 적당히 노출시키는 일입니다. 이는 STS에 필요한 규범적 역할이지만, 실질적인 규범적 갈등 자체에서 어느 한 편을 들거나 권위를 내세우지 않습니다.

제가 의도치 않게 IIASA에서 과학의 정치학을 하고 있을 때 주류 STS는 실험실 연구를 했습니다. 저는 IIASA에서 위험 연구단을 인도하게 되었고, STS-SSK를 그 작업에 끌어들이려고 노력했습니다(Wynne 1987). 저에게 위험은 새로운 기술을 평가하고 정책을 결정하는 등의 매우 정치적인 환경에서, 과학과 사회가 만나는 지점에 존재하는 아주 흥미롭고 중요한 STS-SSK의 문제가 되는 것이었습니다. 대중 권력으로서 과학 지식은 항상 제 관심사였지만, 배리 반스, 데이비드 블루어, 스티븐 셰이핀에게는 항상 그렇지는 않았습니다. 대신 그들은 과학 지식 내부에 존재하던 상상된 대중에 주목하는 식으로 더 우회적으로 접근했습니다. 현재는 두 가지가 조금씩 합쳐지고 있다고 생각하지만, 당시에는 다소 다른 종류의 접근법이었습니다. 1980년대와 1990년대에 STS는 정치 분야에서 발전되지 못했고, 대니얼 클라인맨Daniel Kleinman과 같이 그것을 발전시키려고 노력했던 사람들은 제가 생각하기에 합당한 명성을 얻지 못했습니다.*

그래서 거의 모두가 라투르와 행위자 네트워크 이론 그리고 그 열광과 함께 떠났고, 그것이 과학의 정치학이라고 생각했습니다. 그러나 비키 싱글톤Vicky Singleton, 수잔 리 스타Susan Leigh Star와 다른 페미니스트들이 지적하고, 라투르가 지금 깨닫는 바와 같이, 행위자 네트워크 이론은 그 자체로 정치적 문제와 빈틈을 지니고 있지요.** STS는 과학과 정치의 측면에서는 거의 발전되지 않은 채로 1990년대에 진입했습니다. STS를 이끄는 다양한 학자가 그것을 하려고 노력했습니다. 1990년대에 코넬대학교 STS 분과가 쉴라 재서노프의 지휘하에서 야론 에즈라히Yaron Ezrahi 같은 정치학자들을 초청하여 여러 워크숍을 개최했던 기억이 납니다. 에즈라히는 STS 학술지에 논문을 출간하고 뛰어난 책 『이카루스의 추락The Descent of Icarus』(Ezrahi 1990)을 저술했지만, 현재 STS를 비롯하여 후기구조주의 사회과학과 인문학에서 더 익숙한 깊은 성찰적 문제들은 탐구하지 않은 정치학자였지요. 정치학은 그 내적인 사회적, 정치적, 규범적 문제를 분석하기 위해 과학과 기술의 블랙박스를 열고 살피라는 라투르의 제언을 사실 따르지 않은 거죠. 이를 라투르식 철학의 희소하고 잠재적으로 엘리트주의적인 비인간의 정치로 받아들이든, 아니면 규범적 초점을 인간의 민주적 상호 책임에 맞추고자

* 대니얼 클라인맨은 과학기술과 정치, 과학기술과 민주주의에 대한 좋은 연구를 했으며, 그의 책 중에는 한국에서 번역된 것도 있다. 대니얼 클라인맨, 김명진 외 역, 『과학, 기술, 민주주의 - 과학기술에서 전문가주의를 넘어서는 시민참여의 도전』 갈무리, 2012.

** 페미니즘에 근거해서 행위자 네트워크 이론을 비판한 스타와 싱글톤의 연구로는 Susan Leigh Star, "Power, Technology and the Phenomenology of Conventions: On being Allergic to Onions," *The Sociological Review* 38 (1990), pp. 26-56; Vicky Singleton, "Feminism, Sociology of Scientific Knowledge and Postmodernism: Politics, Theory and Me," *Social Studies of Science* 26 (1996), pp. 445-468을 참조하라.

하든 간에, 이것은 여전히 STS-SSK의 주류입니다. 에즈라히를 제외하면 안타깝게도 대부분의 정치학은 합리적 선택이라는 궤도에 전념한 반면, 문화인류학과 대륙철학의 영향을 받은 STS는 관계적 존재론과 질문들을 강조했습니다. 쉴라 재서노프 같은 STS 학자들이 정치학 방향으로 발전하기 위해 노력했지만, 정치학은 학문 분야로서 STS가 정치적 사고를 개선하고 강화하는 데 도움이 될 만한 작업을 발전시키지 않았습니다. STS의 '정치적 전환'은 비교적 최근의 일이죠, 그리고 그것은 민주적 이론과 성찰적인 현대적 관점에 대한 공동생산적인 발상을 STS 사고와 통합하지 않았어요. 전문성에 대한 STS의 주류 연구는 주디스 버틀러Judith Butler와 가야트리 스피박Gayatri Spivak 같은 학자들의 몹시 중요한 문화적 관점을 포함하려면 더 많은 발전이 필요합니다.***

대중과 과학에 관한 저의 연구는 STS-SSK와 인문학에서의 넓은 성찰적 관점에 더욱 영향을 받았습니다. 에든버러대학의 SSK는 과학적 연구가 어떻게 '대중'을 상상하는지에 항상 관심을 가져 왔어요. 이를 SSK 접근의 주요 지적 기반으로 삼지는 않았더라도 말이죠. 재서노프가 묘사했듯이(Jasanoff 2004), 반스와 셰이핀은 어떤 면에서는 공동생산주의co-productionism와 방향을 완전히 같이하면서, 이런 관계들을 다룬 저술 『자연적 질서Natural Order』와 더불어 비슷한 종류의 역사 사회학 논문을 여러 편 발표했습니다. 최근에 출판된 과학과 정치학을 다루는 STS 연구들은 이런 문제를 회피하죠.**** 대중을 다룰 때 우리는 과학에 대한 SSK의 질문을 그림에서 빼놓을 수 없어요. 그 둘은 같은 틀에 있어야 합니다. 대중을 다루는 주류 사회과학 대부분은 과학을 문제시하고 싶지 않았기 때문에 그렇게 하지 못했습니다. 이언 웰시Ian Welsh와 저는 최근의 『문화로서 과학Science as Culture』에 실린 논문에서(Welsh and Wynne 2013), 그리고 저는 『대중의 과학

*** 예를 들어 Spivak and Butler(2007)에 있는 이들의 대화나 Graeber(2008)를 참조하라.(원주)

**** 예를 들어 Durant(2011) 같은 연구를 참조하라.(원주)

이해Public Understanding of Science』에 출간될 예정인 논문에서 이 문제를 다루었습니다(Wynne 2014).

라투르가 1993년에 고전적으로 묘사했듯이*, 자연은 오직 자연과학자만을 위해 존재하고, 인간과 사회는 사회과학자만을 위해 존재하며, 사회과학자들은 자연과학자들이 무엇을 어떻게 관찰하는지, 그리고 그들과 그들의 고용주가 그 연구로 무엇을 하려고 하는지를 관찰하지 않지요. 라투르가 꽤 정확하게 비판한 것이 그러한 단정적인 자연과 문화의 구별이고, 이런 구별은 1980년대부터 모든 후기구조주의자, 후기실증주의 사회과학과 인문학, STS가 점진적으로 극복하고 대체하고 있습니다. 물론 현재 학계에서 자연과 사회의 이분법적인 구별을 비판하는 접근법을 취하는 연구가 많지만, 실제 정치와 정책 결정의 세계에서는 너무 미미한 영향력만을 지니고 있어요. 사람들이 저를 상당한 정책적 영향력을 행사하는 STS 학자라고 추켜세울 때, 저는 저 같은 학자들이 사실 과학, 권력, 정치의 실제 세계에서는 거의 영향력을 발휘하지 못한다고 대답합니다.

닐슨 편 윅슨Fern Wickson과 함께 쓰신 최근 논문에서, 선생님은 유럽 식품 안전청EFSA에 의해 정의된 위험의 개념, 그리고 유럽연합 집행위원회가 최근 내놓은 제안서에 담긴 과학 자체에 대한 개념을 비판했습니다(Wickson and Wynne 2012). 이에 대해 자세히 말씀해 주실 수 있나요?

윈 여기서 분석의 출발점은 사실상 공동생산입니다. 자연과 문화는 서로 얽혀 있고 둘 사이에 명료한 경계를 정의할 수 없죠. EFSA은 식품 안전 같은 일을 다루기 위해 유럽연합 집행위원회가 지정한 과학

* Bruno Latour, *We Have Never Been Modern*(Cambridge, MA: Harvard University Press, 1993).

기관이지만, 이 경우 식품 안전은 사실상 새로운 작물과 유전자 조작 기술에 대한 '환경적' 위험 평가와 동일합니다. 따라서 흥미롭게도 식품 안전은 환경 안전을 망라하게 되죠. 분석을 위한 학문적인 과학적 입력값과 EFSA의 권고는 실제로 환경 위험에 영향을 미치는 넓은 생태학적, 농업적 과정에 대해서는 불충분하기에, 이것은 이미 문제가 있는 추정법이에요. 식품 안전은 주로 실험실 분자 과학이 다루죠. 그렇지만 환경 위험은 통제된 실험실의 실험 환경보다 훨씬 다양한 실제 농업 및 생태 환경에서, 실험실과 실험실 밖의 여러 현실 사이의 관계에 많은 의문을 불러일으킵니다.

당국은 이 중요성을 실제로 인지하지 못하고 있어요. 공동생산의 관점은 유럽 식품 안전청을 압박해 온 NGO의 친구들에게 제가 강조하려고 노력한 것들을 즉시 인지하도록 합니다. EFSA는 정책을 위한 과학 생산자로서 기능하고 있기에 EFSA만을 조사해서는 안 되죠. 이 기관은 유럽연합 집행위원회의 소비자 건강 및 보호국DG SANCO을 정책 고객으로 두고 있으며, 집행위원회의 협상 운영 세칙에 따라 과학을 생산하는 기관으로 운영되고 있습니다. 위험 평가를 수행하기 위해 위험을 정의하고 틀을 짓는 EFSA의 방식을 살펴보기 위해서는 소비자 건강 및 보호국도 살펴보고 그러한 '과학'에 대한 협상 운영 세칙이 어디에서 왔는지 살펴봐야 합니다. 현존하는 과학 지식이나 유전자 변형 농산물의 승인을 요구하는 상업적 의뢰인들에게 EFSA가 어떤 질문을 할 수 있을까요? 이것들은 과학 자체뿐만이 아니라 정책에 의해서도, 그리고 실제로 산업에 의해서도 크게 영향을 받아요. EFSA만이 아니라 전 세계 모든 과학 자문 위원회도 마찬가지입니다. 이들은 '독립적인 과학'으로 정책에 의해 규정된 협상 운영 세칙에 따라 운영되죠. 이런 협상 운영 세칙은 종종 유전자 변형 작물에 관한 결정에서 공적 권위라고 주장되거나 그렇다고 시도된 공정한 과학 지식에서 핵심적인 역할을 합니다.

윅슨과 저는 2012년 1월 유럽의 새로운 유전자 변형 농산물

규제에 대한 유럽연합위원회EU Commission의 제의서에 관해 보고서를 썼습니다(Wickson and Wynne 2012). 유전자 변형 작물과 식품 같은 문제들에 관해서는 유럽연합위원회가 유럽연합 전체를 대변하는 권위를 갖는 게 표준이었습니다. 그것은 모든 회원국에서 유전자 변형 작물 경작 신청뿐 아니라, 미국으로부터 유전자 변형 식품의 수입도 다룹니다. 미국은 유럽에서 자유로운 시장 진출권을 획득하기 위해 격렬하게 싸워 왔어요. 표준적인 관행은 유럽연합위원회가 EFSA에 위험 평가를 요청하고, EFSA가 위험 평가를 한 후 회원국들이 그에 대해 의견을 제기하도록 하는 거예요. 만약 EFSA가 아무런 위험의 증거도 없다고 하는 경우는, 위원회가 그것을 승인하고 경작과 수입에 대한 허가가 법률이 돼요. 이것이 유럽 전체를 대변하는 과학적 권위로서 EFSA가 작동하는 방식입니다.

예를 들어 보지요. 포르투갈인 한 명의 인체는 성, 나이, 모든 일반적인 차이 내에서 핀란드, 폴란드, 이탈리아, 그리스, 포르투갈, 유럽연합의 27개 회원국 사람들의 인체와 아마도 꽤 비슷할 것입니다. 그래서 유전자 변형 식품이나 작물에 대한 인체 건강 위험 평가는, 만약 그것이 어느 회원국 인구에 대해 유효하다면, 유럽 인구 전체에 대해 유효하다고 생각될 수 있습니다. 그러나 환경 위험 평가에서는 회원국 간 환경의 차이에 대한 다른 종류의 질문들이 존재합니다. 핀란드의 환경적 조건은 지중해에 있는 이탈리아, 스페인, 그리스, 혹은 유럽의 다른 지역들과 다릅니다. 환경적 조건들의 차이는 환경적 위험에 관해서는 유의미할 수도 있고 그렇지 않을 수도 있지만, 이는 생태 조건뿐 아니라 농업 조건과도 관련이 있습니다. 예를 들어, 오스트리아는 유기농 농업에 특히 강하죠. 만약 강한 유기농 농업을 하는 와중에 유전자 변형 작물을 퍼뜨리면, 바람, 꽃가루, 새 등과 같은 환경적 과정을 통해서 유기농 작물과 유전자 변형 작물 사이에 교차 오염이 발생할 것입니다. 그러면 유기농 작물과 작물 인증 경제는 크게 손해를 입게 되죠. 환경적 조건은 농업적 조건이기도 해요. 작물이 관리되고 그러한 작물로부터 식품이 가공되는 방식은 환경 위험에 영향을 미칠 수 있습니다.

EFSA는 동일한 유전자 변형 작물이 유럽연합의 여러 지역에서 나타날 수 있는 환경 위험의 객관적인 차이들을 인지하는 데 어려움을 겪어 왔습니다. EFSA는 유전자 변형 작물의 환경 위험 평가를 할 때 유럽연합이 단일한 환경이라는 전제하에서 작업하고 그것을 과학이라고 정의해 왔죠. 그러나 이 의심스러운 (그렇지만 EFSA가 강력하게 옹호하는) 과학적 입장의 바탕에는 강력한 경제적 요인이 숨어 있는데, 그것은 바로 유전자 변형 식품과 작물을 포함한 모든 종류의 무역 및 수입에 대한 규제 심사를 원스톱으로 처리할 수 있는 시스템을 갖추고 싶다는 것입니다. 그들은 그 어떤 잠재적인 수입품에 대해서도 유럽에 들여오기 위해 27개 회원국의 규제 결정 절차를 거치는 것을 원하지 않아요. 유럽의 환경에 현실적이지 않죠. 그러나 이것은 정책을 위한 유럽 과학의 핵심입니다. 실제로 유럽연합 위원회는 연관된 맥락에서 그 자신의 단일 시장, 단일 환경 주장에 모순되는 방식으로 이 점을 인정한 바 있습니다. 그린피스와 지구의 벗Friends of the Earth이 유럽연합 위원회가 유럽연합에서의 유전자 변형 작물의 의도적 수입 지연에 대한 미국의 WTO 제소에 대항해 스스로 방어한 2005년 WTO 분쟁 패널에서 제시한 문서에서 폭로했죠.* 유럽은 하나의 정치적 단위가 되기를 원하기 때문에 EFSA에게 환경 위험 평가와 인체 위험 평가라는 임무를 부여했으며, 이러한 정치경제적 목표(유럽연합 단일 시장과 이 정치적 연합의 배후)는 과학의 틀을 통해 수행되고 있어요. 이는 유럽연합이 의회에서 책임을 지는 적절한 절차를 통한 정치적 정당성을 확보하지 못했기 때문입니다. 유럽 의회에게는 그러한 역할이 없으며, 따라서 유럽연합은 항상 이런 민주적 결함을 안고 있습니다.

얀-베르너 뮐러Jan-Werner Müller 같은 정치학자들이 논한 바 있듯이, 이런 문제는 흥미롭게도 1950년대 초반에 유럽

---

* 이 보고서는 온라인 사이트에서 구할 수 있다. http://www.greenpeace.de/fileadmin/gpd/user_upload/themen/gentechnik/greenpeace_hidden_uncertainties.pdf

석탄 철강 공동체에서 비롯한 유럽연합의 기원을 다시 생각해 볼 때 명료해집니다.* 당시 유럽은 몇십 년 동안 두 개의 파괴적인 세계대전을 겪은 상태였습니다. 유럽 석탄 철강 공동체는 기본적으로 유럽 국가들 사이 전쟁이 더 발생하는 것을 막는다는, 완전히 고귀한 인류의 목표를 달성하기 위한 기술적이고 현실적인 방법이었습니다. 그 방법 중 하나는 전쟁의 주요 자원들을 공유화하는 것이었죠. 탱크를 만들 때는 철강을 만들기 위한 석탄이 필요해요. 공유화는 모든 국가에게서 이웃 국가에 전쟁을 걸 능력을 기본적으로 소멸시키는 일입니다. 그것이 그런 고귀한 정치적 목표를 실현한 주요 출발점이었습니다. 이후 유럽 공동 시장이 형성되었고 계속 확장되어 1987년에는 유럽 단일 시장이 되었죠. 우리는 〈유럽 지식 사회를 진지하게 여기기Taking European Knowledge Society Seriously〉라는 보고서에 다음과 같이 썼어요(Felt and Wynne 2007). 여러 유럽 국가가 지닌 제도와 문화 및 역사의 차이로 인해 제도 수용과 정치 협상 과정은 지나치게 관료적이고 고통스럽고, 소모적입니다. 과학의 권위를 통해 통일성이 실현될 수 있다는 가정이, 이에 대한 매력적인 대안으로서 항상 존재해 왔죠. 정치적이고 규범적인 권위를 과학이 제공하는 '자연'의 단일한 목소리로 바꾸는 건, 직접적인 정치라는 위태로운 사업에 비해 매혹적인 지름길인 것처럼 보입니다.

유전자 변형 농산물 사례로 돌아가자면, 오스트리아, 이탈리아, 그리스를 비롯한 유럽연합의 여러 국가가 관례적 권위를 거부해 왔기 때문에 유전자 변형 농산물은 아주 정치적인 문제가 됩니다. 이 관례에 따르면 EFSA는 위원회가 마련한 조건에 따라 위험 평가를 하고, 이 '과학적 권고'는 정책 담당 기관으로서 유럽 위원회의 결정으로 번역되죠. '독립된' 과학 당국으로서 유럽식품안전청은 독립적인 과학이 합리적인 근거를 가지고 품을 수 있는 의문이 아니라 허락된 질문만을

* 얀-베르너 뮐러는 전후 유럽의 정치사, 정치 사상사를 연구하는 학자로, 인터뷰에서 얘기한 European Coal and Steel Community에 대한 논평은 그의 "Europe's Sullen Child" *London Review of Books* vol. 38 no. 11 (2 June 2016)에 있다. 이 글은 인터넷에서 볼 수 있다. (원주)

던질 수 있습니다. 이러한 제한된 조건에서 유럽식품안전청이 위해 문제를 찾지 못한다면 위원회는 승인을 합니다. 그러면 회원국들은 그것을 거부할 수 없고 유럽연합의 법에 의해 국내에서 유전자 변형 작물을 수용하도록 요구되지요.

그럼에도 불구하고, 회원국들은 그러한 공식적인 승인을 반복적으로 거부해 왔고, 대중적 저항을 근거로 지자체와 지역에서 200개가 넘는 유전자 변형 작물 배제 구역이 선언되었습니다. 오스트리아, 그리스, 이탈리아, 프랑스와 독일 등 유럽연합 회원국들이 아래로부터 저항하는 것에 대해 주로 미국의 큰 기업들은 위원회 회의를 통해 끈질기고 강력한 압박을 가하고 있습니다. 얼마나 저항이 심했냐면, 2009년 말 유럽연합 각료 이사회는 위원회에 다음과 같이 전했습니다. "실제로 회원국들이 유전자 변형 작물의 경작에 대해 자유 입장을 가지는 것을 허용하는 법률을 만들어 주십시오." 다시 말하자면, 만약 오스트리아가 유전자 변형 작물을 경작하길 원하지 않는다면 그렇게 민주적으로 결정할 수 있어야 하고, 그게 법이 될 것이며, 유럽연합 법에 위배된다고 유럽연합 법원에 고소당하지 않도록 해 달라는 겁니다. 유럽공동체는 2011년 7월에 그러한 법률을 입안했고, 2012년 7월에는 유럽의회에 의해 검토되고 수정되었고, 그때부터 유럽공동체, 유럽의회, 유럽연합 회원국 대표 평의회 사이의 비밀 협상 아래 베일 속에 있었지요.

우리가 위원회의 제안서에서 확인하고 비판한 핵심 사항은, 환경 및 건강 안전의 근거에서 EFSA가 인가한 뒤에 회원국이 합법적으로 경작을 거부할 수 있게 하는 유일한 근거는 비과학적이라는 점이었습니다. 다시 말하자면, 회원국들 사이의 환경적 조건이 객관적으로 다르다는 과학적 요점은 EFSA가 고려하는 환경적 위험의 추가적 요인이 될 수 있지만, 정당한 과학으로 여겨지지 않습니다. 이런 요점은 EFSA 위험 평가에 대항하여 오스트리아와 헝가리처럼 유전자 변형 작물에 관한 명령을 거부하는 (몇몇 유전자 변형 작물에 대해서는 독일과 프랑스도) 회원국들이 정확히 그 거부의 과학적 근거로 언급해 왔던 것이에요.

대신에 그들은 오직 비과학적 근거에 기반해서만 거부하는 것을 인정받습니다. 펀 윅슨과 저는 EFSA에 의해 형성된 이런 유럽공동체의 입장을 비판했던 것입니다.

유럽의회 환경위원회 부의장인 코린 르파주Corinne Lepage는 우리의 충고를 듣고, 회원국들이 과학적 근거에 따라 거부할 수 있게 허용하는 위원회 법률 개정안을 만들고, 특정 유전자 변형 식품을 거부하도록 하는, 유럽식품안전청이 인가를 내주는 데 사용한 것과는 다른 합당한 객관적인 과학적 근거를 인정해야 할 필요가 있다고 말했습니다. 이것이 우리가 위원회의 제안서를 향해 비판한 사항입니다. 이 제안서는 유럽을 정치경제적 연합으로 발전시키기 위해 유럽을 과학화하는 것인데, 마치 이러한(원리적으로는 합법적이고 원칙에 따른) 정치가 EFSA의 과학자문위원회에 의해 밝혀진 과학적 필요인 것처럼 보이게 하는 것이죠. 우리는 유럽 정치연합의 원칙에 반대하지는 않지만 (오히려 저는 찬성하는 입장인데요) 그것은 기술 관료적이고 기업에 지배되기 때문에 민주적 결함을 지닌 정치 연합이 되기를 원하지 않아요. 그것은 여전히 정치적 과제로 남아 있는, 강건한 민주적인 유럽을 건설하는 일의 기반이 되지 못합니다.

그 프로젝트의 60년 역사는 아직 끝나지 않았어요. 유럽의회는 표준적인 헌법적 절차로서 위원회의 법률안을 개정했습니다. 의회는 과거보다 더 강한 힘을 가지고 있습니다. 르파주가 이끄는 환경위원회 개정안에 대다수가 찬성했고 유럽의회는 자존심에 손상을 입었죠. 그건 이제 책임 없는 로비와 압력이 흐린 연기 사이로 가득한 정치의 공간에 진입했습니다. 회원국, 위원회, 의회의 대표자들은 정확히 어떤 결과가 나올지에 대해 사적으로 실랑이를 하느라 바빠요. 유전자 변형 농작물에 관한 구체적인 결과는, 유럽연합이 위압적인 정치적 압력하에서 정치를 반민주적인 과학만능주의로 환원하려는 거짓된 유혹에 저항할 수 있을지보다 덜 중요할지도 몰라요. 위르겐 하버마스Jürgen Habermas는 유로에 대한 유럽의 방어에 대해 비슷한 분석을 내놨습니다.* 유럽에서 단일 시장 규범에 상응하는 공통 통화를 지키기 위해 책임감 없이 결정된 경제 제한 정책이 회원국 의회를 통해 추진되고 있으며, 그에 따른 사회적 부담도 민주적으로 협상한 정치적 선택이 아닌 경제적 필요성이라는 명목으로 요구되고 있다는 거죠.

안톤센 여러 문화에 대해 말씀해 주셨는데 그에 관해 질문이 있습니다. 선생님께서는 자문 위원회 그리고 영국의 비슷한 단체의 역할과 활동에 관해서 많은 연구를 하셨습니다. 정책에 대한 전문가적 조언을 형성하는 국가적, 제도적인 맥락과 문화의 역할에 대해 어떻게 생각하시나요? 이들은 그 기관들의 구성과 실천에 어떤 영향을 미칠까요?

윈 국민 국가의 상위 차원과 하위 차원, 두 관점 모두에서 좋은 정치적 이론들이 많이 있습니다. 유럽연합이 흥미로운 사례인 이유는, 그것이 일종의 메타 국가metastate로서 아직 형성되는 상태에 있고, 매우 오랫동안 혹은 심지어 영원히 그 상태에 있을 것 같기 때문이에요. 후기구조주의적인 생각인데, 민족 국가는 결코 미리 주어지지 않는다는 거죠. 비교 문제에 관해서는, 1970년대에 재서노프와 그 동료들이 규제 문화와 정책적 결과에 대한 비교 연구를 했고, 이 외에도 많은 연구가 실시되었죠. 표준적인 연구 결과는 다음과 비슷합니다. 여러 국가가 상업적 용도의 화학 살충제 승인에 대해 결정을 내리고자 할 때, 과학은 국제적이기 때문에 그들은 동일한 과학에 접근할 수 있어요. 그러나 각각의 국가는 같은 과학적 연구 결과로 서로 다른 결정을 하게 됩니다. 무슨 일일까요? 1970년대와 1980년대에 미국과 독일, 미국과 영국, 유럽과 스칸디나비아 사이 자동차 안전성부터 화학 살충제, 피임약, 제약, 방사능 배출 기능까지 다양한 기술을 둘러싸고 비교 연구가 많이 이루어졌습니다.

* Jürgen Habermas, 『*The Lure of Technocracy*』 (Polity, 2015)를 참조하라.

미국 위원회는 주로 무엇이 위험 평가의 표준적인 시나리오와 관련 있는지를 결정하거나 추정할 것이고, 영국 위원회는 다른 것들이 어떻게 관련이 있는지 결정할 것입니다. 이것은 관련된 많은 기술적 요소 중에 어떤 것을 부각하는지의 문제입니다. 여느 때와 같이 실제 위험 상황에는 항상 다양한 요인이 있기에 이들 중 무엇이 정책 결과의 공익적 측면과 관련 있는지가 문제가 됩니다. 제가 그랬던 것처럼 과학자들은 다른 방식으로 믿도록 훈련받지만, 그것은 과학 위원회가 단독으로 결정해야 할 문제가 아니에요. 그것은 물론 과학 지식에 의해 영향을 받긴 하지만 그것에 의해 프레임이 생기거나 결정되어서는 안 되는 민주주의의 문제지요. 그 의미와 중요성은 민주적인 정치적 절차를 통해 구체화된 민주적 조건에서 등장해야 합니다. 물론 과학의 도움을 받겠지만, 이런 도움은 과학에게 그러한 대중적 관심사와 의미들을 정의하라고 허용하는 것과는 달라요. 민주적이고 정치적인 주제가 과학의 도움을 받지 말아야 할 이유는 없어요. 과학과 정치 사이에서 양자택일해야 한다는 관념이 멍청한 것이며, 제가 이해한 바로 이런 관념은 주로 자신이 가진 특권에 위협을 받아서 두려움과 걱정을 느끼는, 특히 권위적인 위치에 있는 과학자들에 의해 유발된 바보 같은 반응입니다. 이전에는 너무나 폐쇄적이고 책임감이 없던 전문가적 절차가 민주적으로 개방되는 데 그들은 위협을 느낍니다. 저는 (지금의 체제가 문제가 있다고 해서 지금보다 더 나쁜) 과거부터 시작하지는 않을 것이며, 시작할 수도 없습니다.

질문으로 돌아가자면, 비교 연구를 하면 다른 나라들과 문화들이 각각 문제를 다르게 틀 짓는다는 결론을 얻을 수 있습니다. 전미연구평의회US National Research Council는 1983년에 위험 관리와 위험 커뮤니케이션의 관계를 처음으로 명료화한, 빨간 책red book이라고 불리는 유명한 책에서* '위험 평가 정책Risk Assessment Policy'이라고 부를 만한 부가적인 단계가 있음을 인식했습니다. 이 단계에서 과학자들은 위험에 대한 질문들을 구상할 수는 있지만 이에 항상 답할 수는 없습니다. 두

가지의 정책적 입력값이 있어요. 하나는 "과학이 답할 수 있다면 답해야 한다고 우리가 정의하는 주요 문제는 무엇인가?"라는 거예요. 그것은 결국 정치적인 문제입니다. 두 번째는 모든 관련된 접근 가능한 과학적 증거가 아직 충분히 갖춰지지 못한 때나, 이런 증거가 우리가 가치 있게 여기는 인간이나 환경적 존재들이 처한 실제적인 위험 상황에 대한 직접적인 표상이 아닐 때, 어떤 종류의 추론 고리가 사용되는가입니다. 그러면 이상적으로는 과학자들이 증거만으로 답해야겠지만, 현재의 과학적 연구와 이해만 가지고는 과학적으로 답할 수 없기에 정책이 어떤 결정을 하는가에 대한 추론의 문제들이 있을 수 있습니다. 예를 들어, 실험 쥐에서 발견된 위해를 인간에게로 번역하는 과정에서 어떤 요인들을 지정할 것인가라는 과학 위험 평가자를 정책이 결정할 수 있는 거죠. 과학자들은 답할 수 없고, 그것을 답해야 할 책임이 누구에게 있는지가 애매하기 때문에, 정책적 선택을 해야 하는 경우가 종종 있습니다. 이것이 '위험 평가 정책'이에요. 2005년 식량농업기구가 그 중요성을 인정한 것을 따라서, 유럽연합 전문가 위원회도 그 중요성을 인정했습니다. 그러나 그게 처음 인식된 것은 이미 오래전인 1983년으로, 미국 국립 연구 위원회가 위험 평가의 대중적 정책 문제로 지목했을 때입니다! 이는 아직 전 세계 어디의 규제 절차에서도 적절한 관행으로 정착하지 못했습니다.

유럽의 유전자 변형 식품에 관한 질문들과 추론 고리의 경우, 유럽식품안전청은 유럽연합 위원회의 기대에 부응하여 마치 이것이 과학인 것처럼 규범적이고 정책적인 판단을 내리고 있습니다. 유럽연합 위원회는 이 사항들에 대해 공공의 책임을 지고 싶지 않기 때문에 이 사항들을 토론의 대상으로 삼지 않고 있습니다. 만약 제가 유럽식품안전청 전문가 패널의 과학 의장이었다면, 저는 현재 과학이라고 정의되는 것의 내부에 규범적인 결정들이 (그렇게 불린다면) 존재하는지를 명료하게 했을 겁니다. 유럽연합위원회를 비롯한 정책

---

* 이 책을 의미한다. National Research Council, 『연방 정부에서의 위험 평가: 과정 관리하기(*Risk assessment in the federal government. Managing the process*)』 (Washington, DC: National Academy Press, 1983).(원주)

기관들은 그런 결정들에 대해 정치적 책임을 지고 대중 앞에서 자신을 정당화해야 할 것입니다. 더 드러내고 다뤄야 하는 불편한 균열들이 남아 있겠지만, 적어도 유럽연합의 민주적 결함의 일부는 해소될 것입니다. 대표적인 예시는 유전자 변형 작물의 위해를 정의하는 데 어떠한 비교 측정 기준들을 선택하는가입니다. 유럽식품안전청은 유전자 변형 작물을 지속 가능한 형태는 아니지만 정상적이고 집약적인, 일반적으로 시행되는 산업 농업으로 취급합니다. 이 기준에 따르면 유전자 변형 작물은 일반 동종 작물보다 더 해롭지 않다는 위험 평가를 받을 수 있습니다. 비록 농업 생태적 재배 같은 다른 기준을 적용하면 불필요한 피해를 준다고 과학적으로 판단될 수 있음에도 불구하고요.

유럽의 민주적 결점 때문에, 거의 모든 과학 집약적인 정책 시스템은 과학 뒤에 숨어 정책을 과학 속으로 밀어 넣고 있습니다. 저는 그들이 기만적이기보다는 순진하다고 믿지만, 그러한 문제를 해결할 책임은 과학과 정책의 행위자 모두에게 있습니다. 이는 과학자문위원회나 정책 기관 중 어느 한쪽을 택해 기준 조건을 설정하고 암묵적인 상호 조정을 할 것이 아니라 둘 다 함께 책임질 문제입니다. 친한 동료인 앤드류 스털링Andy Stirling이 2011년에 《네이처》에 쓴 〈복잡함을 유지하라Keep it complex〉라는 좋은 간결한 보고서를 언급하고 싶네요(Stirling 2010). 그는 같은 주장을 하고 있습니다. 흑백 논리의 답이 존재하지 않는 정책에 대해 과학자들은 흑백 논리에 답을 제공하는 일을 거절해야 한다는 거지요. 그렇다고 과학자들이 도울 방법이 없다는 뜻이 아니라, 정책결정자들을 위한 조언을 조건부로, 필요하다면 다중으로 제공해야 한다는 것입니다. 그러면 접근 가능한 과학에 들락날락하며 마치 오로지 과학과 자연만이 얘기하는 것처럼 보이게 만든 정책 공약들에 대해, 이를 정당화할 책임은 정책 결정자들에게 부과될 것입니다. 그러면 정책 결정자들은 실제로 더 좋은 정치를 할 수밖에 없겠죠. 물론, 모든 정책 공무원이 "제가 그렇게 할 거라고 기대하지 마세요!"라고 말하겠지만요. 아울러 의회, 내각, 행정부 사이의 관계에서 그것은 조직을 다시 설계하는 문제인데, 아무도 우리가 무엇을 하는지 신경 쓰지 않는 채로 수십 년 동안 이런 일이 축적되어 왔기 때문에 문제 해결은 더 급진적이고 어려워 보입니다. 그렇다면 그렇게 역사적으로 축적되어 온 문제를 어떻게 즉각적으로 풀 수 있을까요? 당연히 힘들지요. 그것은 점진적이고 지저분하면서 어려운 과정이 될 거예요. 좋은 사회과학과 인문학, 그리고 건전하며 원칙에 입각한, 독립적인 과학이 필요할 것입니다.

안톤센 생명 윤리에 관해 질문하고 답하는 일에 관해 묻고 싶습니다. 특히 인간의 영역에서 생명 윤리는 여러모로 평가하기 어려운 분야입니다. 생명 윤리 혹은 생명 윤리 위원회의 역할에 대해 어떻게 생각하시나요?

윈 이 말을 정중하게 바꿔 말하기 힘들겠지만, 네, 일종의 긴장감이 있었던 것은 사실입니다. STS는 가능한 한 과학기술 블랙박스를 열고 과학과 기술의 상위 과정들을 관찰하고 그 영역에서 조용히 진행되고 있는 사회적, 정치적, 규범적, 윤리적 움직임을 찾아내려고 시도해 왔어요. 생명 윤리는 대체로 그렇게 하기를 원하지 않으며, 실은 그에 매우 적극적으로 저항해 왔습니다. 저는 생명 윤리의 정치적-지적 기반 대부분이 제도나 책임 및 해명을 우선시하기보다는, 너무 개인주의적이며 선택이 지배적이라고 생각합니다. 생명 윤리는 권력과 성찰을 억압하는 과정에 더욱 도전적인 시각을 가져야 합니다. 최선으로는 인류학과 문화에 입각한 STS-SSK가 이를 할 수 있겠죠. 저는 여기에 부정직한 정치가 있다고 생각하는데, 이는 단지 학제적 패러다임의 학문적인 문제가 아니라 윤리적 문제이기도 합니다. 마치 사회과학과 인문학에서 일부 학과의 문화가 도전적인 질문을 던지기를 너무 두려워하는 것처럼 보입니다. 우리는 그런 질문들을 제기할 의무가 있으며, (접근 권한이 있다고 가정할 때) 전문가로서 과학 내부를 들여다보고, 반드시 제기되어야 하나 그러지 않은 질문들을 찾아낼 수 있습니다. 이것이 규범적 흐름normative flow에 대한 제 이해입니다. 질문들을 판명해 내고 저 혼자서 그에 답할 수 있는 척하지 않는 것인데, 그 문제들에 답하는 건 더 집단적인 책임의 문제, 궁극적으로 민주주의의 문제이기 때문입니다. 왜 민주주의가 집단적으로 협상해야 할 일들을 어느 한 학문 분과가 해결하는 척해야 할까요?

생명 윤리는 대체로 STS가 정기적으로 진입하는 지형에 들어가기를 거부해 왔습니다. 과학적 관행과 R&D 문화가 그저 약속, 권력과의 수용 관계, 자금과 책무를 통해 기본적으로 답하고 있는 규범적 질문들에 (대답하는 척하지는 않으며) 실제로 문제를 제기하는 일을 거부한 거죠. 몇 년 전 케임브리지대학의 철학자들로부터 생명 윤리를 향해 STS가 무엇을 말할 수 있는지 강연을 해 달라는 요청을 받았습니다. 랭커스터에 사는 친구에게 이 얘기를 꺼내며 무슨 말을 할지 고민 중이라고 했더니, 그녀가 "음, '꺼져!'라는 말은 빼고?"라고 하더군요. 그 말은 철학자들에게 전하지 않았습니다!

안톤센 만약 돈, 시간, 공간, 제도적 요구에 제약이 없다면 선생님께 꿈의 연구 프로젝트는 무엇인가요?

윈 정말 많을 것 같아요! 저는 다양성에 대한 본능이 있어요. 그래서 STS가 여러 다른 학파, 다른 종류의 강조점, 다양한 관심 주제나 방법 등에 놓이더라도 아무런 문제를 못 느낍니다. 저에겐 좋은 일이죠. 이런 학회와 더불어 북유럽 등 국제적인 네트워크에서 계속 이야기하고 서로 배울 수만 있다면 말입니다. 저에게 다양성은 중요한 자질입니다. 우리 분야의 목표나 목적이 얼마나 다양해야 하는지는 잘 모르겠지만, 여기에서도 그런 목표나 지적-사회적 역할을 정의하고, 공유하고, 재고하고, 정당화할 수 있다면 괜찮습니다. 저는 특정한 프로그램을 강요하기보다는, 대중, 정치, 과학 참여를 공부할 때 잊지 말아야 할 것이 무엇인지 강조하고 싶습니다. 대중이 공공 권위로서 '과학'이라는 것을 접할 때, 실은 주로 이해관계, 가정, 편향을 체현하고 있는 '과학'의 제도적 형태를 접하고 있다면, 다양한 형태로 작용하고 있는 과학이 무엇인지 문제화할 필요가 있습니다.

과학과 관련해서 대중과 이해 당사자들을 상대할 때, 관련된 과학기술에 대한 질문은 모든 방면에서 생생하고 솔직하고 주의 깊게 유지되어야 합니다. 오로지 대중만 바라보고 문제 제기를 하는 것은 전적으로 잘못된 일입니다. 위험과 위험 평가에 대한 하향식downstream 문제들은 일반 대중이 더 관심 있는 상향식upstream의 문제들로 발전되고 확장해야 할 필요가 있어요. 다른 새로운 이해 당사자들을 파트너 삼는다면 가능해지는 여러 혁신의 궤적 중에서, 적합한 대안적 연구 개발이나 시험되지 않은 것이 무엇인가 하는 문제죠. 우리가 공공의 방향으로 움직이는 것은 바람직한 일이고 이에 대해 좋은 연구가 많지만, 과학기술, 혁신, 권력이라는 중요한 질문과 핵심적인 관계를 유지하는 건 어려운 일이 될 겁니다. 물론 이는 여러 방향으로의 긴장을 의미하기 때문에 힘들지만, 이렇게 해야 우리가 꿈꾸는 프로젝트로 이어진다고 생각합니다. 저에게 있어 방 안의 코끼리elephant in the room*, 즉 끊임없이 물어야 하는 숨겨진 큰 종류의 비-질문un-question은 기본적으로 권력에 관한 것입니다. 권력자들에 대한 민족지적 연구를 할 수 없는 이유는 그들이 우리에게 꺼지라고 말할 것이고 (그리고 실제로 그렇게 말했습니다!), 그들의 권위에 진짜로 위협이 될 경우 실제로 압박을 가할 수도 있기 때문입니다.

그래서 저에게 꿈의 프로젝트는 우리가 아직 질문을 제기할 수 없었던 영역에 가서 그런 종류의 연구를 하는 거예요. 학문적으로 과학을 연구하는 일은 간단합니다. 지속적인 노력이 필요하지만, 그럼에도 불구하고 접근성이 문제인데, 전부는 아니지만 대부분의 과학 연구실은 올바르게 다가가면 접근 권한이 주어집니다. 철저히 준비해서 그들이 알아볼 수 있는 질문을 제기한다면, 체계적으로 정보를 얻을 수 있을

* 어려워서 모두 말을 꺼내기 싫어하는 문제를 말한다.

거예요. 제가 만난 대부분의 과학자들은 말할 준비가 되어 있었고, 당신이 그들의 길에 끼어들지 않는 한 접근 권한을 제공할 준비가 되어 있었습니다. 가장 큰 문제는, 세계를 형성하고 있는 대규모 상업 및 정부 군사 연구소, 현장 기지 및 센터에 대한 접근성입니다. 이러한 테크노사이언스 분야에서는 STS가 거의 실시되지 않았지만, 사실은 바로 이곳에서 실질적인 일들이 이뤄지고 있습니다. 이를테면 5년 동안 몬산토나 신젠타의 다양한 R&D 연구실과 현장 연구 기지들, 그리고 전략적 경영 회의들에 접근 권한을 얻어 내는 거죠. 이때 유전자 변형 작물과 합성생물학이 어떻게 특정한 정치경제적 유형의 세계-구축으로서 결정되어 형성되고 수행되는지, 비과학적 요소들이 어떻게 지배적인 과학기술의 혁신 궤적에 엮여 인류를 위한 선택이 아닌 과학기술적 결정론과 필연성의 글로벌 내러티브에 포함되는지 질문하는 것이 제가 꿈꾸는 프로젝트가 될 것입니다.

이에 뒤따르는 또 다른 흥미로운 철학적이고 경험적인 STS 질문이 있습니다. 우리는 우리가 어떻게 망각하고 지각하는지 이해하기 위해 노력해야 한다는 점을 또다시 망각하고 있습니다. 저는 아직 출판되지 않은 연구에서, 어떻게 영국의 방사선 생태학자들이 1986년 체르노빌 사고와 방사능 낙진 이후 영국의 호수 지역Lake District의 고지대 산악 토양에서 방사능세슘의 작용에 관해 큰 실수를 하게 되었는지 살피다가 이런 망각이 핵심 문제라는 점을 찾아냈습니다. 유전자 무기나 핵무기 기술과 같은 끔찍한 일을 집단적으로 잊어버리도록 장려하는 연구가 세상을 바꾸는 혁신이 되도록 바꾸기 위해서는 어떻게 해야 할까요? 이에 상응하는, 혹은 전제가 되는 제도적 문화적 혁신이나 단순 집단적 작업으로는 무엇이 있을까요? 아주 좋은 결말이 될 거라고 생각해요. 그게 내 꿈입니다. 만약 이에 대한 해답을 찾게 된다면 꿈의 프로젝트를 완수한 셈이 되겠죠. 어쩌면 STS-SSK 프로젝트가 되었을지도 모르겠습니다. 그렇지만 아마 더 많은 것이 필요하겠지요!

대담자 소개

브라이언 윈Brian Wynne은 기술 및 위험 평가, 대중의 위험 인식, 시민 전문성lay expertise을 중점적으로 연구한 과학기술학자이다. 그는 케임브리지대학교에서 재료과학으로 박사 학위를 취득한 뒤에 분야를 전향해 에든버러대학교에서 과학사회학으로 박사 학위를 받았다. 1991년 런던의 환경운동가 로빈 그로브-화이트Robin Grove-White와 협력하여 랭커스터대학교에 환경변화연구센터CSEC를 설립하였고, 그곳에서 과학학 교수로 재직했다. CSEC의 목적은 현대의 환경문제에 대응하기 위해 정치적 통찰과 STS의 비판적 능력을 결합하는 데 있다. 그의 가장 잘 알려진 저술은 공동편저한 『위험, 환경, 현대성Risk, Environment and Modernity』에 쓴 「양들이 한가로이 풀을 뜯을 수 있을까?May the Sheep Safely Graze」(Wynne 1995)이다. 이 글에서 그는 방사능 오염을 둘러싼 과학자들과 농부들의 갈등을 조명하고, 후자의 비공식적이고 국지적인 지식이 전자의 전문 지식에 비해 비합리적이지 않다고 주장한다. 윈은 유럽환경청EEA의 관리 위원회 및 과학 위원회의 초대 위원이었고(1994~2000년) 현재는 런던 왕립학회의 사회 속 과학 위원회에서 활동하고 있다.

마리 안톤센Marie Antonsen은 노르웨이 과학기술대학교NTNU 역사학과에서 학사 학위를 받고 학제간 문화연구학과에서 석사 및 박사 학위를 받았다. 안톤센은 선거, 대중 의견과 투표 행동, 비교 정치 및 비교 민주화 분야에서 연구를 수행했다. 현재는 NTNU 인문학부에서 커뮤니케이션 고문으로 재직하고 있다.

리타 닐슨Rita Nilsen은 노르웨이 과학기술대학교NTNU 예술 및 미디어학부에서 석사 학위를 받고, 인지신경과학의 지식 생산 도구로서 뇌영상 기법을 주제로 박사 논문을 준비하고 있다. fMRI를 비롯한 뇌영상 기법은 뇌의 활동을 동적으로 시각화하고 개인 간 미세한 구조적 차이를 드러냄으로써 뇌의 특성을 새로운 방식으로 규명하도록 만든다는 문제의식이다. 동시에 닐슨은 NTNU 카블리 시스템 신경과학연구소에서 커뮤니케이션 책임자로 재직하고 있다.

참고문헌

- Barnes, B. and Steven S. (eds.) 1979. *Natural Order: Historical Studies of Scientific Culture*. Beverly Hills/London: Sage Publications.
- Durant, D. 2011. "Models of democracy in social studies of science." *Social studies of science* 41 (5): 691-714.
- Ezrahi, Y. 1990. *The Descent of Icarus: Science and the Transformation of Contemporary Society*. Cambridge. MA: Harvard University Press.
- Felt, U., and Wynne, B. 2007. T*aking European Knowledge Society Seriously.* Luxembourg: DG for Research. EUR, 22/700.
- Forman, P. 1971. "Weimar Culture, Causality, and Quantum Theory, 1918-1927: Adaptation by German Physicists and Mathematicians to a Hostile Intellectual Environment." *Historical studies in the physical sciences* 3: 1-115.
- Graeber, D. 2008. "A Cosmopolitan and (Vernacular) Democratic Creativity: Or There Never Was a West." In Werbner, P. (ed.) *Anthropology and the New Cosmopolitanism*. New York: Berg.
- Jasanoff, S. (ed.). 2004. *States of Knowledge: the Co-production of Science and the Social Order.* London: Routledge.
- Keepin, B, and B. Wynne. 1984. "Technical Analysis of IIASA Energy Scenarios." *Nature* 312: 691-695.
- Shapin, S. and Schaffer S., 1985. *Leviathan and the Airpump*. Princeton: Princeton University Press.
- Spivak, G. C., and Butler, J. 2007. Who Sings the Nation-state?: *Language, Politics, Belonging.* New York: Seagull Books.
- Stirling, A. 2010. "Keep it complex." *Nature*, 468 (7327), 1029-1031.
- Welsh, I., and Wynne, B. 2013. "Science, scientism and imaginaries of publics in the UK: Passive objects, incipient threats." *Science as Culture*. 22(4): 540-566.
- Wickson, F., and Wynne, B. 2012. The anglerfish deception. EMBO reports, 13 (2), 100-105.
- Wynne, B. 1982. *Rationality and ritual: the Windscale Inquiry and nuclear decisions in Britain*. Chalfont St Giles, Bucks: British Society for the History of Science.
- Wynne, B. 1984. "The Institutional Context of Science, Models, and Policy: The IIASA Energy Study." *Policy Sciences* 17 (3): 277-320.
- Wynne, B. 1987. *Risk Management and Hazardous Waste : Implementation and the Dialectics of Credibility*. Berlin: Springer.
- Wynne, B 2014. "Further Disorientation in the Hall of Mirrors." *Public Understanding of Science* 23(1): 60-70.

대안적인, 더 나은 세계를 상상하며

아델 클라크Adele E. Clarke와의 인터뷰*

이사벨 플레처Isabel Fletcher

김은형, 배정남 옮김

이 인터뷰에서 아델 클라크와 이사벨 플레처는 클라크를 STS로 이끈 다양한 경로들, STS에서 생의학적 주제에 대한 참여가 늘어나는 것, 그리고 오늘날 STS의 성격에 대한 그의 시각을 논한다. 클라크는 여성 건강 운동과 생명과학/생의학에 대한 페미니즘 비평을 가르치는 일이 그를 페미니스트 STS와 초국가적 재생산 연구로 알려진 학술 네트워크로 이끌었다고 말한다. 클라크는 학술 연구에서 학제적인/초학제적인 공동 연구의 중요성을 되돌아볼 뿐 아니라, 해당 분야가 급속히 팽창하면서 이 분야에 새로 들어온 사람들이 STS의 "이론-방법의 꾸러미theory-method package"를 충분히 훈련하지 못하여 학문의 질이 낮아지는 걸 우려하기도 한다. 그가 생각하기에 STS의 미래는 테크노사이언스, 젠더, 인종, (탈)식민성, 토착 지식들 사이의 복잡한 교차점들을 분석하는 접근 방식과 그것이 유럽과 북미를 넘어 아시아, 중앙아메리카, 남미, 아프리카로의 확장하는 데에 있다.

STS의 기원 이야기와 정치적 참여

플레처 어떻게 해서 STS에 뛰어들게 되셨나요?

클라크 여러 경로를 통해 STS에 들어오게 되었죠. 첫째로는 1973년에 역사를 포함해 여성학과 여성 보건을 가르치기 시작했는데, 그게 저를 의료화medicalization와 생명과학/생의학에 대한 비평으로 끌어들였습니다. 둘째는 1970년대 후반 구성된 서부 해안 사회주의자

* 페미니즘적이고 페미니즘적이지 않은 과학, 기술, 의료를 포괄하여 STS의 과거와 현재, 미래에 대해 돌아보는 작업에 함께할 수 있어 영광이다. 슬픔을 담아 이 인터뷰를 내 최초 STS 스승인 수전 리 스타를 추모하며 바친다(Bowker 등, 2015). 여기에 나타난 몇몇 견해는 2016년 클라크의 논문에 드러나 있다. 에든버러 팀, 특히 이사벨 플레처에게, 소중한 논평과 도움을 제공해 준 워윅 앤더슨, 제프리 보우커, 모니카 캐스퍼, 지아신 첸, 마이크 르베스크, 새러 쇼스탁, 레이첼 와시번에게, 특히 급하게 부탁했지만 평을 해 준 모니카에게 고마움을 전한다. (원주)

페미니스트 연구회West Coast Socialist Feminist Study Group인데, 여기서 도나 해러웨이Donna Haraway와 주디 스테이시Judith Stacey, 게일 루빈Gayle Rubin 등을 만났습니다. 셋째로, 여성 보건 운동은 제 초기 페미니스트 STS 시각과 학식을 만들어 주었습니다. 저는 재생산 권리 수호 위원회Committee to Defend Reproductive Rights와 함께 (항상은 아니지만) 많은 경우 우생학에 토대를 두고 있는 의학적 인종차별의 악랄한 형태인 불임 남용에 대항하는 활동을 했습니다(Clarke 1983). 그런 주제들에 관해 샌프란시스코만 지역의 학자, 대학원생, 지역 활동가들에 의해 편찬되는《사회주의자 리뷰Socialist Review》에 투고했죠. 1985년에 도나 해러웨이의 유명한「사이보그 선언문A Cyborg Manifesto」이 처음으로 그곳에 게재되었고, 불임 규제를 목표로 하는 제 반인종차별주의 조직 활동 저작물도 그곳에 실렸어요(Clarke and Wolfson 1984). 이 저작은 페미니스트 STS인 동시에, 이후 초학제적이며 초국가적인 재생산 연구로 이어지는 광범위한 새로운 계획의 일환이었습니다.

마지막으로, 박사 학위를 위해 샌프란시스코대학교 대학원에 돌아왔을 때 래드클리프대학에서 '유전자와 젠더Genes and Gender' 프로젝트에(Star 1979) 참여했던 페미니스트 수잔 리 스타를 만났습니다. 곧 버클리대학의 조안 후지무라Joan Fujimura도 우리 STS 공부 모임에 합류했죠. 우리는 전문 의료사회학자들이었고 우리의 지도 교수인 상호작용주의자interactionist 안셀름 슈트라우스Anselm Strauss는 경력 내내 과학, 기술, 의료 간의 교차점들에 깊은 관심을 가지고 있었습니다. 우리는 1982년 필라델피아에서 열린 4S 모임에 처음으로 참석했고 저는 곧바로 푹 빠졌습니다. 저는 과학사 출신이 아니었고 과학이나 STS가 배경도 아니었죠. 하지만 이곳에는 제가 이제까지 만난 학자들 중 가장 똑똑한 사람들이 있었고, 저는 이 학회에서 미국 사회학 협회American Sociological Association 모임에서는 전혀 경험해 보지 못한 지적 흥분을 경험했습니다. 저는 재빠르게 논문 주제를 바꿨지요. 따로 강좌가 없었기 때문에 우리 공부 모임의 멤버들은 STS를 독학했어요. 다만 인종과 유전/유전학을 연구하던 후지무라의 지도 교수이자 버클리대학교의 사회학자 트로이 더스터Troy Duster는 고맙게도 우리를 위해 지적으로 자극적인 연구 모임을 지원했습니다. 의료사회학과 더불어 STS를 전공하겠다고 결정한 일은 제 경력에서 가장 중요한 결단이었습니다.

플레처 STS 분야의 기원을 어떻게 이해하고 계시나요?

클라크 EASSTthe European Association for the Study of Science and Technology와 4S 등의 전문 단체를 설립하고 《과학의 사회적 연구》와 《과학기술과 인간의 가치》 같은 학술지들을 창간한 몇몇 학자 집단을 중심으로 저는 이야기합니다. 하나의 "핵심 집단core set"은(Collins 1983) 북유럽 사회과학자들, 특히 정부와 연결된 기술과 노동력 관련 정책 문제들에 대해 STS적 질문을 던지는 다양한 STS와 과학자 조직, 그리고, 과학, 컴퓨터, 사회를 연구하는 조직들로 구성되어 있었습니다. 상당히 다른 또 하나의 핵심 집단은 에든버러, 바스, 파리의 에꼴데민École Nationale Supérieure des Mines de Paris, 파리국립광업학교 혁신사회학연구센터에서 급성장하던 STS 집단들, 그리고 당시 버클리에 있던 카린 크노르세티나가 소속된 빌레펠트의 집단을 포함하지요. 라투르와 울가의 『실험실 생활』과 크노르세티나와 멀케이의 『관찰된 과학』은 저에게 황홀한 입문서였죠.

초기 STS의 또 다른 가닥은 미국에 기반을 두고 있었는데, 컬럼비아대학교에서 머튼주의 과학사회학을 훈련받은 몇몇 학자가 여기에 포함되죠(예를 들어, Zuckerman 1989). 렌셀러폴리테크닉대학교RPI, 버지니아공대, 조지아공대 등에도 STS/과학정책 연구자들로 구성된 핵심 집단들이 있었고, 워싱턴 주변에는 다수의 STS스러운 정책 집단들이 (몇몇은 정부에, 나머지는 비정부 기구에) 있었습니다. 과학기술 의료 연구 문제들을 제기하는 진보적인 사회 행동 단체에는 '민중을 위한 과학Science for the People'(Greeley and Tafler 1980)과 '헬스팩Health-Pac'(Ehrenreich and Ehrenreich 1970)이 있었죠. 북미 학계에서는 제1차 세계대전 전후에 과학사학회(HSS), 과학철학회Philosophy of Science Society, PSA, 미국의사학회American Association for the History of Medicine, AAHM가 설립되었고, 제2차 세계대전 후에는 기술사학회가 설립되었습니다. 그러나 이러한 학문 분야로서 전통들은 초학제적인 STS 작업의 수용을 제한하는 경향이 있었습니다.

여기서 중요한 점은 당시 사회학에서 우리 모두가 같은 이론적 전통을 가졌다는 겁니다. 패러다임 개념이(Kuhn [1962] 1996) 깊이 뿌리 내린 상태였죠. 패러다임 개념은 설명에 도움이 되었지만, 그것이 수반하는 신봉자들의 충성심과 경쟁은 별로 그렇지 못했죠. 저는 초학제성이 매우 소중하게 여겨지는 STS 분야에 머물고 있다는 것에 점점 더 감사하게 되었습니다(Casper 2016). STS의 초기 궤적에서 수잔 리 스타는 사회학계에, 특히 미국의 사회학계에 STS를 소개하는 학술지 《사회 문제Social Problems》 1988년 제35권 특집호의 편집을 요청받았습니다. 이것은 그가 편찬한 책 『지식의 생태학Ecologies of Knowledge』의 핵심이 되었습니다. 도입부 중 한 단락은 STS에서 우리가 공유하는 접근법의 정신을 포착하고 있습니다.

> 여기서 우리의 핵심 질문들은 보편적인 정치 이론, 페미니즘 및 제3세계 해방 운동에 관한 것들이다. 누가 이익을 보는가?Cui bono? 누가 설거지를 하는가? 쓰레기는 어디로 가는가? 실천의 물질적 기반은 무엇인가? 지식 생산의 수단은 누구에게 있는가? 이 접근법은 과학과 기술을 단지 사람들이 함께 수행하는 일로 여김으로써 그것을 "높은 지위에서 끌어내리는"(Chubin and Chu 1989) 매우 단순한 방식에서 출발한다. 이 중 일부는 과학과 기술을

> 정치적 작업을 위한 기회로 삼는 걸 의미하는데, 여기서 정치는 다른 수단을 통한 정치politics by other means*가 아니라 꽤 직접적인 의미에서의 정치를 말한다. 직업으로서 과학, 실천으로서 과학, 사회 운동과 정치적 입장의 수단으로서 기술, 과학 자체로서 사회적 문제 등등. 총괄하여 말하자면, 여기 실린 글들은 우리가 지식이라고 부르는 것의 정치적이고 관계적인 측면을 이해하기 위한 기회로 과학기술을 다루고 있다(Star [1995:3] 2015:15).

이 모든 사안은 여전히 시의적절합니다. 1986년에 저는 톰 기어린Thomas Gieryn, 수잔 코젠스Susan Cozzens, 샐 레스티보Sal Restivo, 대릴 추빈Daryl Chubin, 헨리 에츠코비츠Henry Etzkowitz를 비롯한 여러 다른 사회학자로부터 미국 사회학 협회에 STS에 초점을 맞추는 한 분과를 만들 것을 요청받았습니다. 우리는 성공했고, 많은 토론 끝에 분과에 '과학, 지식, 기술Science, Knowledge and Technology, SKAT'이라는 이름을 붙였죠(Sweeney 2015). 버거와 루크먼의 글(Berger and Luckman 1966)을 읽었던 저에게는, 지식사회학이 지적 중심이었고 지금도 그렇습니다. 그래서 분과 이름의 포괄성을 환영했지요. 그리고 회계학이나 사회과학 같은 주제들이 SKAT의 연구 대상이 되면서 이 이름은 더 적절해졌습니다. 2015년 8월 스티븐 엡스타인의 주도하에(Epstein 2016) SKAT는 25주년 기념 대형 행사를 열었습니다. 저는 ASA의 과학사회학 분과가 더 일찍 설립되지 않은 이유를 오랫동안 궁금해하곤 했습니다.

플레처 STS가 분야로서 발전하는 데 에든버러대학교의 과학학 유닛이 한 역할에 대해 어떻게

* 브뤼노 라투르는 『전쟁론』의 저자 클라우제비츠가 했던 "전쟁은 다른 수단을 통한 정치다"라는 말을 바꿔서 "과학은 다른 수단을 통한 정치다(Science is politics by other means)"라고 했다. 여기서 스타가 쓴 구절은 라투르를 염두에 둔 것이다.

생각하시나요?

클라크 에든버러의 STS 유닛을 방문할 기회는 없었습니다. 그렇지만 그곳은 저에게 늘 특별한 장소로 다가오는데, 그 이유는 여러 STS 학회에서 친척 아저씨 같으면서도 놀라울 만큼 생산적으로 도발적인 데이비드 에지의 존재 덕분입니다. 그는 《과학의 사회적 연구》의 편집장을 하면서 이 학술지를 "STS 학술지 세상의 메르세데스 벤츠"로 만들었으며, 수십 년간 선망의 대상이 되는 자리를 유지했습니다. 저는 지금도 예전 제자가 《과학의 사회적 연구》에 첫 논문을 게재하면 특별히 축하해 주는데, 그 학생의 경력에서 귀중한 공식적인 승인을 기념하는 의미가 있기 때문입니다. 저는 또한 이제는 고인이 된 메릴리 보렐Merriley Borell과 아주 가까운 사이였는데, 에든버러의 웰컴 의학사 펠로우Welcome History of Medicine Fellow이자 재생산 과학 분야, 특히 영국 내분비학 분야의 훌륭한 역사학자였죠. 에든버러대학교는 영국 재생산 관련 과학 연구가 수행되는 주요 기관 세 군데 중 하나입니다. 제가 "재생산 과학의 바이블"(Clarke 1998)이라고 부른 책의 저자인 프랜시스 마샬F.H.A. Marshall도 그곳에서 박사 과정을 밟았습니다. 영국의 재생산 과학에 종사하는 많은 사람에게 재생산 과학과 사회 문제들의 관계는 투명했고 적극적인 개입의 대상이 되었는데, 연구를 통해 알아낸 바에 따르면 미국에서는 그런 방식이 무척 드물었습니다.

하지만 에든버러에서 데이비드 에지 혼자 STS를 이끌고 나간 것은 아닙니다. 스티븐 셰이핀과 사이먼 섀퍼의 『리바이어던과 공기펌프』, 데이비드 블루어의 『지식과 사회의 상』을 포함한 핵심적 기여에서 STS를 창시한 학자 다수가 그때 에든버러에 있었습니다. 배리 반스와 도널드 맥켄지는 에든버러의 창립 전통 중 하나인 "에든버러 이해관계 학파"를 이끌었습니다. 이 분야에 대한 셰이핀의 정교한 검토(Shapin 1995)는 여전히 귀중한 교육 자료로 남아 있습니다. 따라서 탄탄하고 생기 넘치는 STS 유닛이 반세기 동안 에든버러에서 이어졌다는 점은 놀랍지 않습니다. 데이비드 에지는 과학과 과학자의 책임에 대한 생생한 관점을 체화하여 4S, 《과학의 사회적 연구》, EASST유럽과학기술학협회를 통해 STS의 형태를 구체화하고 이를 범국가적으로 발전시켰습니다.

> **플레처** 모든 학문 분과와 마찬가지로, STS는 근원적으로 정치적인 헌신과 관심에 의해 형성되었습니다. 이 분야에서 무엇이 가장 유의미하게 작용해 왔다고 생각하시나요?

클라크 STS 학자와 프로젝트들의 정치적인 기원과 헌신은 STS가 설립되고 발전해 오는 데에 근본적인 요소들입니다. 정도의 차는 있지만 STS는 초기 진보적인 출발에 기초하며, 오늘날 1960년대의 정치라 불리는 것에 뿌리를 두는 수많은 초학제 분야 중 하나입니다. 즉, 알론드라 넬슨Alondra Nelson이 최근에 말했듯이 "오랜 시민권 운동"(2013)이 있다면 "오랜 STS 운동" 또한 있는 것이죠. 에든버러의 과학학 유닛의 오랜 정치적 참여의 유산이 하나의 지표이지만, STS 운동은 훨씬 더 넓고 초국가적으로 존재합니다(Clarke 2016 참고). 제2차 세계대전 직후 초기 STS의 정치적인 역사를 보면, 다양한 대중서와 학술서, 사회 운동, 그리고 여러 활동이 많았어요. 이는 반핵 및 반전 운동, 오랜 영감의 원천이자 공식 조직으로서 '민중을 위한 과학Science for the People', 시민권, 페미니즘, LGBT 운동, 장애 인권 운동, 환경주의, 초기 동물권 운동 등을 포함합니다. 많은 과학자는 'X Scientists for Y'와 같은 다양한 진보적인 조직에 참여했습니다. 1983년부터 2013년까지 정책적 조언과 대중적 논쟁의 기회를 제공한 '사회적 책임을 위한 컴퓨터 전문가Computer Professionals for Social Responsibility, CPSR' 기구처럼 몇몇 조직은 국경을 초월했습니다.

어떤 조직들은 덜 공식적인 형태로 대학에서 연구하는 과학의 성차별주의와 인종차별주의를 문제 삼았습니다. 하버드의 리처드 르원틴Richard Lewontin, 스티븐 제이 굴드Stephen Jay Gould, 루스 허바드Ruth Hubbard는 특히 유전학과 진화론에 대해, 펜실베이니아 여자의과대학의 루스 블레이어Ruth Bleier는 신경생리학에 대해, 매사추세츠 공과대학의 이블린 폭스 켈러Evelyn Fox Keller는 물리학, 유전학, 분자생물학에 대해 연구했지요. 그 시기의 정신은 과학과 해방을 연결 지었습니다(Arditti, Brennan and Cavrak 1980). 북유럽 도처에 존재하는 정부의 과학학 관련 부서들은 노동자 조합, 노동 위생, 노동 환경에 관한 안전 문제 등과 깊게 연관되어 있습니다. 컴퓨터와 정보 기술이 업무 현장에 도입되면서 이런 활동이 상당히 활발해졌죠. 기술평가국Office of Technology Assessment, OTA은 1972년부터 1995년까지 미 의회에 속해 있었는데, 신보수주의적인 레이건 대통령 행정부에 의해 폐지되었습니다. 이 부서는 무엇보다도 대릴 추빈을 포함한 과학사회학자들을 고용했고, 산성비, 건강 관리, 지구 기후 변화, 거짓말 탐지기 등의 주제들에 관해 보고서들을 만들어 냈습니다.

오늘날 미국처럼 정치적 교착 상태와 반과학, 반지성적 태도가 극심한 시대정신에서 OTA기술평가국의 폐쇄는 전혀 놀랍지 않죠. 하지만 돌이켜 생각해 보면 이는 과학, 기술, 의료, 약학에 관한 정부 정책 수립 방식에 있어 중대한 변화를 가져온 순간이었던 것 같습니다. 정부가 의뢰하고 후원하는 연구는 더 이상 그런 정책에 영향을 미치지 않게 되었죠. 정책은 정치인들이 결정하는 일이 된 거예요. 1970년대와 그 이후 STS와 페미니스트 진영 모두에는 사회주의와 신마르크스주의 전통뿐만 아니라 좌파 자유주의도 존재했습니다. 특히 1982년 '자본주의 구조조정으로서 기술Technology as Capitalist Restructuring'에 대한 도널드 맥켄지의 글은 제 눈을 뜨게 해 주었죠(MacKenzie 1982). 저는 수십 년간 (마르크스 주의자였던) 에드가 질셀Edgar Zilsel의 "과학의 사회학적 근원"과(Zilsel [1942] 2000)의 제롬 라베츠Jerome Ravetz의 『과학적 지식과 그것의 사회적 문제점』을(Ravetz 1971) 기꺼이 가르쳤습니다.

저는 신자유주의의 초국가적인 부상과 함께 이러한 저작에 대한 관심이 희미해졌다는 사실이 안타깝습니다. STS의 역사에서 에코페미니즘이나 반인종차별주의, LGB(나중에는 LGBT) 같은 정체성 표지에 영향을 받은 기간들을 구별 지을 수도 있겠습니다. 몇몇은 별개의 공간이나 장소를 찾고자 했고 또 다른 몇몇은 통합을 시도했으며 소수의 몇몇은 둘 다를 추구했습니다. 어쨌든, 모든 정치적 사상이 학계의 안팎에서 종종 상당히 적극적이고 활기찬 교류를 통해 두드러진 토론의 주제가 되었는데, 그때가 그립습니다! 그리고 1960년대에 대학원에 있던 우리 사이에 공유되던 우려가 있는데, 바로 우리의 교육과 미래 학문이 그런 정치적 관심들을 더 분명하게 다뤄야 한다는 점이었습니다. 놀랍지 않게, 이런 정치적 사상들은 과학사회학이 다양한 형태의 구조주의와 후기 구조주의를 동반한 STS와 SKAT으로 이행하는 과정에서도 생생했습니다. 제가 1982년 즈음 STS에 입문할 시기에 과학사회학으로부터의 이 이행은 상당 부분 완성된 상태였죠.

생의학 및 환경에 대한 참여 증가

플레처 STS가 밟아 온 '궤적'을 되돌아봐 주실 수 있나요?

클라크 가장 먼저, 지난 40년가량 STS의 성장은 크기와 범위 측면 모두에서 제가 무모하게 예측했던 것을 한참 뛰어넘었습니다. 제가 입문했을 1982년 당시 STS는 어떤 면에서는 작고, 상대적으로 배타적인 세계였는데, 그때부터 극적으로 성장한 STS를 배경 삼아 얘기를 이어 나가겠습니다. 제가 가장 중요하게 생각하는 두 가지 주제로 시작해 보죠. 생의학 및 약학에 깊이 주목하는 STS의 확장Science, Technology, and Medicine Studies, ST&MS, 그리고 페미니스트 STS 프로젝트를 포함하여 환경적이고 생태학적인 문제에 대한 관심과 연구의 성장 두 가지입니다.

저와 제 STS 학생들에게 대단히 중요한 사실은 '생의학적인 것들'에 대한 관심과 수요가 엄청나게 늘어났다는 거죠. 암스테르담스카Olga Amsterdamska와 히딩가Anja Hiddinga가 지적했듯이(Amsterdamska and Hiddinga 2004: 239,260), 4S에서 의학적인 주제에 관한 발표는 1988년 11%에서 2001년 29%로 늘었고, 학술지 《과학의 사회적 연구》의 글들의 비율도 비슷하게 바뀌었습니다. 생명과학 전반의 발전을 고려한다면 이 비율은 아마 더욱 늘어났을 겁니다. 이러한 사실은 몇 가지 이유에서 중요합니다. 무엇보다도, '(생)의학적인 것들'은 테크노사이언스와 인간의 삶 사이 주요 교차점 중 하나입니다. 따라서 그것은 STS 연구와 개입을 위한 매우 중요한 '분석' 지점을 제공합니다(예를 들어 Casper and Berg 1995). '(생)의학적인 것'에 대한 4S와 SKAT의 개방성 또한 중요한데, 저와 다른 많은 사람의 용감한 노력에도 불구하고 미국에서 의료 사회학이나 건강과 질병의 사회학 분야는 대체로 생의학 분야에서 테크노사이언스의 중요성이 커지는 것에 별다른 영향을 받지 못하고 있습니다. (예 Clarke et al. 2010).

둘째로, STS와 관련된 환경적 생태적 관심의 증가 또한 극적이었고 다양한 무대에 걸쳐 나타났죠. 캐리스 톰슨Charis Thompson이 언급했듯이, "STS 분야의 사람들을 하나로 가장 잘 묶는 한 가지는 자연과 사회의 깊은 상호 의존성에 대한 관심입니다"(Thompson 2005:31). 이는 대체될 수 없죠. 수준 높은 학자들은 사회과학을 포함한 과학이 본질적으로 포스트휴머니즘 프로젝트가 되어야 함을 점점 더 잘 이해하고 있습니다. 따라서 오늘날의 STS에서 학자들은 라투르가 말한 "인간 역사에서 이제까지는 단순한 장식품이었던 것이 주요 행위자가 되어 가고 있다"는 말의 의미가 무엇인지, 또 해러웨이의 2016년 『트러블과 함께 살아가기Staying With the Trouble』가 어떻게 살기에 적합한 다종multi-species 미래를 갖기 위한 필요조건이 되는지 탐구합니다. 그러한 저작들에서 우리는 초기 STS의 핵심 문제들이 비옥한 새로운 땅을 찾는 것을 확인할 수 있죠.

예를 들어 인류학자들의 인간 중심주의 혹은 문화 중심주의는 2013년 콘Eduardo Kohn의 『숲은 생각한다How Forests Think』에서 전복되었습니다(Kohn 2013). 도나 해러웨이의 1989년 걸작 『영장류의 시각Primate Vision』에서 개척된 "동물적 전환animal turn"은 STS의 활발한 한 분야가 되었고, 2011년 휴 래플스Hugh Raffles가 (곤충 세계를 연구한) 『인섹토피디아Insectopedia』로 플렉상을 받으며 알려졌습니다(Raffles 2011). 다종적, 환경적, 인구 혹은 인구통계학적 관심사들과 재생산 및 다른 페미니즘 주제들을 결합시키며, 도나 해러웨이와 저는 2015년 덴버에서 열린 4S 모임에서 세션을 조직했고, 그 제목을 "아기가 아닌 친족을 만들어라: 산아 증가를 제창하지 않고 친족을 지지하는 인구 정치학과 환경 페미니스트 STS를 향하여"로 지었어요. 페미니스트 STS 학문은 재생산이라는 주제를 풍부하게 다루지만, 지구 행성에서 인류의 부담을 줄이는 일에는 침묵해 왔습니다. 우리가 냈던 제안에서 인용하자면, "아이가 드물면서도 소중하고, 남녀노소를 위한 진정한 가족 및 공동체 정치가 희귀하고 절실히 필요한 이 시대에, 반식민주의, 반제국주의, 반인종주의, STS에 기반한 지구촌 페미니즘 정치를 발전시킬 수 있을까? (…) 어째서 페미니스트 STS는 이런 근본적인 노력에서 선두에 서 있지 않는가?" 우리와 함께 미셸 머피Michelle Murphy, 킴 톨베어Kim TallBear, 샤링 우Chia-Ling Wu, 유링 후앙Yu-Ling Huang, 루하 벤자민Ruha Benjamin 등이 이 질문에 답하기 위해 노력하고 있습니다(Clarke and Haraway 2018).

"페미니즘 비전은 어디에 있는가?"라는 난해한 질문에 대한 답은 STS의 역사, 특히 1990년대의 '과학 전쟁'과 그 이래 신자유주의 부상을 알린 '문화 전쟁'을 되돌아봄으로써 부분적으로 해결될 수 있습니다. 이런 전쟁들은 STS를 정치적으로 심각하게 역행시켰고, 진보적인 뿌리와 비판적인 통렬함을 억압했습니다(예 Hilgartner 1997; Hess 2009). 그러나 오늘날 반기후 과학 담론와 고등 교육에 대한 반지성적인 신자유주의적 비난이라는 거대 세력의 소용돌이에 비하면,

과거의 논란은 불쾌한 폭풍우 정도로 보일 수도 있습니다. 라투르가 말한 "과학은 또 다른 수단으로 추구되는 정치이다"(Latour 1983:167-8)가 사실임이 이제는 극명하게 드러나고 있습니다. 다행히 앞으로 수십 년 동안 더욱 탄력을 받을 STS 및 다른 분야들의 비판적 통렬함이 르네상스를 맞이하였으며 앞으로 몇십 년 동안 성장할 것임을 알고 있습니다. 그러나 다른 한편으로는 환경이 파괴되고 지구는 황폐해지고 더러워지는 동안 우리는 그저 빈둥거리며 시간을 허비하는 건 아니냐는 두려운 마음이 생기기도 합니다.

플레처 STS의 어떤 면이 선생님께 특별히 의미 있었나요? 강렬하거나, 유용하거나, 좌절감을 안겨 준 점은 무엇이죠?

클라크 저에게 강렬하게 다가온 문제들은 이미 다뤘으니, 이 질문에 대해서는 불만과 이를 해결하기 위한 충고를 제시해 보겠습니다. STS의 엄청난 성장과 인기 덕분에 요즘 우리 전문 분야에서는 이 분야에서 훈련받지 않거나 혹은 훈련이 충분하지 않은 사람들이 학회에서 발표하거나 학술지에 글을 투고하는 일이 많아졌습니다. 고전적인 문헌을 습득한 사람들에게는 그들의 숨 막히는 순진함이 고통스러울 정도로 분명하게 보이죠. STS의 핵심 문제들은 중요한 학문 영역들을 가로지르기 때문에 학문적으로 말실수하는 것을 너무 쉽게 만들어 버려요. 그래서 저는 이 인터뷰를 통해 STS 박사 과정 학생들 또는 이 분야에 새로 진입한 사람들이 STS의 내용과 역사에 대해 더 나은 훈련을 받아야 한다고 외치고 싶습니다. 아마 온라인 STS 강좌와 강의 계획서 모음집 등이 필요한 때인 것 같아요. 어떤 사람들은 예상치 않게 STS에 입문했지만 관련해서 교육받을 기회가 전혀 없는 곳에 있었을 수도 있어요. 한 가지 제안은 STS 학회들이 사전에 짧은 강의 계획서와 함께 "STS 개론: X를 중심으로"라는 세션을 매년 내놓아 보이는 것입니다. 이는 STS 예비

교육 및 네트워킹 기능을 할 것입니다. 정리하자면, STS 학문의 질이 향상되기를 원한다면 STS를 배울 기회를 늘리고 이를 초국가적인 STS 행사장들에 마련해야 한다는 거죠.

"초학제성의 가치를 인정하는 분야에 속해 있다는 것에 점점 더 감사함을 느끼고 있어요."

플레처 과학기술에 관여하는 다른 학술 분야, 대중, 기관, 정책 입안자 같은 다른 핵심 집단들과 관련하여 STS의 지위를 어떻게 보시나요? 이 관계들이 STS의 형성에 어떤 영향을 미쳤나요?

클라크 STS는 여성학이나 인종학/민족학처럼, 정도의 차는 있더라도 정체성을 기반으로 하는 일련의 새로운 간학제적 및 초학제적 분야들이 출현하는 끝자락에서 학계에 진입했습니다. 다른 정체성 기반 분야들과 마찬가지로, 과학, 기술, 의료 연구를 진지하게 여기는 학문 분야들 안팎에서 투쟁과 불화가 모두 있었습니다. 역사, (생명윤리학을 포함한) 철학, 의학 및 보건학 역사의 경우에 특히 그렇지만, 사회학에서도 마찬가지입니다(예 Casper 2016). 나아가 과학, 공학, 생의학 내부에서 지식의 생산과 응용의 사회적 차원이 점점 더 큰 관심사가 되고 있습니다. 일부 교육 과정은 역량과 STS의 "소비자 수용성"을 높이기 위해 "자기 잇속만 차리지만", 모두가 그런 건 아니죠. 그래서 오늘날 의학과 공학 교육을 비롯한 학계의 특이한 구석에 홀로 (외롭게) 있는 STS 학자들을 발견할 수 있습니다. 다양한 정책 분야들도 STS와 관련된 주제들에 점점 더 많이 관심을 갖고 있습니다. 하지만 두 가지 관련 있는 추세가 STS의 독자적인 발전에 특히 부정적인 영향을 미치고 있어요. 미국과 다른 나라들에서, 신보수주의가 주도한 '문화 전쟁'은 반인종차별주의,

페미니즘, 포스트구조주의를 포함한 여러 관련된 대상들과 더불어 STS를 겨냥해 왔습니다. 둘째로, 신자유주의 거버넌스는 미국과 영국을 중심으로 모든 학계를 초국가적으로 파괴하고 있어요. 다시 말해 학계가 수축되는 와중에 STS가 등장한 거죠.*

플레처 선생님의 연구에 가장 중요했던 공동체는 무엇이었나요?

클라크 제 저작 대부분은 생물학, 의학, 농업의 역사를 포함한 역사사회학이었고 저는 이 분야들의 역사가들과 즐겁게 일해 왔습니다. 1990년대에 우리가 협업해서 『미국 생물학의 확장The Expansion of American Biology』(Benson, Maienschein and Rainger 1991), 그리고 1993년에는 《과학에 대한 관점들: 역사적, 철학적, 사회적Perspectives on Science: Historical, Philosophical, Social》의 특집호인 "국경을 가로질러: 시카고의 생물학Crossing the Borderlands: Biology at Chicago"을 만들어 내기도 했어요. 제 저작의 또 다른 가닥에서, 1970년대 이후부터 페미니스트 STS 내부와 사회과학 전체에 걸쳐 재생산 문제가 "사회 이론의 중심으로 치고 들어온 것"(Rapp 2001:466)을 들 수 있습니다. STS에 영향 받은 재생산 연구는 오랫동안 제 연구의 중심이 되어 왔고(예, Clarke 1983, 1998) 저는 이 영역을 만들고 유지하며 점점 더 초국가적이고 초학제적으로 확장하는 학자들의 공동체에 참여해 왔습니다. 4S는 이 전공 분야에서 학회 세션이 서적으로 발전되도록 돕는 안정된 초국가적 장이 되어 주었죠.** 일부 학문 분야는 편집된 책과 학술지 특집호에 참여하는 일을 저평가할지 모르지만, 강력한 협력에 기초한다면 폭넓은 학습과 상호 교류는 기여자들과 분야 전체 모두에 엄청난 가치를 제공해 줄 겁니다. 젊은 학자일 때 저는 그런 초학제적 프로젝트들에 참여할 것을

---

* 신자유주의와 STS에 대한 좋은 논의가 David J. Hess, "Neoliberalism and the History of STS Theory: Toward a Reflexive Sociology" *Social Epistemology* 27 (2013), pp. 177-193에 있다.

권장받았고, 역사학자들로부터 받은 급진적인 조언을 따라 학자로서의 삶을 발전시킬 수 있었던 것을 매우 다행으로 여겨요.

"이론-방법의 꾸러미"와 "탈식민주의" 연구하기

플레처 오늘날 STS가 어떤 방향을 향하고 있다고 생각하시나요? 더해서 STS에서 부족한 것, 아직 행해지지 않은 것이나 더 탐구해야 할 필요가 있는 게 무엇이라고 생각하시나요?

클라크 현시대 STS의 특징은 방법론과 이론화 모두에 대한 관심이 늘어나고 있다는 점인데요, 절실히 필요한 관심이고 우리 노력의 결실이죠. 현재 STS의 공통된 핵심 가정이자 리 스타가 '이론-방법의 꾸러미theory-methods packages'라고 명명한(Star 1989a) 것들은 실질적으로 대체 불가능합니다(예를 들어, Jensen 2014 참조). 초기 STS 프로젝트는 무엇이 데이터로 간주되는지의 이론 적재성, 과학의 생성 및 유지의 일환으로서 경계 구축, '오래된 진리old truths'의 지속적인 추방으로 인한 (쿤을 넘어서는) 패러다임 전환의 성격, 객관성의 특성과 우연성 같은 방법론적 문제들을 정기적으로 명료화했습니다. 오늘날의 작업은 새로운 지식 생산의 현장과 실행을 다루는 문제들이나, 과학, 지식, 기술이 어떻게 이동하는가에 대한 꾸준히 어려운 문제들을 재검토하고 있습니다.

** 예를 들어, 앤 새트넌(Anne Sætnan), 넬리 아우드슈온(Nelly Oudshoorn), 마르타 키레크직(Marta Kirejczyk)은 2000년 그러한 세션들을 기초로 해서 『몸의 기술(Bodies of Technology)』라는 책을 공동 편집했다. 비슷하게, 샤링 우(Chia-Ling Wu), 아주미 추게(Azumi Tsuge)와 클라크는 동아시아 과학기술학에 재생산 기술과 젠더에 관해 《East Asian Science, Technology and Society》 특별호를 공동 편집했다(Clarke 2008; Wu et al. 2008). 또한 클라크는 케임브리지에서 흥미롭고 획기적이며 초학제적인 "세대부터 재생산까지 프로젝트"에 참여할 특권을 가지기도 했다(Clarke 2007; http://www.reproduction.group.cam.uk/ 참조).(원주)

이론 이야기로 들어가 보죠. 방법론에 관한 저작들에서 저는 1970년대 이래로 사회 이론에서 주로 포스트구성주의의 양상을 참작한 "사회적인 것을 향한 (재)전환 또는 재구성"이 이루어졌다고 주장했습니다(Clarke, Friese and Washburn 2015:43-47; 2018:62-63). 이 "전환"은 주로 (대략 출현 순서대로 나열된) 다음과 같은 여러 가지 중복되거나 융합적인 접근들을 중심으로 통합되었습니다. 부르디외주의Bourdieusian와 장이론field studies, 상호작용주의 사회세계/아레나이론 interactionist social worlds/arenas theory, 푸코주의Foucauldian 담론과 장치dispositif에 관한 이론, 행위자 네트워크 이론ANT, 들뢰즈와 가타리의 어셈블리지assemblage와 리좀rhizome 이론입니다. 이들은 모두 관계적/생태학적 접근법으로, 저는 이들이 오늘날 STS가 채택하는 주요 '이론-방법의 꾸러미'라고 주장합니다. STS에서 연구의 대상은 넓게 말하자면 지식의 생산이기 때문에, STS 종사자들의 방법론은 저자 자신 혹은 다른 사람들에 의해 언제나 철저한 검토하에 있어 왔습니다. 따라서 데이터를 성찰하는 것과 데이터 삼각측량triangulation*에 대한 관심은 STS의 방법론적 도구 상자에 '추가'된 게 아니라 이미 '내장'되어 있으며, 계속해서 우리의 참여를 이끌고 있습니다(예를 들어 Gad and Ribes 2014; Woolgar and Lezaun 2013 참조).

그러나 방법론이 연관된 다른 경우들과 마찬가지로, STS는 자신의 성공으로 인해 고통받고 있습니다. 예를 들어 《과학의 사회적 연구》의 전 편집자였던 마이크 린치는 최근 "지난 십 년간 저는 BADANTBanal and Derivative Actor Network Theory, **따분하고 시시한 행위자 네트워크 이론**의 양이, 행위자 네트워크 이론의 기치하에 쓰인 매우 잘 연구되고 폭넓게 유익한 저작들을 훨씬 뛰어넘었다는 안타까운 결론에 도달했습니다."라고 말했죠. 저는 이런 해석적인 접근으로 수백 개의

* 데이터 삼각측량은 시간, 공간, 사람 등 여러 가지의 데이터 소스를 함께 사용해서 데이터를 분석하는 것을 말한다. 공학에서 세 점에서 이루어지는 삼각측량이 정확한 수치를 생산해 내듯이, 여러 데이터를 동시에 고려하면 정확도가 높아진다는 의미이다.

공동 편집된 책들을 검토해 본 결과(Clarke and Charmaz 2014; Clarke, Friese and Washburn 2015), 근거이론grounded theory**과 (제가 근거이론grounded theory을 확장해서 만든) 상황 분석 연구situational analysis*** 모두에서 동일한 결론에 도달했습니다. 따라서 저는 미래 STS 훈련이 '이론-방법의 꾸러미'에 대한 더 큰 관심을 포함해야 한다고 주장하는 것이지요. 더욱이 STS 논문과 책을 검토할 때 더 명확한 비판이 반드시 필요한데, 이 점은 검토를 부탁받은 저술의 수준에 충격받은 옛 제자들이 강조한 내용이기도 합니다. 더 큰 문제는, 최근에 대학 출판사에서 출판된 책 중 적절한 평가자에게 전달되지 못한 게 분명한 책이 너무 많다는 겁니다. 대학 교수의 종신 재직권을 따기 위해서는 책을 빨리 써야 하는 것이 맞지만 장기적인 평판도 중요하죠. 학자, 분야, 출판사 모두에게 말입니다.

앞으로의 방향의 관련하여, 저는 상대적으로 초기 STS에서는 잘 볼 수 없었던 테크노사이언스, 젠더, 인종, (탈)식민주의, 토착성 사이의 교차점들에 들뜬 마음으로 주목하곤 합니다(예를 들어, Benjamin 2016; Prasad 2016; Rodriguez-Muniz 2016 참조). 이 모든 건 재생산 과학의 역사에 관한 제 초기 저작에 분명하고 선명하게 함축되어 있고, 그때부터 지금까지 학자로서 저에게 생생하게 영향을 미치고 있죠. 수년간 이 분야들에서 훌륭한 연구가 충분히 진행된 만큼, 1990년대에 저는 '과학, 의학, 기술에서의 젠더, 인종, 탈식민주의'라는 어색한 제목의 강의를 개설할 수 있었습니다. 그때라 하더라도 하나의 강의에서 젠더와 인종 각 범주가 어떻게 다양한 과학기술에 의해

** 인터뷰나 관찰 등을 분석해서 이론을 세워 나가면서 사회적 현상을 연구하는 사회과학의 방법론을 말한다. 사회과학 분야의 질적 연구 전반에서 널리 사용된다. 1968년 바니 글레이저(Barney Glaser)와 (아델 클라크의 지도교수였던) 안셀름 스트라우스(Anselm Strauss)가 함께 개발했다.

*** 클라크가 푸코, 들뢰즈, 가타리, 해러웨이의 연구에서 영감을 받아 근거이론 분석 방법을 확장해서 만든 방법론이다. 상황 분석에서는 상황 자체가 분석의 단위가 되며, 분석가는 이를 분석하기 위해 상황 지도, 사회 세계/영역 지도, 위치 지도의 세 가지 종류의 지도를 만드는 방법을 사용한다.

구성되었고 과학 지식 및 기술 생산자들의 젠더와 인종이 어떻게 지식과 기술의 형성에 영향을 미쳤는지에 관해 표면만 간신히 훑을 수 있었습니다. 페미니즘과 반인종주의 학자들에게, 이런 초기 작업들은 중대하고 폭넓은 중요성을 지니면서도 가시적이고 분석 가능한, '쉽게 달성할 수 있는 목표들'에 집중되어 있었죠. 오늘날 다량의 '전환'들을 고려했을 때, 이런 영역에서의 도전들은 극적으로 확장되고 있고 더 흥미진진해지고 있어요(Bailey and Peoples 2017).

UC 샌프란시스코와 버클리 대학에 있는 친한 동료들과 《동아시아 과학, 기술, 사회East Asian Science, Technology and Society, EASTS》를 통해 저는 STS의 상상된 미래에 이르는 한 가지 방법으로 탈식민주의 STS에 가담하게 되었습니다. 이것을 정의 내리기 위해 고민한 워윅 앤더슨Warwick Anderson은 다음과 같이 주장합니다(Anderson 2015: 652).

> 탈식민주의 지향은 모든 접촉 지대에서 관계의 복잡성에 주목하도록 유도한다. 제국이 전 세계를 경작해 온 지형을 재검토하며 지배가 절대적이지 않다는 것, 즉 제국적 혹은 권위적 지식은 식민지적 환상과 자부심에도 불구하고 항상 현지 조건에 적응하고 다른 전통과 혼합하며 차이를 통합해야 함을 보여 준다. (…) 따라서 자연-문화, 현대-전통, 글로벌-지역과 같은 제국주의적 이분법들을 해체하는 분석은 탈식민 또는 탈식민화 플랫폼 위에 구축된다.

STS에서 명시적으로 탈식민주의 이론에 의존하는 것은 여전히 드물지만, 탈식민주의적 감수성은 STS의 비판적인 학술 작업에 스며들었습니다. 따라서 탈식민주의 STS의 향후 주요 연구 방향은 "역사적 잔해 속에서 지저분하고 고르지 못한 정치 그리고 상충하는 다양한 요소들"을 분석하는 것입니다. 그리고 이러한 작업은 전 지구에 있는 모든 종류의 과학, 기술, (생)의학에 적용될 수 있습니다. '탈식민주의'라고 너무 단순하게 이름 붙은 복잡한 역사적 상황 속의 지저분한 것들을 분석하기 위해 '이론-방법의 꾸러미'를 들여오세요. 여기서 우리는 초기 STS에서 "불변의 가동물immutable mobile(Latour 1986; Law and Singleton 2005)"과 "경계물boundary object(Star [1988] 1989b, 1991, 1995b, 2010; Star and Griesemer 1989)" 개념들 사이의 중요한 논쟁으로 돌아오게 됩니다.

라투르는 본질적으로 과학기술이 그 안정화된 행위자 네트워크를 통해 온전한 채로 이동한다고 주장했습니다. 반면에 스타는 과학, 기술, "생의학적인 것들"은 자신의 목적을 위해 그것을 사용하는 사람들에 의해 언제나 가차 없이 (재)해석되고 변경된다고 반박했습니다. 이동하는 일과 재배치하는 일은 모두 끈적거리고 지저분합니다. 탈식민주의 STS에서, 스타에 의하면 "지역적" 조건, 필요, 요구 사항에 따라 "재배치"되지 않고 이동하는 것은 없습니다. 이 과정은 이동하기 위해서는 유연해야만 하는 네트워크의 확장과 부분적 삭제를 포함합니다(Prasad 2016). 따라서 탈식민주의 STS는 '이론-방법의 꾸러미' 접근에 관해 광범위한 질문들을 불러일으킵니다. 『지식의 생태학Ecologies of Knowledge』의 서문에서, 스타는 핵심적인 분석적 차이는 생태학적 접근법과 환원론적 접근법 사이에 있다고 주장합니다. "과학기술에 대해 생태학적으로 책임감 있고, 사회적, 철학으로 정교한 분석이라는 목표를 발전시키기 위해서는, 인종, 성별, 계급뿐만 아니라 규모와 경계 짓기에 대한 질문에도 정면으로 맞서야 합니다. 회귀적이고 성찰적으로 이런 일을 하기 위해서는 생태학적 접근이 필요합니다."(Star 1995:14; 2015:23-24).

오늘날에는 위에서 언급한 "사회적인 것으로의 (재)전환"의 일환이기도 한 일련의 생태학적인 접근들을 사용할 수 있습니다(Lury and Wakeford 2012). 탈식민주의 STS를 추구하기 위한 "이론-방법의 꾸러미"를 선택하는 데 또 중요한 점은 지저분한 걸 다루는 능력입니다. 탈식민주의 STS 프로젝트는 본질적으로 다문화적, 다역사적, 다공간적, 다변형적인데, 즉 거의 모든 것이 다면적이고 무척 지저분하고 복잡하죠. 『방법론을 넘어: 사회과학 연구에서의 지저분함After Method: Mess in Social Science Research』과 다른 책에서 존 로는 학술 연구에서 단순함과 깔끔함은 과대평가되었을 뿐 아니라 종종 쓸모없다고 주장합니다(John Law, 2004, 2007). "(사회)과학은 모호하고 불명확한 현실을 만들어 내고 이해하기 위해 노력해야 하는데, '세상의 대부분이 그렇게 상연되기 때문이다'"(Law 2014:14, 강조는 원본). 우리의 프로젝트는 '본래 장소에서' 관찰하고 분석하는 것입니다. 그리고 그렇게 하기 위해서는, "우리의 방법들은 늘 다루기 힘든 집합체assemblage라는 점을 이해해야" 합니다(Law 2007:605). 로는 삶을 단순화하고 정리하는 방법들을 "위생의 방식forms of hygiene"이라고 부릅니다. 그런 방법들은 "큰 벽"을 쌓아서 복잡성의 불확실성을 배제하고 벽 안의 것들에 집중합니다. 이런 방법은 지저분함과 다른 불확실성들을 시야와 고찰에서 지움으로써 사용자들을 보호하지만, 분석하려고 노력하지 않습니다. 대신 우리는 단순화에 적극적으로 대항하며 복잡성을 직접적으로 다룰 필요가 있습니다(Clarke and Keller 2014).

또 다른 '이론-방법의 꾸러미'의 관심사는 '인식론적 다양성epistemological diversity' 개념인데, 이 개념은 탈식민주의적이고 토착적인 STS에 중요하며, 오늘날의 질적 탐구와 민주주의와 과학에 대한 논의에서도 활발히 이야기됩니다. 인식론적 다양성은 여러 '앎의 방식'이나 '국지적 인식론'을 명시적으로 인정합니다(Lock 2001). 초기 페미니즘 학자들과(Anzaldua 1987; Collins 1990) 초기 탈식민주의 STS는 여기에 꽤 진지하게 주의를 기울였지만(Watson-Verran and Turnbull 1995), 주류로부터 주변화되는 경향이 있었습니다. 인식론적 다양성의 중요성이 커지는 것은 다양한 "앎의 방식"과 지식 생산의 장소에 대한 인식이 증가하고 오늘날 많은 토착 (탈)식민주의 학자가 STS 학계에 존재하기 때문입니다(Anderson 2006; Mertens, Cram and Chilisa 2014). 그런 저작들은 인식론적 다양성과 플레크(Fleck [1935] 1979) 식의 '사고 공동체thought collective'의 소수자 전통 사이 연관성에 대한 STS의 고전적인 질문들을 끌어냅니다.

탈식민주의 STS를 통한 흥미진진한 '개통openings' 가운데에는 2007년 창간된 EASTS에서 연합한 아시아와 동아시아, 그리고 그 너머 학자들의 참여가 있었습니다. 창립 편집자 다위 후Daiwie Fu와 샤링 우는 탈식민주의 STS의 기본적인 질문들을 다루기 위해 한국, 대만, 일본에서 많은 학자를 불러 모았습니다. 후는 이론적이고 실질적으로 확장하고 있는 STS에 관하여 "동아시아 STS는 어디까지 나아갈 수 있는가?"라는 도발적인 질문을 던졌습니다. 린Wen-Hua Lin과 로(2015)는 "우리는 후발주자였던 적이 없습니다!"라고 답했고 다른 학자들도 이 복잡하고 주요한 논의에 뛰어들었습니다(Chen 2012). 현재 듀크대학교에서 간행되는 EASTS는 일반 STS와 탈식민주의 STS 주제들을 모두 다루는 '교차' 학술지입니다. EASTS와 남미를 비롯한 지역들에서 STS 제도화의 성공은 테크노사이언스, 사회, 지구의 과거와 미래에 대한 중요한 질문을 던지는 도구로 STS가 점점 더 초국가적으로 수용되고 있음을 보여 줍니다.

플레처 STS의 미래를 생각할 때 우려되는 점이 있으신가요?

클라크 오늘날 STS가 맞닥뜨린 몇 가지 주요 도전이 보입니다. 첫째는 페미니스트 STS와 주류 STS 간의 "거대한 분리great divide"로, 이 분리는 둘을 자주 단절시킵니다. 이 유감스러운 표현은 페미니스트 STS를 주변화하는 복잡한 분리를 나타내는 데 유용합니다. 오늘날 여성학과 젠더 연구에서 페미니스트 STS의 극적인 성장은 새로운 학술지인

《카탈리스트Catalyst》를 포함하여 학계 내의 발전을 초국가적으로 뒷받침하고 있습니다. 하지만 그런 분리는 종종 비생산적인 방식으로 다시 만들어지곤 합니다.

둘째 도전은 페미니스트 STS와 STS 모두에서 계속해서 유색인종 학자가 상대적으로 적다는 것입니다(Benjamin 2016). 1999년 4S의 페미니즘 간부 회의에서, 페미니즘 연구자들은 원했던 모든 세션을 확보했지만, 유색인종 학자, 그리고 인종과 인종주의의 문제를 다루는 학자는 여전히 부재하다는 문제가 있었습니다. 저는 미셸 머피와 웬다 바우쉬파이스Wenda Bauchspies와 함께 매사추세츠의 케임브리지에서 열리는 2001년 학회에서 세션을 조직했고, 마침내 학회 전체에 걸쳐 이어지는 “과학, 기술, 의료에서 인종 및 다른 불평등들”에 대한 14개의 연속적인 세션을 만들어 냈습니다. 놀라웠죠. 도쿄, 부에노스아이레스, 바르셀로나에서도 4S 학회들이 열리며 그와 유사한 활동이 증가했습니다. 하지만 다양한 피부색을 가진 학자가 더 지속적으로 참여하지 못한 것은 안타깝습니다.

셋째로 다소 회의적인 우려는 STS와 페미니스트 STS의 담론적 지위에 관한 것입니다. 20세기에 거쳐 다양한 전문가가 과학, 기술, 의료와 ‘사회’ 사이를 ‘중재mediate’하기 위해 동원되었습니다(저는 ‘중재’라는 표현을 거의 사용하지 않지만 여기서는 적절해 보입니다). 제2차 세계대전 이후에 의료사회학은 미국 내에서 국립보건원NIH과 정신건강연구원NIMH이 당초에 번창함에 따라 엄청난 연방 지원금을 받으며 급속하게 성장했습니다. 기술학 또한 냉전 시기에 미국국립과학재단NSF이 확장하면서 그에 상응하여 성장했죠. 그러나 1970년대에 의료인류학이 나타났고, 뒤이어 혹은 동시에 (대체로 철학적인 성격을 띠는) 생명윤리학이 등장했어요. 그리고 1980년 이래로 STS와 페미니스트 STS는 서로 분리된 채였지만 각자 번성하였죠. 이런 발달의 단계들을 고려할 때 과학, 기술, 또는 의료 발전에 대한 어떠한 묘사도 본질적으로 성인전聖人傳, hagiographic의 성격을 띠게 될까 우려됩니다(Abir-Am 1983). STS를 하는 우리는 (종종 매우 다양한 요구를 가진) 사람들을 위한 과학과 기술이 무엇인지에 주목하기보다는, 과학의 지지자, 번역가, 정당화 또는 정상화하는 사람이라는 역할을 맡고 있는 것은 아닐까요? 과학의 내용을 너무 많이 설명하다 보니 제대로 된 STS적 분석에 충분한 시간과 지면을 할애하지 못하는 학회 논문들을 보며 저는 점점 더 불안해지고 있어요! 폴 볼페Paul Wolpe는 "학문으로서 생명 윤리는 감시자이자 비평가로서의 잠재적 역할과 생명공학의 사회적 수용을 원활하게 만드는 역할 사이에서 갈등하고 있다." 말합니다(Wolpe 2010:110). 이러한 우려는 데이비드 헤스David Hess가 "언던 사이언스undone science" 즉 "수행되지 않은 과학"이라고 부르는 것과 맞닿아 있다고 생각합니다(Hess 2009). 우리는 무엇이 수행됐고 수행되려고 하는지를 파악하는 데 너무 집중하다 보니, 무엇이 수행될 수 있었고 수행되었어야만 했는지는 보지 못하는 거죠.

관련된 마지막 어려움은 고등 교육에 대한 신자유주의의 영향이 많은 사회과학 프로젝트 및 직장을 얻는 데 치명적이었다는 건데, 특히 판매할 만한 명확한 '상품products' 내지는 '윤활유lubricants'가 없는 STS 학자들에게 더 그렇습니다. 즉 학계가 외부로부터 자금을 확보해야 한다는 요구는 커지는 반면, '비판적인' STS를 위한 공간, 장소, 자금 조달 가능성은 점점 더 줄어들고 있습니다(Lave, Morowski and Randalls 2012). 그러나 2015년 UC 버클리에서 열린 '신자유주의와 생물정치학Neoliberalism and Biopolitics'과 같은 학회들이 보여 주듯이 희망이 전멸한 것은 아닙니다. 앨런 어윈과 동료들이 2013년에 주장했듯 이런 우려들은 더 중요해지고 있으며 민주적인 실천을 개선하는 데에 영향을 미치고 있습니다. 모니카 캐스퍼Monica Casper가 '페미니즘 전보The Feminist Wire'를 가지고 한 중요한 작업처럼, 차세대 STS 학자들은 이미 소셜미디어와 그 너머에서 비판적 STS를 위한 더 효과적인 장소를 찾고 있습니다. 저는 캐스퍼와 함께 『우리 몸, 우리 자신Our Bodies, Ourselves』의 네 가지 판본에서 팹 테스트자궁경부암 조기 검사법에 대해 글을 쓴 것이 아주 자랑스럽습니다. 제가 상상하는 미래의 STS에서 우리는 대대적으로 퍼진 페미니즘 분석법을 당연시하기 시작합니다. 이를테면, 연구하는 주제에 젠더, 인종, 성적 취향, 장애, 토착성, 차이와 불평등에 관한 쟁점들이 있다면, 우리는 연구자에 의해 그 쟁점들이 적어도 충분히 다루어질 거라는 확신을 할 겁니다. 그런 쟁점들은 주어진 프로젝트에서 유일한 초점이 될 필요는 없지만, 존재한다면 언제나 진지하게 다루어야 하고 그 귀결들도 검토해야 하죠. 앞서 말한 "언던 사이언스"죠.

플레처 마지막으로, STS에서 선생님을 가장 흥분시킨 건 무엇이고, STS는 어디로 향하는 것 같으신가요?

클라크 STS에서 얻은 가장 큰 이익은 초국가적인 학문적 노력이 함께하고 세계 여러 지역에서 동료 관계를 발전시킨 점입니다. 제 관계망은 저를 유럽과 북유럽, 그리고 여성 운동의 역사를 통해 인도 및 다른 지역과도 연결을 맺은 네덜란드의 훌륭한 페미니스트 STS 세계로 데려다주었습니다. 여기에는 지금은 안타깝게도 없어졌지만 1980년대에는 넬리 아우드슈른Nelly Oudshoorn과 마리안 반 덴 윈가르트Marianne van den Wijngaard를 통해 접한 생물 여성학Women's Studies Biology 박사 과정도 포함했습니다.

대만과 도쿄를 여행하면서 진정한 의미의 초국가적인 STS가 무엇을 의미하는지에 대한 이해가 깊어지기도 했습니다. 몸이 안 좋아서 부에노스아이레스에서 열리는 4S 학회에 참석할 수 없었던 것과 다른 멀리서 온 초대들을 거절해야 했던 것이 애석하죠. 그런 연줄은 제 경력 전체에 걸쳐 소중한 보상이 되었습니다. 십 년이 넘는 기간 동안 (탈)식민주의와 STS를 가르쳐 왔지만 제 지식은 여전히 얕습니다. 초국가적 STS에서 아시아와 남미의 부상은 새로운 연구자, 연구 주제, 교육적인 홍보 측면에서 저에게 무척 계몽적이었으며, STS의 미래에도 매우 유익했습니다. 미래에는 아프리카가 학자들의 초점을 집중시키고 기존 연구를 확장시키는 장소가 될 것입니다.

미래에 대한 제 마지막 관심사는 참여 정치를 중심으로 합니다. 제가 STS에 '입문'했을 때는, 누구나 특정한 인물 혹은 접근법 밑에서 수양해야 했습니다. 오늘날에는 만약 지식이 힘이라면, "최선의 방법 하나"만을 추구하는 것은 그 힘을 비생산적으로 집중시킵니다. 이와 대조적으로, 이론적(혹은 '이론-방법의 꾸러미') 다원주의를 존중하는 것은 힘을 분산시킵니다(Yanow and Schwartz Shea 2006: 390). 샹탈 무페Chantal Mouffe의 경쟁적 다원주의agonistic pluralism 개념은 이를 잘 표현하고 있습니다(Mouffe, 2000:102-103).

> 적대주의antagonism는 원수 간의 싸움인 반면, 경쟁agonism은 적수adversary 간의 싸움이다…. "경쟁적 다원주의agonistic pluralism"의 관점에서 보면, 민주 정치의 목표는 적대주의를 경쟁으로 바꾸는 것이다. 이는 집단적인 열정이 특정 문제들에 대해 스스로를 표현할 수 있는 통로 제공을 필요로 하며, 여전히 식별 가능하게 만들면서도 상대방을 원수가 아닌 적수로 구성할 것이다. (…) "경쟁적 다원주의"에 따르면 민주 정치의 주요 임무는 대중의 영역에서 열정을 제거하는 것이 아니라 그런 열정을 민주적 계획에 동원하는 것이다.

지배나 가짜 합의 없이 참여를 고취시키는 것은 스트라우스식Straussian* "합의 없는 협력"(Clarke and Star 2008)과 "인식론적 다양성"(Anderson 2006) 양쪽 모두를 증폭합니다. 참여와 협동 모두

* 의료사회학의 선구자 안셀름 스트라우스(Anselm Strauss)를 말한다. 스트라우스는 바니 글레이저와 함께 사회과학 방법론인 근거이론을 발전시켰고, 상징적 상호 작용 이론의 선구자 중 한 명이다.

제가 장려하고자 하는 그런 다리 놓기, "교차", 융합 프로젝트, 학술지, 조직에 필수적입니다. 제가 상상한 과학, 기술, 의료 연구의 미래는 다양한 학문, 전공, 다른 연관된 문화 및 가치관의 사람들이 만나서 함께 향상된 다종의 정의를 향해 혁신적인 노력을 추구하는 장입니다. 예를 들어 저는 니콜라스 로즈Nikolas Rose와 일리나 싱Ilina Singh과 함께 《바이오소사이어티BioSocieties》를 공동 편집하는 영광을 누렸는데, 십 년이 넘는 기간 동안 생명과학자와 사회과학자들을 같은 학문적 책상에 앉히기 위해 노력해 온 학술지죠. 최근에는 사라 프랭클린Sarah Franklin과 마틴 존슨Martin Johnson에 의해 비슷한 의제를 지니면서도 더 집중적인 새로운 온라인 학술지 《재생산 생의학과 사회Reproductive BioMedicine and Society》가 창간되었습니다.

대학을 잇는 기획들도 STS 가교를 촉진합니다. 저와 함께 STS를 가르쳤던 인류학자 바버라 쾨니히Barbara Koenig는 UC 샌프란시스코에서 '초학제적 중개 유전체학 ELSI 연구 센터'를 설립하여 우리 학교에서 이제껏 넘은 적 없는 집단적 경계를 넘었습니다.* 이 기관은 '인종, 민족, 젠더, 유전학' 연구 집단을 포함합니다. UC 산타크루즈에서는 제니 레어든Jenny Reardon이 실험적인 시민 공간과 협력적인 연구 수행을 추구하는 '과학과 정의 연구 센터'를 설립하여 공동 총괄하고 있습니다.** 참여자들은 사회 정의라는 렌즈를 통해 생의학 혁신, 종 소멸, 빅데이터 같은 초학제적인 주제들을 탐구할 수 있습니다. ISHKABIBBLE은 약 30년간 과학자들과 다른 흥미 있는 사람들 모두를 끌어오는 데에 성공한 '생물학의 역사, 철학, 사회학 국제 학회International Society for the History, Philosophy and Social Studies of Biology, ISHPSSB'의 별명입니다(http://ishpssb.org/를 통해 볼 수 있음). 관심 있는 과학자들에게 과학의 사회적 차원, 그리고 반대로 사회의 과학적 차원을 탐구할 수 있는 장소를 제공하는 초학제적인 STS의 시도를 보여 주는 예시들이죠.

---

* http://www.ct2g.org/ (원주)

** http://scijust.ucsc.edu/ (원주)

지배 없는 참여, 합의 없는 협력, 인식론적 다양성 모두 제국주의 유산을 다시 새겨 넣는 것에 대항한다는 점에서 STS의 초국가적 정체성에 중요합니다. 우리는 언어적, 문화적, 시각적, 인식론적, 심지어는 존재론적인 번역의 도전을 직면하게 될 것이며, 이때 협력은 STS의 미래를 위해 헤아릴 수 없는 가치를 지니게 될 것입니다.

대담자 소개

아델 클라크Adele E. Clarke는 1966년 바너드대학교에서 사회학으로 학사 학위를, 1970년 뉴욕대학교에서 사회학으로 석사 학위를 취득했다. 소노마 주립대학교에서 여성학을 가르친 것을 포함하여 다양한 곳에서 교사 생활을 하다가, UC 샌프란시스코로 옮겨 박사 학위 논문을 쓰기 시작해 1985년 완성했다. 스탠포드대학교에서 박사후 펠로우 과정을 거치고, 1989년 조교수로 임용되어 UC 샌프란시스코로 돌아왔다. 1992년 종신직이 되었으며 1998년 정교수로 승진했다. 클라크는 수상작 『재생산을 훈육하기: 미국 생명과학자와 섹스의 문제Disciplining Reproduction: American Life Scientists and the Problem of Sex』(1998)를 포함한 여러 책과 논문을 집필하였다. 또한 과학적 실천에 대해 기술한 책 『업무에 적합한 도구: 20세기 생명과학의 현장에서The Right Tools for the Job: At Work in Twentieth-Century Life Sciences』(1992)를 공동 편찬했다. STS에서 그의 가장 최근 업적은 공동 편찬한 책 『생의료화: 미국에서의 테크노사이언스, 건강, 질병Biomedicalization: Technoscience, Health, and Illness in the U.S.』(2010)이다. 클라크는 STS와 여타 많은 분야들에서 쓰이는 질적 연구 방법을 개발하기도 했다. 이를 담은 저서는 『상황적 분석: 포스트모더니즘 전환 이후의 근거 이론Situational Analysis: Grounded Theory After the Postmodern Turn』(2005), 『실행 중인 상황적 분석: 지도 그리기 연구와 근거 이론Situational Analysis in Practice: Mapping Research with Grounded Theory』(2015)을 포함한다. 그의 출판물들은 의료사회학, 과학기술학, 인류학, 여성학, 그리고 그 너머에서 지식에 기여하고 이론을 발전시켰다. 교수로서 클라크는 뛰어난 공헌을 인정받아 2012년 4S로부터 J.D. 버널상을, 2015년 미국 사회학 협회의 의료사회학 분과로부터 레오 G. 리더Leo G. Reeder상을 수상했다.

이사벨 플레처Isabel Fletcher는 영양 연구와 공중 위생 정책 사이의 상호 작용을 연구하는 질적 사회과학자이다. 그는 에든버러대학교에서 비만 유행병에 대한 역사적 서술로 박사 연구를 했으며, 그의 연구는 의료사회학, 공중 위생 정책, 의학사를 포괄했다. 이어서 그는 식품 안전 보장 정책과 상업 행위자들이 공중 위생 정책을 어떻게 이해하는지 연구했다. 최근에는 교수 그레이엄 로리Graeme Laurie와 함께 웰컴 트러스트 연구소로부터 지원받은 프로젝트 "보건 연구 규제의 경계 공간 직면하기"를 진행 중이다. 지속 가능한 식사의 사례 연구를 통해 영양과 환경 정책 사이의 상호 작용을 조사하고 있다.

참고문헌

- Abir-Am, P. 1985. "Themes, Genres and Orders of Legitimation in the Consolidation of New Disciplines: Deconstructing the Historiography of Molecular Biology." *History of Science* 23:73-117.

- Amsterdamska, O. and A. Hiddinga. 2004. "Trading Zones or Citadels? Professionalization and Intellectual Change in the History of Medicine." In *Locating Medical History: The Stories and their Meanings*, edited by F. Huisman and J. Harley Warner, 237-261. Baltimore: Johns Hopkins University Press.

- Anderson, E. 2006. "The Epistemology of Democracy." *Episteme* 3(1-2):8-22.

- Anderson, W. 2015. "Postcolonial Science Studies." *International Encyclopedia of the Social and Behavioral Sciences*, edited by J. D. Wright, 2nd ed. 18:652-657.

- Anderson, Warwick. and V. Adams. 2007. "Pramoedya's Chickens: Postcolonial Studies of Technoscience." *The Handbook of Science and Technology Studies* 181-204. Cambridge, MA: MIT Press.

- Anzaldua, G. 1987. *Borderlands/ La Frontera: The New Mestiza*. San Francisco: Aunt Lute Press.

- Arditti, R., P. Brennan and S. Cavrak. eds. 1980. *Science and Liberation*. Boston: South End Press.

- Arditti, R., R. D. Klein, and S. Minden. eds. 1984. *Test-tube Women: What Future for Motherhood?* London: Pandora Press.

- Bailey, M. and W. Peoples. 2017. "Towards a Black Feminist Health Science Studies." *Catalyst: Feminism, Theory, Technoscience* 3(2) http://catalystjournal.org/ojs/index.php/catalyst/article/view/120/html_17

- Barnes, B. 1977. *Interests and the Growth of Knowledge*. London: Routledge and Kegan Paul. Benjamin, Ruha. 2016. "Catching Our Breath: Critical Race STS and the Carceral Imagination." *Engaging Science, Technology, and Society* 2: 145-156.

- Benson, K., J. Maienschein, and R. Rainger. eds. 1991. *The Expansion of American Biology*. New Brunswick, NJ: Rutgers University Press.

- Berger, P. and T. Luckman. 1966. *The Social Construction of Reality: A Treatise in the Sociology of Knowledge*. New York: Doubleday.

- Bowker, G., S. Timmermans, A. E. Clarke and E. Balka. eds. 2015. *Boundary Objects and Beyond: Working with Susan Leigh Star*. Cambridge, MA: MIT Press.

- Casper, M. J. 2016. "But Is It Sociology?" *Engaging Science, Technology, and Society* 2: 208-213.
- Casper, M. J. and Marc Berg. 1995. "Introduction: Constructivist Perspectives on Medical Work: Medical Practices and Science and Technology Studies." *Science, Technology, and Human Values* 20(4): 395-407.
- Chen, Jia-shin. 2012. "Rethinking East Asian Distinction: An Example of Taiwan's Harm Reduction Policy." *East Asian Science, Technology and Society: An International Journal.* 6(4): 453-464.
- Chubin, D. and E. W. Chu. 1989. *Science off the Pedestal: Social Perspectives on Science and Technology.* Belmont, CA: Wadworth Pubs.
- Clarke, A. E. 1984. "Subtle Sterilization Abuse: A Reproductive Rights Perspective." In *Test Tube Women: What Future for Motherhood?* edited by Rita Arditti, Renate Duelli Klein and Shelly Minden, 188-212. Boston: Pandora/Routledge and Kegan Paul.
- Clarke, A. E. 1998. *Disciplining Reproduction: Modernity, American Life Sciences and the "Problem of Sex."* Berkeley: University of California Press.
- Clarke, A. E. 2007. "Reflections on the Reproductive Sciences in Agriculture in the UK and US, c1900-2000." In Special Issue on Agricultural Sciences, edited by Sarah Wilmot. *History and Philosophy of the Biological and Biomedical Sciences* 38(2):316-339.
- Clarke, A. E. 2008. "Introduction: Gender and Reproductive Technologies in East Asia." *EASTS: East Asian Science and Technology Studies: An International Journal* 3(1):303-326.
- Clarke, A. E. 2016. "Situating STS and Thinking Ahead." *Engaging Science, Technology, and Society* 2:157-179.
- Clarke, A. E. and K. Charmaz. eds. 2014. *Grounded Theory and Situational Analysis.* Sage Benchmarks in Social Research, 4 volumes. London: Sage.
- Clarke, A. E., C. Friese and R. Washburn. eds. 2015. *Situational Analysis in Practice: Mapping Research with Grounded Theory.* Walnut Creek, CA: Left Coast Press.
- Clarke, A. E., C. Friese and R. Washburn. 2018. *Situational Analysis: Grounded Theory After the Interpretive Turn.* Thousand Oaks, CA: Sage, 2nd ed.

- Clarke, A. E. and D. Haraway. eds. Forthcoming 2018. *Making Kin Not Population.* London: Prickly Paradigm Press.
- Clarke, A. E. and S. L. Star. 2008. "Social Worlds/Arenas as a Theory-Methods Package." In *Handbook of Science and Technology Studies,* edited by E. Hackett, O. Amsterdamska, M. Lynch and J. Wacjman, 113-137. Cambridge, MA: MIT Press, 3rd ed.
- Clarke, A. E. and A. Wolfson. 1984. "Class, Race and Reproductive Rights." *Socialist Review* 78:110-120. Reprinted in *Women, Class and the Feminist Imagination: A Socialist-Feminist Reader,* edited by Karen V. Hansen and Ilene J. Philipson, 258-267. Philadelphia: Temple University Press.
- Clarke, A. E. in Conversation with R. Keller. 2014. "Engaging Complexities: Working Against Simplification as an Agenda for Qualitative Research Today." *FQS Forum: Qualitative Social Research* 15(2) http://www.qualitative-research.net/index.php/fqs/article/view/2186
- Collins, H. 1983. "An Empirical Relativist Program in the Sociology of Scientific Knowledge." In @*Science Observed: Perspectives on the Social Study of Science,*@ edited by Karen Knorr-Cetina and Michael Mulkay, 85-114. London: Sage.
- Collins, P. H. 1990. *Black Feminist Thought: Knowledge, Consciousness, and the Politics of Empowerment.* Boston: Unwin Hyman.
- Epstein, S. 2016. "Positioning the Field: STS Futures." *Engaging Science, Technology, and Society* 2:140-144.
- Fleck, L. [1935] 1979. *The Genesis and Development of a Scientific Fact.* Chicago: University of Chicago Press.
- Fu, D. 2007. "How Far Can East Asian STS Go?" *EASTS: East Asian Science, Technology and Society: An International Journal* 1:1-14.
- Gad, C. and D. Ribes. 2014. "The Conceptual and Empirical in Science and Technology Studies." *Science, Technology and Human Values* 39(2):183-191.
- Greeley, K. and S. Tafler. 1980. "History of Science for the People: A Ten Year Perspective." In *Science and Liberation,* edited by Rita Arditti, Pat Brennan and Steve Cavrak, 369-388. Boston: South End Press.
- Haraway, D. 1985. "A Manifesto for Cyborgs: Science, Technology, and Socialist Feminism in the Last Quarter." *Socialist Review* 80:65-107. Reprinted in *Women, Class and the Feminist Imagination: A Socialist-Feminist Reader,* edited by Karen V. Hansen and Ilene J. Philipson, 580-618. Philadelphia: Temple University Press, 1990.

· Haraway, D. 1989. @*Primate Visions: Gender, Race, and Nature in Modern Science.*@ NY: Routledge.

· Haraway, D. 2007. *When Species Meet.* Minneapolis: University of Minnesota Press.

· Hess, D. J. 2009. “The Potentials and Limitations of Civil Society Research: Getting Undone Science Done.” *Sociological Inquiry* 79:306-327.

· Hilgartner, S. 1997. “The Sokal Affair in Context.” *Science Technology Human Values* 22(4):506-522.

· Irwin, A., T. E. Jensen, and K. E. Jones. 2013. “The Good, the Bad and the Perfect: Criticizing Engagement Practice.” *Social Studies of Science* 43:118-135.

· Kohn, E. 2013. *How Forests Think: Toward an Anthropology Beyond the Human.* Berkeley: University of California Press.

· Kuhn, T. [1962] 1996. *The Structure of Scientific Revolutions.* Chicago: University of Chicago Press, 3rd ed.

· Latour, B. 1983. “Give Me a Laboratory and I will Raise the World.” In *Science Observed: Perspectives on the Social Study of Science,* edited by Karen Knorr-Cetina and Michael Mulkay, 141-170. London: Sage.

· Latour, B. 1986. “Visualization and Cognition: Thinking with Eyes and Hands.” In *Knowledge and Society: Studies in the Sociology of Culture Past and Present* Special Issue edited by Henrika Kuklick and Elizabeth Long, 6:1-40.

· Latour, B. 2013. *Facing Gaia: A New Inquiry into Natural Religion.* The University of Edinburgh Gifford Lectures. See http://www.bruno-latour.fr/node/487

· Law, J. 2004. After Method: Mess in Social Science Research. London: Routledge.

· Law, J. 2007. “Making a Mess with Method.”, 595-606. In *Handbook of Social Science Methodology* edited by William Outhwaite and Stephen P. Turner. Thousand Oaks, CA: Sage.

· Law, J. and V. Singleton. 2005. “Object lessons.” *Organization* 12(3):331-355.

· Lury, C. and N. Wakeford. eds. *Inventive Methods: The Happening of the Social.* London: Routledge, 2012.

· MacKenzie, D. 1978. “Statistical Theory and Social Interests: A Case Study.” *Social Studies of Science* 8:35-83.

· MacKenzie, D. 1982. “Technology as Capitalist Restructuring.” [Review of Levidow and Young, Science, Technology, and the Labour Process.] *Radical Science Journal* 12:141-145.

· Mertens, D.M., F. Cram, and B. Chilisa. eds. 2014. @*Indigenous Pathways into Social Research: Voices of a New Generation.*@ Walnut Creek, CA: Left Coast Press.

· Mouffe, C. 2000. *The Democratic Paradox.* London and Newyork: Verso.

· Nelson, A. 2013. *Body and Soul: The Black Panther Party and the Fight against Medical Discrimination.* Minneapolis: University of Minnesota Press.

· Prasad, A. 2016. "Discursive Contextures of Science: Euro/West-Centrism and Science and Technology Studies." *Engaging Science, Technology, and Society* 2:193-207.

· Raffles, H. 2011. *Insectopedia.* New York: Vintage.

· Rapp, R. 2001. "Gender, Body, Biomedicine: How Some Feminist Concerns Dragged Reproduction to the Center of Social Theory." *Medical Anthropology Quarterly* 15(4):466-477.

· Ravetz, J. R. 1971. *Scientific Knowledge and its Social Problems.* Oxford: Clarenden Press.

· Rodriguez-Muniz, M. 2016. "Bridgework: STS, Sociology, and the 'Dark Matters' of Race." *Engaging Science, Technology, and Society* 2:214-226.

· Saetnan, A., N. Oudshoorn and M. Kirejczyk eds. 2000. *Bodies of Technology: Women's Involvement with Reproductive Medicine.* Columbus: Ohio State University Press.

· Shapin, S. 1995. "Here and Everywhere: Sociology of Scientific Knowledge." *Annual Review*

· Lin, Wen-Hua and J. Law. 2015. "We Have Never Been Late-comers! Making Knowledge Spaces for East Asian Technosocial Practices." *EASTS: East Asian Science, Technology and Society: An International Journal* 9(2): 117-126.

· Lock, M. 2001. "The tempering of medical anthropology: Troubling natural categories." *Medical Anthropology Quarterly* 15(4):478-492.

· Lury, C. and N. Wakeford. eds. *Inventive Methods: The Happening of the Social.* London: Routledge, 2012.

· MacKenzie, D. 1978. "Statistical Theory and Social Interests: A Case Study." *Social Studies of Science* 8: 35-83.

· MacKenzie, D. 1982. "Technology as Capitalist Restructuring." [Review of Levidow and Young, Science, Technology, and the Labour Process.] *Radical Science Journal* 12: 141-145.

- Mertens, D.M., F. Cram, and B. Chilisa (Eds.) 2014. @Indigenous Pathways into Social Research: Voices of a New Generation.@ Walnut Creek, CA: Left Coast Press.
- Nelson, A. 2013. *Body and Soul: The Black Panther Party and the Fight against Medical Discrimination.* Minneapolis: University of Minnesota Press.
- Prasad, A. 2016. "Discursive Contextures of Science: Euro/West-Centrism and Science and Technology Studies." *Engaging Science, Technology, and Society* 2: 193-207.
- Raffles, H. 2011. *Insectopedia.* New York: Vintage.
- Rapp, R. 2001. "Gender, Body, Biomedicine: How Some Feminist Concerns Dragged Reproduction to the Center of Social Theory." *Medical Anthropology Quarterly* 15(4): 466-477.
- Ravetz, J. R. 1971. *Scientific Knowledge and its Social Problems*. Oxford: Clarenden Press.
- Rodriguez-Muniz, M. 2016. "Bridgework: STS, Sociology, and the 'Dark Matters' of Race." *Engaging Science, Technology, and Society* 2: 214-226.
- Saetnan, A., N. Oudshoorn and M. Kirejczyk eds. 2000. *Bodies of Technology: Women's Involvement with Reproductive Medicine.* Columbus: Ohio State University Press.
- Shapin, S. 1995. "Here and Everywhere: Sociology of Scientific Knowledge." *Annual Review of Sociology* 21: 289-321.
- Star, S. L. 1979. "Sex Differences and Brain Asymmetry: Problems, Methods and Politics in the Study of Consciousness." In *Genes and Gender II: Pitfalls in Research on Sex and Gender,* edited by Ruth Hubbard and Marian Lowe, 113-130. New York: Gordian Press.
- Star, S. L. [1988] 1989a. "The Structure of Ill-Structured Solutions: BoundaryObjects and Heterogeneous Distributed Problem Solving." Reprinted in *Distributed Artificial Intelligence* 2, ed. M. Huhns and L. Gasser, 37-54. Menlo Park: Morgan Kauffmann, 1989. Reprinted in *Boundary Objects and Beyond: Working with Susan Leigh Star,* edited by Geof Bowker, Stefan Timmermans, Adele E. Clarke and Ellen Balka. 243-259. Cambridge, MA: MIT Press, 2015.
- Star, S. L. 1989b. *Regions of the Mind: Brain Research and the Quest for Scientific Certainty.* Stanford, CA: Stanford University Press.

- Star, S. L. 1991. "Power, Technologies and the Phenomenology of Conventions: On Being Allergic to Onions." In *A Sociology of Monsters: Essays on Power, Technology and Domination* edited by J. Law, 25-56. New York: Routledge.
- Star, S L. (Ed.) 1995a. "Introduction." *Ecologies of Knowledge: Work and Politics in Science and Technology.* Albany: State University of New York Press. Reprinted in *Boundary Objects and Beyond: Working with Susan Leigh Star,* edited by Geof Bowker, Stefan Timmermans, Adele E. Clarke and Ellen Balka, 13-46. Cambridge, MA: MIT Press, 2015.
- Star, S. L. 1995b. "The Politics of Formal Representations: Wizards, Gurus, and Organizational Complexity." In *Ecologies of Knowledge: Work and Politics in Science and Technology,* edited by Susan Leigh Star, 88-118. Albany, N.Y.: State University of New York Press.
- Star, S. L. 2010. "This is Not a Boundary Object: Reflections on the Origin of a Concept." *Science, Technology and Human Values* 35: 601-617.
- Star, S. L. and J. Griesemer. 1989. "Institutional Ecology, Translations, and Boundary Objects: Amateurs and Professionals in Berkeley's Museum of Vertebrate Zoology, 1907-39." *Social Studies of Science* 19: 387-420.
- Sweeney, E. M. 2015. "Shifting Paradigms on the Verge of a Revolution: The Evolution of the ASA Section on Science, Knowledge, and Technology." In *SKATOLOGY: Newsletter of the Science, Knowledge, and Technology Section of the ASA.* Spring edition. 4-9.
- Thompson, C. 2005. *Making Parents: The Ontological Choreography of Reproductive Technologies.* Cambridge: MIT Press.
- Watson-Verran, H. and D. Turnbull. 1995. "Science and Other Indigenous Knowledge Systems." In *Handbook of Science and Technology Studies* edited by Sheila Jasanoff, Gerald E. Markle, J. Petersen and Trevor Pinch, 115-139. Thousand Oaks, CA: Sage.
- Wersky, G. 1978. *The Visible College: The Collective Biography of British Scientific Socialists of the 1930s.* New York: Holt, Reinhart and Winston.
- Wolpe, P. R. 2010. "Professionalism and Politics: Biomedicalization and the Rise of Bioethics." In *Progress in Bioethics: Science, Policy, and Politics.* edited by J. D. Moreno and Sam Berger, 109-118. Cambridge, MA: MIT Press.

- Woolgar, S. and J. Lezaun. 2013. "The Wrong Bin Bag: A Turn to Ontology in Science and Technology Studies?" *Social Studies of Science* 43(3): 321-340.

- Wu, Chia-Ling, Yu-ling Huang, Young-Gyung Park, and A. E. Clarke. 2008. "Gender and Reproductive Technologies in East Asia: A Partial Bibliography of Works in English." *East Asian Science and Technology Studies: An International Journal* 3(1): 327-334.

- Yanow, D. and Schwartz-Shea, P. 2006. "Doing Social Science in a Humanistic Manner."In *Interpretation and Method: Empirical Research Methods and the Interpretive Turn* edited by Dvora Yanow and Peregrine Schwatrz-Shea, 380-394. Armonk, New York and London, England: M.E. Sharpe.

- Zilsel, E. [1942] 2000. "The Sociological Roots of Science." *Social Studies of Science* 30(6): 935- 949.

- Zuckerman, H. 1989. "The Sociology of Science." In *Handbook of Sociology* edited by Neil Smelser, 511-574. Newbury Park, CA: Sage.

과학기술사에서 STS로, 그리고 한국의 STS로

홍성욱과의 인터뷰

구재령

쉴 새 없이 연구를 발표하는 홍성욱 교수는 이 인터뷰에서 잠시 숨을 돌려 지난날의 궤적을 되짚어 본다. 홍성욱 교수는 민주화 운동 세대로서 학생 운동과 과학기술자 운동을 접하고 과학사에 관심을 갖게 되었다고 회고한다. 19세기 물리학과 전기공학의 역사를 연구하는 과학기술사학자로 시작하였지만, 토론토대학교에서 강의를 맡으면서 얼떨결에 STS 이론들을 독학하였고, 어느새 과학기술과 사회의 여러 상호 작용에 심취해 있는 STS 학자가 되었다. 서울대학교에 돌아와서는 과학사 및 과학철학 협동과정(현 과학학과)에 STS 전공을 설립하기도 했다. 인터뷰 후반부에서는 한국의 STS가 가지는 특성과 앞으로의 방향을 논한다. 지난 십여 년 동안 국내 STS 학계는 꾸준히 몸집을 키우며 여러 전공생을 배출하고 다른 분과와도 활발히 교류하였다. 다만 여전히 대중에게 STS라는 용어는 생소한 것이 사실이다. 이에 굴하지 않고 홍성욱 교수는 "BTS를 잇는 STS" 시대의 도래를 상상한다. 다만 이를 위해서는 연구자 공동체를 활성화하고, 대학 수업을 더 활성화하고, 교과서 등의 다양한 레퍼런스도 만들어야 한다고 조언한다. 물론 가장 중요한 동력은 '학문하는 즐거움'을 잊지 않는 것이다.

과학기술사에서 STS로

구재령 선생님께서는 학부에서 물리학과를 졸업하고 과학사 및 과학철학 협동과정(이하 과사철)에 제1기 입학생으로 진입하셨습니다. 학부 시절에는 무엇에 관심이 있었고 어떤 계기로 과사철에 입학하게 되셨나요?

홍성욱 1980년, 전두환이 실질적인 권력을 잡고 나라를 지배하려고 하던 해에 대학에 들어갔습니다. 물리학을 전공하고 싶어서 자연과학대학을 선택했지요. 그해, 서울의 봄이 있었고, 광주 학살이 벌어졌고, 대학에는 군대가 진입하고 휴교를 했습니다. 긴 휴교 뒤에 복교하고 소문으로만 듣던 광주에서 벌어진 참상의 실상을 알게 됐습니다. 그 뒤로는 '나는 독재 정권에 저항하고, 민주주의를 회복하는 데 무엇을 해야 하는가'를 고민하면서 전공 공부를 해야 했는데, 전공하던 물리학이 1980년대 한국 사회에서 벌어지던 여러 사태와 별로 관련이 없어 보인다는 사실에 절망하곤 했습니다.

몇 가지 계기가 저를 과학사로 이끌었는데, 그중 첫 번째는 대학교 2학년 말에 3학년 선배들이 만들던 《피지카Physika》라는 학과 잡지 일을 곁에서 볼 수 있었던 것입니다. 그때 3학년 편집 위원들은 물리를 하면서 동시에 사회 운동도 하겠다는 태도를 가진 사람들이었고, 이들이 모여 책을 만들면서 우리 학년의 몇몇 학생을 모아 세미나를 했었습니다. 이때 마르크스주의 과학자이자 과학사가 버널J. D. Bernal의 책 『과학의 역사Science in History』의 일부, 프랑크푸르트학파의 기술 문명에 대한 비판 등을 접하게 됐지요. 다음 해에 우리가 3학년이 되었을 때, 저는 편집장이 돼서 《피지카》 6호를 만들며 2년 터울이 있는 후배들을 모아서 버널의 『과학의 역사』 일부, 쿤의 『과학혁명의 구조The Structure of Scientific Revolutions』, 메이슨Stephen F. Mason의 『과학의 역사A History of the Sciences』 두 권을 같이 읽었습니다. 이때 과학사를 조금 더 알게 되었습니다. 그렇지만 이때는 과학사보다 마르쿠제, 호르크하이머 같은 프랑크푸르트학파의 사회철학에 더 깊게 빠져 있을 때여서 과학사 자체가 내게 큰 흥미를 유발하지는 못했던 것 같습니다.

두 번째 계기는 4학년이 되던 1983년 1학기에 김영식 선생님의 〈과학사〉 수업을 들은 것입니다. 이 수업을 들으면서 과학사에 본격적으로 흥미를 갖게 되었는데, 내게 잘 연결이 안 되었던 과학-사회-인간 사이의 관계가 과학사의 여러 사례에서 더 분명했기 때문입니다. 제가 고민하던 모든 문제가 해결된 것은 아니지만, 해결의 실마리 비슷한 것을 발견했지요. 당시 김영식 선생님은 2시간 강의를 하고 1시간은 과학사에 관심이 많은 학생을 따로 모아서 영어 논문을 읽고 세미나를 했는데, 이 세미나에 참석하면서 독서와 토론이 지적인 자극이 된다는 것도 알았고요.

당시 어렴풋하게 공부하고 싶었던 것은 넓은 의미의 '과학정책'이었는데, 이를 공부할 대학원을 찾기 힘들었고, 우선 그 첫 단계로 과학사를 공부해도 좋겠다고 생각하게 되었습니다. 4학년 때에는 물리학과의 반도체 실험실에 출퇴근하면서 실험을 하고 있었는데, 실험실 교수님께 과학사를 하겠다고 말씀드리니까 앞으로 어떻게 먹고살려고 그런 전공을 택하냐고 걱정을 많이 하셨습니다. 사실 과학사를 공부하는 내내 먹고살 걱정을 정말 자주 했는데, 저뿐 아니라 당시 같이 공부했던 동료와 후배가 다 웬만큼 먹고사는 것을 보면 기우가 아니었나 생각되기도 합니다.

구재령 초기 과사철은 어떤 분위기였고 어떤 유형의 사람들이 모여 있었나요?

홍성욱 1984년에 과사철이 문을 열었을 때, 화학과 연구실을 빌려서 사용했지요. 그때 김영식 선생님은 화학을 전공하는 학생 두 명을 지도하고 있어서, 이들과 같은 방을 사용했습니다. 동기는 다섯 명이었고, 대학원에 들어오지 못했던 고故 양신규가 방에 자리를 얻어 같이 사용했습니다. 방 중간에 세미나 테이블이 있어서 거기서 수업을 했지요. 학생들이 모두 같은 수업을 들었고, 금요일 오후에 있던 〈과학사 통론〉 수업이 끝나면 신림동 호프집에 가서 늦게까지, 어떨 때는 밤새도록 얘기를 하곤 했습니다. 강릉대의 성영곤 교수, 포항공대의 임경순 교수가 동기였습니다.

다음 해에 고려대학교에서 박사를 하고 STEPI로 간 송위진 박사, 전북대 김근배 교수가 입학했지요. 이들은 나와 같이 학부를 다녔지만, 대학원은 1년 뒤에 들어온 셈입니다. 저는 석사를 졸업하고 병역을 마친 뒤에 1년 정도 직장 생활을 했고, 1988년에 박사 과정이

신설되어 들어오니 후배들이 바글바글했습니다. 자극이 되는 똑똑한 후배들도 많았지요. 당시 서양과학사를 하던 학생들과 한국과학사(전통, 현대)를 하던 학생들, 이렇게 두 그룹 정도가 있었던 것 같습니다. 과학철학은 1~2명 정도 있었고, STS를 전공하는 학생은 물론 아예 없었고, 이 분야 얘기조차 우리들 사이에서는 나오지 않았던 것 같습니다.

구재령 한국 STS의 역사를 기술한 글을 보면 과학기술 운동, 혹은 과학기술자 운동과의 관련에 대한 언급을 볼 수 있는데, 이에 관하여 어떤 경험을 하셨나요?

홍성욱 대학원을 다니면서 과학과 사회에 관심을 두고 이를 사회 운동으로 발전시키려고 하던 동료들을 과사철 안팎에서 많이 만날 수 있었습니다. 그 첫 계기가 무엇이었는지는 잘 생각이 안 나지만, 뜻을 같이한 사람들이 모여서 서울 YMCA 내에 '두리암'이라는 과학기술 사회 운동 단체를 만들었습니다. 당시에 이런 단체를 만드는 게 조심해야 하는 일이어서, 모임 이름을 운동 단체와는 거리가 있어 보이게 지었고, 상대적으로 온건한 시민 운동 단체였던 YMCA의 간판을 빌린 면도 좀 있었습니다. 여기에는 이공계 석박사 과정 학생들, 교사, 직장인 등이 참여했고, 시간이 지나면서 '청년과학기술자협의회'로 발전했습니다.

당시 대학원 생활을 생각하면 뭔가 잘 융합되지 않았던 여러 일을 동시에 했던 것 같습니다. 학교에서는 주로 미국 학자들이 쓴 과학사 논문이나 책을 읽고, 뉴턴, 보일, 패러데이의 원전에 깊게 빠지기도 했죠. 밖의 사회 운동을 위해서는 한국 사회 운동에 대한 이론 서적과 팸플릿들, 마르크스와 엥겔스의 과학기술론, 유물론에 대한 철학적 논의, 그리고 나중에는 '과학기술혁명론Scientific and Technological Revolution, STR'에 대해서 주로 소련의 학자들이 쓴 책과 논문들을 많이 읽곤 했습니다. 그 과정에서 1987년쯤인가, 도널드 맥켄지의 논문 「마르크스와 기계Marx and the machine」를 읽었는데(MacKenzie 1984),

무척 흥미로워서 누군가에게 번역을 부탁했습니다. 타이프로 친 번역본이 과학기술 운동을 하는 여러 사람의 손을 거치기도 했지요. 1997년에 맥켄지를 만났을 때 이 얘기를 했더니, 혹시 그 번역본이 있으면 자기에게 보내 달라고 하더군요. 수소문을 해 봤는데 아쉽게도 찾을 수 없었습니다.

1970년대에서 1980년대 초반까지 과학기술과 사회 운동을 결합하려고 했던 사람들이 갖고 있던 이론적 무기는 '기술종속이론'이었습니다. 주로 남미 쪽, 혹은 이들에 동조하던 구미의 사회과학자들이 발전시킨 이론인데, 선진 자본주의 국가에 의한 제삼 세계의 종속이 기술을 통해서 주로 이루어지며, 제삼 세계의 기술이 정체되면서 이 격차는 점점 더 벌어진다는 것이었습니다. 따라서 제삼 세계는 선진국 기술이 아닌 적정 기술, 토착 기술을 발전시키는 게 과제라는 이론이었지요. 식민주의나 제국주의론을 기술에 적용한 것과 비슷한데, 한국은 1980년대 중후반 정도가 되면, 비록 폭압적인 독재 정권하였지만, 과학기술이 빠르게 성장하고 있었고, 심지어 '독자적'이라고까지 할 수 있는 기술 혁신도 일어나던 상황이었습니다. 특히 1987년 6월 항쟁 이후, 노동 운동이 폭발적으로 성장하면서, 이공계 전문직 종사자들의 노조 설립이나 노동 운동도 태동하고 있었지요. 이런 상황에서 과학기술 운동을 하던 우리 그룹은, 스스로 과학기술자 노동 운동을 한다고 설정하고, 종속이론에서 등장하는 이데올로기로서의 과학기술이 아닌 다른 이론적 틀을 찾기 시작했지요.

이런 과정에서 우연히 당시 번역이 안 됐던 코언G.A. Cohen의 『카를 마르크스의 역사이론: 역사유물론 옹호Karl Marx's Theory of History: A Defence』(Cohen 1978)라는 책을 읽게 되었습니다. 여기에서 코언은 마르크스의 기술론이 '기술=생산력'이라는 등식에 토대를 두었지만, 흔히 "물레방아는 봉건 영주를 낳았고 증기 기관은 자본가를 낳았다"는 경구로 상징되는 순진한 기술결정론이 아님을 논증하는 부분을 발견했고, 저는 이를 확장해서 '생산력으로서의 과학기술'이라는 틀을 만들었습니다. 이에 따르면 과학기술은 이데올로기가 아닌 생산력이고, 그 발전은 본질적으로 진보적인데, 이를 억압하는 것이 자본주의 생산관계이다. 따라서 이를 깨부수고 새로운 생산관계를 만드는 것이 사회 운동의 핵심이다. 이 중심은 노동 운동이며 여기에 과학기술자나 전문직 노동 운동이 합류해야 한다. 뭐 뼈대만 말하면 이런 생각이었습니다.

이 얘기를 하는 이유는 이런 사고 틀을 가지면 과학기술과 사회와의 관계를 아주 좁은 틈으로밖에 볼 수 없다는 얘기를 하고 싶어서입니다. 그 당시에 다른 사람들은 몰라도 저는 그랬던 것 같습니다. 저는 과학이 자연의 진리를 발견하는 인간의 실천이라고 생각했고, 사회나 문화를 그대로 반영한 이데올로기와는 다르다고 생각했습니다. 예를 들어, '삼성의 과학'이 말이 안 되듯이, '사회주의 과학'도 말이 안 된다고 생각했지요. 과학기술이 문화에 의해서 촉진되거나 저해될 수 있고, 왜곡될 수도 있지만, 그런 사회적 요소가 과학기술의 내용에 각인된다는 말은 어불성설이라고 생각했던 것입니다. 쿤의 『과학혁명의 구조』를 두세 번 읽었지만, 쿤의 패러다임이 지닌 함의를 정확하게 파악하지 못했던 것이지요.

이런 사회 환경 속에서 당시 과사철의 분위기는 자연스럽게 매우 급진적이었습니다. 제가 열심히 참여하던 청년과학기술자협의회에서 같이 활동하던 후배들도 있었고, 지금 부산대에 있는 송성수 교수가 부지런하게 커리큘럼을 짜서 수업 외의 세미나도 많이 했지요. 요즘도 학생들끼리 세미나를 한다고 하는데, 당시 세미나 주제는 대략 '마르크스주의 과학기술론', 뭐 이런 거였어요. 그쪽으로 완전히 경도되어 있었지요. 어렴풋한 기억이 하나 있습니다. 이런 세미나에 참석하지 않던 동료가 "요즘 외국에서는 꽤 얘기가 많이 되는 책이라는데…." 하면서 라투르와 울가의 『실험실 생활』의 복사본을 내게 보여 주었는데, 그때 저는 앞부분을 좀 훑어보고 속으로 '별 희한한 주제를 연구한 책이 다 있네'라고 생각하면서 던져 놨죠.

구재령 선생님께서는 캐나다 토론토대학에서 박사

논문을 집필하시고 그곳에서 방문 조교수, 조교수를 거쳐 종신 교수로 재직하셨습니다. 이 시기 어떤 연구를 하셨고 학자로서의 출발은 어땠나요?

홍성욱 토론토에 갈 때는 과학과 기술의 관계를 연구해 보고 싶었습니다. 이 주제도 과학기술 운동을 하면서 생긴 문제의식과 관련이 있었지요. 그런데 내 논문을 지도하기로 한 과학사학자 제드 버크왈트Jed Buchwald 교수가 그렇게 큰 주제로는 논문을 못 쓴다, 한 사건이나 인물에 초점을 맞추라고 하면서, 존 플레밍John Ambrose Fleming이라는 영국의 물리학자 겸 엔지니어를 추천했습니다. 플레밍에 대해서 공부해 나가면서 전기 산업과 무선 전신의 태동기에 과학과 기술 사이에 진행되었던 다층적이고 동태적인 상호 작용 사례를 많이 알게 되고, 이 주제에 대한 궁금증이 많이 풀렸습니다. 이때 기술사 학부 수업과 대학원 수업을 들었고, 기술사 책과 논문을 찾아 읽으며 혼자서 서양 기술사를 정리한다고 애를 썼는데, 이 과정에서 트레버 핀치와 위비 바이커의 '기술의 사회적 구성SCOT'을 알게 되었습니다. 이와는 조금 결이 달랐던 '기술의 사회적 형성론Social Shaping of Technology, SSOT'은 한국에 있을 때 공부를 했었고요. 어찌 보면 기술을 매개로 STS에 발을 담그기 시작했다고 볼 수 있습니다.

한편 제가 없는 사이에 청년과학기술자협의회는 소위 NL민족해방계열, PD민중민주계열로 나뉘었고, NL쪽은 청과기협을 나와서 한국과학기술청년회라는 독자적인 단체를 만들었는데, 이 과정에서 뜻을 모았던 동지들이 서로 갈등하고 반목하는 일이 있었습니다. 저는 외국에 혼자 떨어져 있으면서 한국에 있는 후배들과 긴 편지를 주고받곤 했지만, 결국 시간이 지나며 이마저 뜸해지고, 어느 시점에는 청과기협이 실질적으로 해산하면서 저 자신도 마르크스주의 과학기술론과 조금씩 멀어졌던 것 같습니다.

그러면서 제가 공부하는 분야에서 좀 좋은 연구 결과를

내고 싶다는 욕심이 생겼습니다. 저는 미국에 있는 명문대의 학생도 아니었고 심지어 토론토대학교 학생도 아니었습니다. 서울대학교 과사철 학생으로서, 나를 알리는 방법은 좋은 논문을 좋은 학술지에 출판하는 길밖에 없다고 생각했습니다. 좀 유치하지만, '성공'을 향한 욕심이 이때처럼 많았던 적이 없었던 것 같습니다. 사료를 읽고, 논문을 쓰고, 또 사료를 읽고, 다시 고치는 일을 여러 번 반복해 논문을 완성했고, 상을 받거나 장학금 경쟁에서 선정되었을 때, 그리고 무엇보다 좋은 학술지에 투고한 논문이 최종 억셉accept, 승인되었을 때 가장 즐거웠던 것 같습니다. 박사 학위를 받을 무렵에는 다시 미래가 보이지 않아서 막막해졌지만, 여러 가지 운이 따라서 토론토대학교에 자리를 잡게 되었습니다. 1991년 2월에 토론토에 갈 때는 딱 2년 동안 공부해서 초고를 쓰고 한국에 오겠다고 생각했는데, 2003년 3월에 귀국했으니 12년을 거기에서 산 셈입니다.

구재령 STS라는 분야에 언제 어떻게 입문하게 되셨나요? 그때 느끼시기에 과학사(기술사)와 STS의 차이는 무엇이었고 STS의 어떤 점에 이끌리셨나요?

홍성욱 입문하게 된 과정은 (그것이 입문이라면) 몇 가지 지류가 모여 강을 만든 것 비슷했네요. 우선 박사 논문을 쓰고 후속 연구를 하면서 제가 다루던 주제 중에 전기공학에서의 논쟁들이 많았는데, 이를 흥미롭게 분석하는 데 도움을 얻기 위해서 당시 STS에서 나왔던 논쟁 연구들을 살펴보았었습니다. 해리 콜린스의 중력파 논쟁 연구, 셰이핀의 골상학에 대한 연구, 맥켄지의 영국 통계학에 대한 연구, 셰이핀과 섀퍼가 한 보일과 홉스의 논쟁에 대한 연구, 중성 전류 발견을 둘러싼 갤리슨Peter Galison과 피커링 사이의 논쟁, 뭐 이런 연구였던 것 같습니다. 이런 연구들을 읽고 이해한 뒤에 이들을 나의 역사적 사례에 이용할 방법을 찾기 위해 애를 썼습니다.

두 번째는 제가 청강한 수업이었는데요, 〈과학과 사회〉 수업을 들었던 적은 없지만, 이언 해킹의 〈과학철학〉 학부 수업을 들었는데, 이 수업의 전반부는 논리경험주의, 포퍼, 쿤, 파이어아벤트를 다루고, 후반부에서 사회구성주의, 푸코의 인간 과학human science, 그리고 라투르를 다뤘습니다. 전반부에 비해 후반부는 아주 소략했지만, 해킹은 이름만 알던 유명한 과학철학자였기에 수업에서 무엇인가 중요한 통찰을 건지려고 노력했던 거 같습니다. 수업 시간에 지정된 자료와 해킹이 언급한 논문이나 책을 추가로 읽으면서 이해하려고 노력했는데, 어떤 논문은 이해가 안 돼서 네다섯 번 읽은 기억도 있습니다.

마지막은, 1994년에 토론토에서 했던 강의입니다. 첫해는 정식 교수가 아닌 1년 계약의 방문 조교수였고, 물리학사와 과학사 개론 수업을 했었습니다. 물리학을 잘 모르는 학생들에게 물리학사 수업을 하기 위해서, 과학 이론이 많이 포함된 주제가 아니라 20세기 중엽 이후에 벌어진 물리학의 군사화에 초점을 맞췄습니다. 당시에 이 주제에 대한 논문도 많이 나와 있었고요. 그래서 바이마르 문화와 양자역학의 탄생, 닐스 보어의 상보성 이론과 철학에 끼친 영향 등을 다루고 바로 제2차 세계대전에 의한 물리학의 변형, 광범위하게 진행된 물리학의 군사화, MIT와 스탠퍼드의 비교를 통해 살펴보는 대학의 변화, 오펜하이머 사건과 수소 폭탄의 개발에서 볼 수 있는 과학과 국가의 관계 변화, 나치 물리학과 소비에트 물리학 등의 주제에 대해서 강의를 했습니다. 대부분 주제는 잘 알고 있었지만, 학부 수업을 위해서는 다시 논문들을 읽고 수업 형식에 맞게 정리를 해야 했습니다. 이러면서 과학과 사회의 관계 쪽에 관심이 생겼습니다.

조교수가 되고 몇 년간 계속해서 〈과학과 사회〉 강의를 했습니다. 크게 봐서 물리학사 수업에서 이미 준비한 과학의 군사화를 비롯해서, 과학과 젠더, 우생학, 유전자 결정론, 인간게놈계획, 과학과 환경, 컴퓨터와 사회 같은 주제를 넣었고, 이론적인 틀을 알려 주기 위해서 과학철학, 사회구성주의, 과학사의 실험으로의 회귀, 과학의 가치중립성 논쟁, 행위자 네트워크 이론, 그리고 사회구성주의와 행위자 네트워크 이론에 대한 비판 등을 포함했습니다. 이런 이론적인 틀은 해킹의 수업을 청강할 때 학습했던 것이었지요. 물론 제 강의를 위해서 이런 주제를 더 깊게 공부해야 했지요. 머튼, 블루어, 콜린스, 라투르, 랭던 위너의 논문과 책을 읽고, 이를 정리해서 수업 노트를 만드는데, 몰랐던 것을 알아 가는 게 한편으로는 즐거웠지만, 당시 제가 전공하던 전기공학사에 대해 연구할 시간을 다 써 가면서 이런 주제를 공부해서 학부 수업을 해야 한다는 것이 엄청난 스트레스이기도 했습니다.

사실 이때만 해도 사회구성주의를 받아들였던 것은 아니었고, 행위자 네트워크 이론은 더더욱 그랬습니다. 당시에도 제 정체성은 과학기술사학자였고, STS는 수업하기 위해서, 혹은 내 역사 연구에 도움 삼아 공부했던 것이었습니다. 역사 연구는 과거 과학기술의 역사에서 무슨 일이 일어났고 이를 어떻게 해석하는가를 보는 것이라면, STS는 사례 연구를 통해서 우리가 과학기술과 사회의 관계에 대해 어떤 새로운 이해를 얻을 수 있는가를 살펴본다고 생각합니다. 저는 당시 역사학자로서 거리를 두고 좀 삐딱하게 STS를 바라봤기 때문에, 스트롱 프로그램이나 행위자 네트워크 이론 같은 STS의 이론이나 주장보다는 이들을 비판했던 래리 라우든 같은 학자들의 주장에 더 끌렸던 것도 사실입니다. STS 분야의 주장들을 체화하는 데 시간이 무척 오래 걸린 것 같습니다. 사실 지금도 그렇습니다. 저는 뭔가 새로운 것을 내 것으로 온전히 만드는 데 다른 사람들보다 훨씬 더 긴 시간이 걸린다고 생각하고 있습니다.

구재령 선생님께 큰 영향을 미친 학자나 이론이 있나요? 선생님의 방법론은 사회구성주의와 행위자 네트워크 이론 중에서 어느 쪽에 가깝나요?

홍성욱 저는 STS를 연구하는 선생님에게 배우거나 STS로 박사 논문을 쓰지 않았기 때문에, 지식 대부분을 논문과 책으로 접했습니다. 간접적으로 접한 것이고, 따라서 거의 모든 사람으로부터 영향을 받아서, 특별히 누구로부터 큰 영향을 받았다고 할 수는 없습니다. 그래서인지 여러 이론이나 방법론을 그때그때 하고 있는 연구에 필요한 만큼 가져다 사용하는 식으로 연구를 하고 있습니다. 과학기술적 지식의 형성이나 발전을 분석하는 역사적인 연구를 할 때는 사회구성주의가 유용할 때가 많은데, 과학기술과 권력power의 관계에 초점을 맞춰 현대 과학기술을 분석할 때는 행위자 네트워크 이론이 더 유용할 때가 많다는 게 제 생각입니다.

구재령 STS 내에서 선생님의 연구 주제는 실험실, 과학기술 거버넌스, 과학과 예술, 인공 지능, 재난 등 가지각색이었습니다. 어쩌다 이렇게 폭넓은 관심사를 가지게 되셨나요? 평생 한두 가지 주제에만 매진하는 학자를 보면 어떤 생각이 드시나요?

홍성욱 저는 이게 별개의 주제라고 생각하지 않는데, 재령 씨가 보기엔 서로 관련이 없는 것이라고 생각하시는 거 같네요(웃음). 이런 주제는 과학기술과 사회의 접점에서 찾을 수 있는데, 내게는 모두 흥미로운 연구 주제들이지요. 과학-예술의 관계에 대한 저의 관심은 과학적 창의성에 대한 물음에서 시작했습니다. 토론토에서 학생을 가르치던 시절에 과거의 창의적인 과학자들은 대체 어떻게 그런 창의성을 가졌을까 궁금했고, 이 주제에 대해서는 논문도 쓰고, 나중에 『뉴턴과 아인슈타인』이라는 책을 편집하는 계기가 되었죠. 그러다가 창의성을 발휘하는 또 다른 분야라고 알려진 예술 쪽은 어떤가 하는 호기심이 생기기 시작했습니다. 그래서 과학과 예술의 관계에 관심을 가지고 이를 좀 깊게 들여다봤고, 이 관심은 다시 백남준 선생에 대한 연구로 이어졌습니다.

전체적으로 보면 2010년까지는 과학기술사를 연구했던 경험의 연장선에서 STS를 연구했습니다. 어찌 보면 주로 외국의 성과를 한국에 소개하는 일을 했다고 볼 수 있고요. 『생산력과 문화로서의 과학기술』(1999), 『과학은 얼마나』(2004), 『인간의 얼굴을 한 과학』(2008)이 이런 노력의 산물이었다고 볼 수 있습니다. 마지막 책을 쓰기 직전에 STS 쪽 주제로 박사 논문을 쓰기를 원하는 학생들이 입학했지요. 이준석, 하대청, 임소연, 오철우, 현재환, 성한아 박사가 그들인데, 이들을 지도하면서 내 자신도 본격적으로 경험적인 STS 연구를 해야겠다는 생각이 들었습니다.

첫 시작이 김빛내리 교수 실험실을 연구한 것이었는데, 장하원 박사와 함께 연구를 했지요(홍성욱·장하원, 2010). 이 주제를 생각한 계기는 창의성에 대해 연구할 때 랩lab이라는 집단의 창의성을 연구한 사례를 찾지 못했고, 이에 대해서 호기심이 생겼었기 때문입니다. 그리고 성한아 박사와 챌린저호 폭발 사고에 대해서 분석을 했는데, 이는 나중에 기술 재난에 대한 관심으로 확대되었습니다(성한아 · 홍성욱, 2012). 현재환 박사와는 과학기술 거버넌스에 대한 연구를 했고요(현재환·홍성욱, 2012; 현재환·홍성욱, 2015). 가습기 살균제는 제가 가습기 살균제를 사용했던 경험 때문에 혼자 연구를 시작했고(홍성욱, 2018), 세월호 참사가 있고 몇 년 뒤에 침몰 원인에 대한 서로 너무 다른 두 개의 설명이 팽팽하게 맞서고 있음을 알고, 이에 대한 연구를 시작했지요. 세월호에 대해서는 혼자 연구한 것도 있지만 황정하 학생과 같이 연구하기도 했습니다(홍성욱, 2020; 황정하 · 홍성욱, 2021).

물론 관심이 있던 모든 주제를 연구한 것은 아닙니다. 하다가 중단한 주제도 많았고, 시작하지 못한 주제도 있었지요. 이명박 대통령 시절에 있었던 한반도 대운하 논쟁은 연구를 하다가 끝을 보지 못했고, 4대강 논쟁은 연구하고 싶었는데 못했던 주제입니다. 특히 4대강은 지금까지도 잘했다, 잘못했다는 논쟁이 계속되고 있는데, STS를 전공하는 학생이 한번 깊게 분석해 볼 만한 주제라고 생각합니다.

한국의 STS는 발전 중

구재령 2003년 한국에 귀국하셨을 때 국내 STS 분야의 규모와 상황은 어땠나요? 당시 선생님께서는 국내 STS의 확장과 제도화에 어떻게 기여하고자 하셨나요?

홍성욱 제가 토론토대학교에서 종신 교수가 되고 첫 연구년을 2001년 여름부터 가졌습니다. 이때 서울대학교에 1년 있으면서 여러 학생, 학자들과 자주 만났어요. 당시 2001년 여름에 〈STS 세미나〉라는 세미나 수업을 진행했고, 지금으로 따지면 〈STS 통론〉에 해당하는 이 수업에서 다양한 주제를 학생들과 함께 논의했지요. 스트롱 프로그램, 행위자 네트워크 이론, 이 둘 사이의 논쟁, 실험과 기구, SCOT, 기술결정론, 공간과 재현, SSK의 정치성, 과학 전쟁 등의 주제를 다루었습니다. 1년 동안 서울에 머물면서 지금 얘기한 여름 방학 세미나 외에 대학원 수업으로는 '기술사' 그리고 '과학과 근대성'에 대한 세미나 수업을 했고, 학부 수업으로는 '기술사'와 '과학과 사회' 수업을 했습니다. '과학과 사회' 수업 절반은 STS 주제로, 나머지 절반은 인터넷과 사회라는 큰 주제와 관련된 소주제들을 골라서 강의를 했습니다.

당시는 인터넷이 대중에게 공개되고 엄청난 속도로 성장하면서 숱한 문제를 낳던 시기였거든요. 나도 그 당시에 막 『2001 싸이버스페이스 오디쎄이』의 편집을 끝냈었고, 『네트워크 혁명, 그 열림과 닫힘』을 쓰던 시기였습니다. 『파놉티콘 - 정보사회 정보감옥』도 기획하고 있었고요. 이런 주제에 대해서 익숙했던 이유는 토론토대학교에서 1년 동안 소수의 학생들을 데리고 '인터넷과 사회'에 대해서 연구 세미나 수업을 했었기 때문이었지요. 이 수업을 1년 하면서 인터넷과 사회의 접점에서 빚어지는 여러 문제들—프라이버시, 지식 재산권, 감시, 해킹, 인터넷 중독, 커뮤니티, 자유와 규제 등—에 대해서 많이 알 수 있었지요.

토론토대학교에서 이 비슷한 수업을 또 했었는데, 그것은

'1960년대'에 대한 수업이었습니다. 학부생 서너 명과 도서관에서 1960년대 잡지들을 읽으면서 거기서 인간과 기계의 관계에 대한 기사를 찾아서 매주 한 번씩 1년 동안 토론하는 수업이었는데, 그 결과가 「1960년대 인간과 기계Man and machine in the 1960s」 논문으로 나온 것이지요. 이런 수업들은 교수 의무 학점에 포함되는 정규 수업이 아니라 학교에서 하라고 해서 울며 겨자 먹기 식으로 한 것인데 (테뉴어의 압박 때문에 시니어 교수들이 권유하는 걸 안 하기 힘들었으니까요), 수업을 하면서는 그러잖아도 부족한 연구 시간이 더 줄어들어서 답답하고 속상했지만, 나중에 보면 이런 수업을 했기 때문에 STS의 여러 주제들을 폭넓게 접했던 것이 아닌가 하는 생각이 듭니다.

한국에서는 오래전에 송상용 선생님 같은 분이 STS의 필요성을 강하게 주장하시면서 과학기술과 사회의 관계에 대한 글이 많이 담긴 『(과학사 중심) 교양과학』(1984)과 같은 책을 내셨습니다. 1990년대 후반에는 고려대학교에 과학기술학협동과정이 매우 활발하게 STS를 교육하고 연구하고 있었고, 김환석, 이영희, 김동광, 송위진, 송성수 선생님 등이 STEPI에서 만나 세미나를 하고 있었는데, 이분들이 고려대학교의 몇몇 원로 선생님들께 회장직을 부탁하면서 2000년에 한국과학기술학회를 설립했던 것 같습니다. 저는 그때 한국에 없어서 이 정확한 과정은 잘 모릅니다. 다만 2001~2002년 연구년 기간 동안에 STS 연구자들과 학회, 세미나 등에서 만나 교류하며, 어렴풋하게 과학사, 과학철학만 교육하고 연구하는 서울대학교 과사철에 STS도 있으면 좋겠다고 생각했던 것 같습니다.

그리고 연구년이 끝나고 토론토로 돌아갔는데, 2003년에 바로 서울대로 다시 오게 됐습니다. 2003년 2학기에 학부 수업으로 〈과학기술과 사회〉를 했는데, 대학원에서는 과학사 통론, 기술사, 그리고 과학사 쪽 연구 세미나 수업을 해야 해서 STS 수업은 개설하지 못하고 있었습니다. 그리고 그때 지도하던 학생들은 전부 역사를 연구하는 학생들이었지요. 그런데 무슨 이유 때문인지 2004~2005년에 과학사에는 관심이 별로 없고, 과학기술과 사회에 관한 주제에 관심이 있는 학생들이 박사 과정에 들어오기 시작했습니다. 물론 이들도 처음에는 과학사를 하겠다고 들어왔는데, 들어온 뒤에도 뭔가 예전에 과학사를 하던 학생들과는 다른 관심사를 보이고 있었지요. 그래서 박사 과정에 STS 전공을 만들자고 제안했습니다.

당시 과사철 협동과정 전임 교수인 김영식, 조인래 선생님이 이 취지에 적극 찬성하셨고, 2006년에 STS 전공이 박사 과정에 만들어졌습니다. 그리고 2007년에 대학원에서 〈과학기술과 사회〉 수업을 처음으로 개설했습니다. 그 뒤에 STS에 관심 있는 학생들이 더 들어왔고, 과학사 주제로 연구를 시작했다가 STS로 바꾼 학생들도 생기면서 과사철이 배출한 STS 그룹이 생겨나게 됐던 것이지요. 모두 훌륭한 경험 연구를 해서 좋은 박사 논문을 썼고, 지금은 한국 STS 학계에서 중추적인 역할을 하면서 학계의 발전을 이끌어 가고 있습니다.

구재령 한국의 STS 학자들을 1세대와 2세대로 나누어 보는 관점이 있습니다. 1세대는 STS 박사 학위가 없고 주로 사회적으로 의미 있는 주제에 관심이 있다면, 2세대는 STS 박사 학위가 있으며 과학기술의 실행과 본성에 주목합니다. 이런 세대론에 얼마나 동의하시는지 궁금합니다.

홍성욱 제가 동아시아 STS 네트워크 활동을 하면서 알게 되었던 점인데, 대만과 일본의 경우, STS를 처음 시작한, 제 또래의 학자들은 거의 전부 과학기술사나 과학철학을 전공하던 학자들이었습니다. 이게 유럽이나 미국과는 달랐던 거 같습니다. 한국에서도 과학기술사에서 출발해서 STS로 옮겨간 사람들이 있지만, 오히려 한국에서는 상대적으로 동아시아의 다른 나라에 비해서 사회학자 그룹이 STS의 정착과 성장에 더 중요한 역할을 했던 것 같습니다. 그런데 STS를 전공한 젊은 세대가 보기에, 자신들은 STS를 '주전공'으로 하는데, 이 첫 세대는 역사학(과학기술사)이나 사회학을 하면서, STS를 '부전공 비슷하게 한다'고 생각할 수도 있을 거 같습니다(웃음). 그래서 저는 이런 세대론이 있다면, 그건 아마 젊은 세대가 자신들을 그 이전의 세대와 차별화하기 위한 목적으로 만들었다고 생각합니다.

이런 차이점은 있을 수 있겠지만, 중요한 점은 STS는 STS를 '주전공'으로 하는 사람만으로는 꾸려지지 않는다는 것입니다. 2022년 서울대학교에 대학원 과학학과가 설립되었지만, 과학철학, 과학사, STS, 과학정책 등 다양한 세부 전공이 섞여 있습니다. 흥미로운 사실은 이런 인접 전공을 하는 사람들 중에 과학기술학회에서 연구를 발표하는 사람들이 늘고 있다는 점이지요. 그 외에도 요즘 과학기술학회에 가 보면 문학이나 사진학을 전공하는 사람들이 발표하는 모습도 보입니다. 저는 이 모든 게 아주 바람직한 방향이라고 생각합니다. 저는 한국 사회의 과학기술-사회의 관계를 잘 이해하기 위해서는 과학기술의 역사와 철학, 그리고 정책에 대한 이해가 기본으로 깔려 있어야 한다고 봅니다.

한국 STS의 미래를 위해 STS를 '주전공'한 사람의 숫자가 늘어나는 것도 필요하겠지만, 이게 전부라고 보지 않습니다. 지금까지의 경향으로 추산하면 앞으로 20년 동안에 STS를 전공해서 박사 학위를 받는 사람이, 혹은 자신의 '주전공'이 STS라고 생각하는 사람이 몇이나 더 늘어나겠어요? 아주 많아야 20명, 30명 정도 되지 않겠어요? 이들이 핵심 집단이기는 하지만, 이들만 가지고 STS 학계가 활성화될 것 같지 않습니다. 전 세계적으로 학과 이름에 STS를 달고 있는 학과가 몇이나 될까요? 아마 열도 안 될 거 같습니다. 외국에도 STS는 과학사과학철학History and Philosophy of Science, HPS 과정이나 학과에, 자연과학의 여러 학과에, 사회학과에, 정치학과에, 인류학과나 심지어 행정학과나 경영대에 끼어 있는 경우가 많습니다.

제 생각에 STS는 사회학이나 인류학 같은 다른 사회과학 분과들이 학제적 경계를 확실하게 가지고 있다는 점이 부러워서 이

비슷하게 담을 치고 경계를 공고히 해서는 안 된다고 봅니다. 그것보다 STS를 하는 사람들은 어떻게 하면 학문적으로 의미 있고 중요한 연구 결과를 내고 이를 알려서, 다른 분야에 있는 사람들이 STS를 더 인정하고, STS와 교류하고, STS 학회에서 발표하고, STS 학술지에 논문을 싣게 할 수 있는가를 고민해야 한다고 생각합니다. 저는 STS가, 이런 표현이 적당한지는 모르겠지만, 좀 더 팽창주의적이 되어야 한다고 봐요. 이건 내 생각인데, 아마 재령 씨가 얘기한 2세대 학자들은 STS의 차별성과 STS를 구성하는 경계에 더 예민할지도 모른다고 생각합니다. 분명한 것은, 한국 STS의 미래는 나 같은 사람이 아니라 그들에게 달려 있다는 것이지요.

구재령 황우석 사건, 광우병 사태, 4대강 사업 등 과학기술과 관련된 주제가 논란이 되었을 때 많은 STS 학자가 앞장서서 목소리를 냈습니다. STS는 이런 논란들에서 어떤 역할을 했고 역으로 어떤 영향을 받았나요?

홍성욱 스티브 풀러Steve Fuller라는 STS 학자가 오래전에 STS의 계보를 '고교회High Church'와 '저교회Low Church'로 나눈 적이 있지요(Fuller 2000). 고교회는 아카데미아에서 자리 잡고 인정받은 학자들이고 저교회는 과학기술자 운동이나 과학기술 관련 사회 운동 그룹에서 성장한 사람들을 말합니다. 브라이언 마틴Brian Martin은 과학기술 사회 운동 그룹이 대학으로 들어오면서 급진적인 성격을 잃어버리면서 과학기술학 분야로 정착했고, 세상을 바꾸는 데에는 관심이 없고 세상을 해석하려고만 하는 사회구성주의나 행위자 네트워크 이론이 이런 사례라고 지적하기도 했습니다(Martin 1993). 이런 주장은 나름 의미가 있지만, 학문의 세계와 사회 운동의 세계 사이에 존재하는 다양한 상호 작용을 간과한다고 생각합니다.

어떤 각도에서 라투르는 이해하기 힘든 학술적

방언jargon만을 잔뜩 늘어놓는 현학적인 학자라고 볼 수도 있지만, 또 다른 각도에서 보면 유럽의 좌파 정당들을 위한 정책 개발 등에 참여했고, 생태 운동에도 열심이었던 사람이었습니다. 학자들 중에서 학문을 하면서 사회 운동과 밀접하게 관련된 사람도 많은데, 특히 과학과 젠더를 연구하는 페미니스트 과학기술학자들은 거의 모두가 이렇다고 봐도 과언이 아닐 겁니다. 황우석 사태, 광우병 사태, 4대강 사업과 관련해서 과학기술학회에서는 특집 세션 등을 만들어서 이런 문제에 대한 더 깊이 있는 분석을 진행했습니다. 저는 과학기술학회나 STS 연구자가 과학기술과 관련한 사회 문제에 대해서 다른 전공자보다 더 빨리, 더 심층적인 분석을 내놓아야 한다고 생각하는데, 아직은 그러기엔 연구자의 층이 두텁지 못한 것도 사실입니다. 예를 들자면 지금(2023년 가을)은 후쿠시마 오염수 방출에 대한 논쟁 같은 주제를 심도 있게 분석해 주는 역할 같은 것이지요.

구재령 현재 한국에서 활발하게 활동하는 STS 학자 대다수는 이공계열 출신입니다. 선생님께서는 STS 연구를 하는 데에 과학적 훈련을 받은 배경이 필수라고 생각하나요? 과학에 대한 배경지식이 없는 학생이 STS에 진입해도 괜찮을까요?

홍성욱 이공계 전공자라고 해도 자신의 전공을 벗어나는 다른 영역에 대해서는 잘 알지 못합니다. 오철우 박사는 학부에서 영문학을 전공했지만, 천안함 침몰에 관한 논쟁에 대해서 과학기술 논문을 매우 깊게 분석한 좋은 연구를 했습니다. 이공계를 나온 게 중요하다기보다 자신이 연구하는 주제와 관련된 기술적인(technical) 내용을 충분히 분석하고 평가할 수 있을 정도로 공부하는 자세가 훨씬 더 중요할 것 같습니다.

과학을 전공했을 필요는 없지만, 과학의 한두 분야를, 특히 자신이 연구하는 분야를 깊게 아는 것은 중요합니다. 가끔 회의에서 보면 과학 커뮤니케이터들이 과학자에게 휘둘리는 걸 봅니다. 과학자 중에는 (물론 모두는 아니지만) 과학자가 아닌 사람이 과학에 대해 얘기할 때 '과학도 모르면서 무슨 얘기인가?' 하는 반응을 보이는 경우가 있는데, 과학에 제대로 개입하고, 또 과학과 협력하기 위해서는 자신의 관심 분야에 대해서 과학자들과 대화를 나눌 수 있는 정도로 전문성을 획득해야 한다는 점을 염두에 두어야 합니다.

한국의 STS 학계, 미래의 전망

구재령 2007년에 쓰신 에세이에서 선생님께서는 한국의 STS가 성장기에 접어들었으며, 앞으로의 과제로 (1) 전문 연구 집단의 확장 (2) 흥미로운 연구 영역의 개척 (3) 국제적 연계의 활성화를 제시했습니다. 2023년 현재 한국의 STS는 얼마나 성숙해졌으며 이 세 가지 과제를 어디까지 달성했나요?

홍성욱 2007년이면 서울대학교에서 STS 박사 과정 전공이 막 만들어졌던 때인데, 그때와는 비교할 수도 없지요. 그동안 서울대뿐만 아니라 KAIST 과학기술정책대학원도 무척 활발하게 STS 분야에 해당하는 박사 학위 소지자를 배출하고 있습니다. 또 이렇게 배출된 젊은 연구자들이 대학과 다른 기관에 자리를 잡았습니다. 조금 소강 상태이긴 하지만 고려대학교의 과학기술학 협동과정과 연구소도 계속 유지되고 있고, 부산대학교에도 과학기술인문학 협동과정에서 학생을 배출하고 있습니다. 전북대 과학학과는 설립한 지 30년이 되어 가고 있고, 한양대에는 과학철학자 이상욱 교수의 주도하에 거의 모든 학부생이 수강하는 〈과학기술의 철학적 이해〉라는 수업이 20년 가까이 진행되고 있습니다. 이 수업을 수강한 학생들이 과학기술학에 흥미를 느껴서 대학원에 진학하기도 합니다. 지난 20여 년을 돌아보면 STS는 놀라울 정도로 성장했고, 이런 성장은 앞으로도 계속될 것이라고 확신합니다.

학술지 《과학기술학연구》를 보면 좋은 논문들이 정말 많아졌습니다. 이론적으로도 깊이가 있고, 경험 연구도 충실한 논문들이 많아서 읽다가 놀랄 때가 많습니다. 한국의 학자들이 해외 학회에 참여하거나 외국 학술지에 논문을 내는 경우도 많아졌고요. 《과학의 사회적 연구》에 단독 논문을 낸 한국 학자가 여럿입니다. 다만 STS 분야가 시간이 오래 걸리는 현장 연구를 지향하다 보니 논문 한 편이 나오기 위해 필요한 노력과 시간이 꽤 됩니다. 이게 젊은 STS 연구자들에게 불리한 상황이 되는 경우가 종종 눈에 띕니다. 한국 사회가 논문을 양적으로 평가하는 방식에서 벗어나면 좀 나아질 거 같은데, 지금 당장은 젊은 연구자들이 좋은 논문을, 그것도 여러 편 써야 하고, 게다가 STS에게 요구되는 사회적 요청도 일정 정도 충족해야 하는 삼중, 사중의 부담을 안고 있는 거 같습니다. 최근에 과학기술학회에 젊은 학자들이 쓴 좋은 논문에 수상하는 '논문상'이 만들어졌는데, 좀 늦은 감이 있지만 좋은 제도라고 생각합니다.

구재령 현재 한국에서 STS는 독립 학문 분야로서 충분히 입지를 다졌다고 생각하시나요? 앞으로 한국의 STS가 나아가야 할 방향은 무엇이고 어떤 한계를 극복해야 하나요? (명절 때 친척에게 STS가 무엇인지 설명하지 않아도 되는 날이 올 거라고 전망하시나요?)

홍성욱 저도 제 자신을 소개할 때 겪는 어려움이어서 씁쓸한 문제네요. 과학기술학자라고 말하면 전공을 과학기술로 받아 적는 경우가 많고, 과학학이라고 하면 과학 전공자가 되곤 합니다. STS는 '과학기술학'과 '과학기술과 사회'를 모두 의미하는데,

STS를 과학기술사회학이라고 하는 사람도 자주 봤습니다. 저는 STS가 과학기술사회학이 되느니(한국에서 과학기술사회학은 사회학 중에서 소수의 사람들만 연구하는 분야지요), 그냥 STS라고 불리는 게 좋다고 봅니다. 그런데 문제는 STS라고 하면 사람들이 뭔지 잘 모르고, 또 한국에서는 전공이나 학문 명이 외국어로 불리는 경우가 거의 없죠. 그냥 그런 걸 다 무시하고 STS를 고수하고 싶은 욕구도 있습니다. BTS도 처음에는 어색했지만 지금은 너무 자연스럽게 잘 사용되고 있듯이 말이죠(웃음).

언제쯤 친척들에게 STS를 설명하지 않는 날이 올지 예언하기는 힘듭니다. 다만 그런 날을 앞당기기 위해서 몇 가지 필요한 일은 있는 거 같습니다. STS가 상식으로 이해될 정도로 많은 사람이 들어 봤고 또 알고 있는 분야가 되기 위해서는 더 많은 대학교에서 STS를 강의하고, STS 수업을 하는 강사나 수업을 듣는 학생이 참고할 수 있는 표준적인 레퍼런스가 좀 더 늘어나야 한다고 봅니다. 예를 들자면, 대학교 1학년이나 2학년을 대상으로 하는 '과학기술과 사회' 수업을 위한 교과서가 필요합니다. STS 연구자들이 모여서 기획하고 출판한 『과학기술학의 세계』가 있는데, 이 책은 교과서라기보다 독서 과제에 좀 더 적합한 책 같습니다. 독서 과제도 한국의 사례들을 중심으로 재편될 필요가 있고요. 한국형 'STS 편람'이 있다면 이런 용도로 적절할 것 같습니다. 또 대학원이나 그 이상 레벨의 STS 연구자나 STS를 '부전공'으로 하는 학자들 모두 STS의 핵심 이론, 개념, 방법론을 익혀야 하는데, 이런 연구자용 고급 레퍼런스도 필요합니다. 마지막으로 강조하고 싶은 것은, 역사를 잊어버린 민족이 힘을 가지기 힘들듯이, 연구자들은 자신이 연구하는 분야의 역사를 알아야 하며 이런 역사를 공유해야 합니다. 사실 이번 책의 기획이 바로 이런 필요 때문에 시작된 것이기도 합니다.

구재령 미래의 STS를 이끌어 나갈 국내 학생들에게 어떤 조언을 해 주고 싶으신가요? 연구를 하는 데 주의할 점이 있을까요?

홍성욱 제가 종종 하는 얘기 중에 "고립된 학문은 죽는다"라는 것이 있습니다. 저는 이 얘기가 개인적으로나 학제의 차원 모두에서 맞는다고 생각합니다. 공동 연구를 하라는 얘기가 아니라, 학문이 지속되기 위해서는 자신의 연구를 이해하고 평가해 주고, 또 자신도 다른 사람의 연구를 평가하는 네트워크가 필요하다는 얘기입니다. 대학원에 다닐 때에는 지도 교수와의 상호 작용이 이런 역할을 어느 정도 하기 때문에 이런 필요성을 덜 느낄 수도 있습니다. 그렇지만 학문을 한다는 것은 장기전, 비유하자면 마라톤 비슷한 겁니다. 대학원은 그 출발이지요. 졸업을 하고 STS의 특정한 주제를 연구하다 보면 그 주제를 알거나 이에 관심 있는 사람이 나 빼고는 거의 없는 경우를 종종 마주치게 됩니다. 이런 상황이 지속되면 즐겁게 연구를 이어 나갈 동력이 약해지곤 합니다.

이를 극복하는 방법은 공동 연구를 하거나 다른 사람이 하는 연구와 비슷한 연구를 하는 것이 아니라, 서로의 연구를 즐겁게 평가해 주고 조언을 아끼지 않는 작은 공동체를 만드는 일입니다. 외국의 경우에는 학계가 훨씬 더 크기 때문에 비슷한 관심사를 가진 사람들이 서로를 더 쉽게 알고, 교류도 훨씬 자연스럽게 이루어집니다. 비슷한 관심을 가진 사람들끼리 모여서 하는 워크숍 같은 것도 훨씬 더 활성화되어 있고요. 그렇지만 국내에서는 그렇지 못합니다. STS 같은 작은 분야에서는 비슷한 관심으로 모일 수 있는 연구자가 거의 없는 경우가 많아요. 또 대부분의 STS 연구자들은 대학의 교양학부, 자유전공학부 등에 자리를 잡게 됩니다. 이런 학부에서는 비슷한 관심사를 가진 사람을 발견하기 힘듭니다. '혼자서 공부하면 되지'라고 생각하겠지만, 처음에 얘기했듯이 고립된 학문은 조금씩 고사합니다.

그러므로 연구를 하면서 연구 공동체를 함께 꾸려 나가는 것이 중요합니다. 나랑 비슷한 주제를 연구하는 사람들이 있으면 가장 좋겠지만, 꼭 그렇지 않아도 서로의 연구를 적극적으로 평가해 주고 연구를 즐겁게 지속할 동력을 제공하는 STS 연구자가 있으면 됩니다. 외국의 연구자들과 네트워크를 만들면 좋은데, 한국의 과학기술과 사회의 관계에 관심을 갖는 외국 연구자들을 발견하기는 어려울 겁니다. 연구 재단에서 후원하는 공동 연구도 썩 좋은 대안은 아닙니다. 나도 한국에서 공동 연구 과제를 여러 번 해 봤지만, 공동 연구는 연구비 수주 실적을 올리기에는 좋지만 내 연구의 깊이나 넓이를 확장하는 역할은 잘 못 하는 거 같았습니다. 3년 연구 기간이 끝나면 뿔뿔이 흩어집니다. 어떤 경우라도 중견 학자가 된 뒤에, 서로 다 바쁠 때, 이런 네트워크를 만들려고 하면 쉽지 않습니다. 대학원을 다닐 때, 졸업하고 박사후연구원을 하는 과정에서 이런 네트워크를 만들고, 이를 살찌우기 위해 애를 쓰는 게 더 좋습니다. 운이 좋으면 평생 같이 성장하는 연구자 그룹을 만들게 될 것인데, 이는 학문하는 즐거움을 크게 배가할 것입니다.

대담자 소개

홍성욱은 지난 30년 동안 전기공학과 초기 무선 전신의 역사, 인터넷과 사회, 박물관이나 과학 다큐멘터리에서 찾을 수 있는 과학문화, 실험실과 창의성, 과학기술 거버넌스, 가습기 살균제 참사나 세월호 참사 같은 기술재난, 과학과 예술, 과학에서의 재현representation과 시각화, 인공지능과 사회 같은 STS의 주제를 연구하며 책과 논문을 출판했다. 1994~2003년에 토론토대학교 과학기술사철학과에서 방문 조교수, 조교수, 부교수를 역임하고, 2003년부터 2022년까지 서울대학교 생명과학부에 재직하면서 과학사 및 과학철학 협동과정에서 교육과 연구를 진행했다. 동아시아 STS 네트워크의 일원이며, 2022년에는 과사철 협동과정을 발전적으로 계승해서 설립된 서울대학교 과학학과로 이적해 초대 학과장을 역임했다. 지금은 박정희 시대 중화학공업과 한국 사회에 대한 연구를 진행 중이다.

구재령은 서울대학교 과학학과에서 과학기술학(STS)으로 박사 과정을 수료했다. 자유전공학부에서 심리학과 생명과학을 전공하던 시절부터 학문 간의 융합에 흥미가 있었고, 당시에는 특히 범죄심리학과 진화심리학에 심취해 있었다. 그 연장선에서 성범죄자의 화학적 거세를 주제로 학부 졸업 논문을 쓰면서는 사회를 빼놓고 과학을 논할 수 없다는 점을 깨달았다. 홍성욱 교수의 지도 학생으로 과사철에 입학하여 언어와 물질의 관계에 관해 고민하게 되었고, 남성성에 대한 문화적인 이해가 결국에는 남성의 몸 자체를 바꾼다는 주장으로 석사 논문을 썼다. 지금은 푸코에 영향받아 주체성의 형성과 자기배려에 관심이 있으며, 특히 오늘날의 주체가 자아를 호르몬과 신경전달물질 중심으로 이해하고 돌보는 경향을 탐구하고 있다. 이 경향은 최근 우울증과 ADHD 같은 정신질환이 급증하는 현상과도 관련이 있다. 논문 「항우울제는 정말로 효과적인가?: 선택적 세로토닌 재흡수 억제제(SSRI) 논쟁과 신유물론의 두 장(場·臟)」(2023)과 「정신병은 왜 증가하는가: 성인 ADHD 유행을 둘러싼 첨예한 논쟁에 관하여」(2024)를 썼다.

참고문헌

- 홍성욱·장하원. 2010. "실험실과 창의성 : 책임자와 실험실 문화의 역할을 중심으로" 《과학기술학연구》 10: 27-71.
- 현재환·홍성욱. 2012. "시민 참여를 통한 과학기술 거버넌스: STS 의 '참여적 전환' 내의 다양한 입장에 대한 역사적 인식론," 《과학기술학연구》 12: 33-79.
- **성한아·홍성욱.** 2012. "개인과 조직 사이에서: 챌린저호 폭발사고에 대한 재해석과 STS-공학윤리의 접점 찾기," 《공학교육연구》 15: 53-60.
- 현재환·홍성욱. 2015. "STS 관점에서 본 위험 거버넌스 모델: 위험분석과 사전주의 원칙을 중심으로," 《과학기술학연구》 15: 281-325.
- 홍성욱. 2018. "가습기살균제 참사와 관료적 조직 문화" 《과학기술학연구》 제18권, pp. 63-127.
- 홍성욱. 2020. "선택적 모더니즘(elective modernism)의 관점에서 본 세월호 침몰 원인에 대한 논쟁" 《과학기술학연구》 20: 99-144.
- 황정하·홍성욱. 2021. "세월호의 복원성 논쟁과 재난 프레임" 《과학기술학연구》 21: 91-138.
- Cohen, G. G. 1978. *Karl Marx's Theory of History: A Defence.* New Jersey: Princeton University Press.
- Fuller. 2000. "Science Studies through the Looking Glass: An Intellectual Itinerary," in Ullica Segerstrale ed., *Beyond the Science Wars: The Missing Discourse about Science and Society,* pp. 185-218. Albany. State University of New York Press.
- MacKenzie. 1984. "Marx and the Machine", *Technology and Culture* 25(3): 473-502.
- Martin, B. 1993. "The Critique of Science Becomes Academic." *Science, Technology, & Human Values* 18(2): 247-259.

옮긴이 후기

구재령

학부 시절 나는 전공 이름이 길면 길수록 소위 정통성이 떨어진다고 생각했다. 수학, 화학, 철학 정도가 안전 범위에 있었으며, '응용'이나 '융합', '시스템'이 붙으면 안 됐고, '한류미디어IT융합전공' 같은 곳은 어떻게든 피해야 했다. 그러던 내가, 이름이 너무 길어서 약자로 불리고, 심지어는 무엇의 약자인지도(!) 합의되지 않은 신생 학문을 공부하게 될 줄은 상상도 못 했다. 아마 나를 포함하여 많은 선배와 동료가 예기치 못하게 STS에 발을 들이게 되었을 것이다. 어느새 우리는 STS의 세계관에 완전히 동화되었고, 오히려 그 밖에서 사고하는 걸 불가능하다고 느낀다.

STS의 의의는 무엇보다도 과학을 색다르게 보도록 하는 데에 있다. 표준국어대사전은 과학을 "보편적인 진리나 법칙의 발견을 목적으로 한 체계적인 지식"으로 정의한다. 이때 STS 학자들은 '진리', '법칙', '지식' 같은 만만찮은 표현들에 압도당하는 대신, 지식은 어떻게 생산되는지, 진리의 지위는 어떻게 획득되는지, 물리 법칙은 어느 역사적 시점에 등장했는지 적극적으로 되묻는다. STS의 관점에서 과학이란 인간을 초월하는 진리가 아니라, 특정한 시대적·문화적 조건에서 이뤄지는 열려 있는 실천이다. 이 실천은 인간뿐만 아니라 다양한 도구, 사물, 동물을 동원하는데, 이들은 서로 관계를 맺음으로써 새로운 형태와 능력을 얻고, 결국 세상을 변화시키는 효과를 낸다. 실천으로서 과학을 이해하는 데에 자연과 사회의 이분법, 혹은 과학과 기술의 엄격한 분리는 방해가 된다.

학분 분야로서 STS의 경계는 모호한 편이다. STS의 자원과 연구자 공동체는 과학사와 과학철학은 물론, 기술사, 사회학, 인류학에 걸쳐 있으며, 최근에는 인공 지능에 주목하는 식으로 관심사를 넓히고 있다. 브뤼노 라투르는 과학이 '자원이 아닌 주제', 즉 과학이 경험적으로 탐구할 수 있는 대상이 되는 모든 곳에서 STS가 팽창한다고 설명한다. STS를 엄격하게 정의 내리기 더욱 어렵게 만드는 요인은 STS가 두 가지 의미로 쓰인다는 사실이다. 하나는 '과학기술과 사회Science, Technology and Society'이다. 과학기술과 사회는 1960년대 미국에서 반핵 운동과 환경주의

같이 과학기술에 대한 정치적인 우려에서 등장하였다. 과학기술이 어떤 사회적 문제를 일으키거나 증폭시키는지 살피며, 과학자의 책임감을 어떻게 기를 수 있는지 고민한다. 다른 하나는 '과학기술학Science and Technology Studies'이다. 과학기술학은 1970년대에 에든버러대학의 과학학 유닛을 중심으로 형성되었으며, 과학 지식의 내용 자체를 사회학적으로 분석하자는 철학적인 동기에서 시작하였다. 근래의 과학기술학은 인식론보다는 존재론, 즉 과학의 현장에서 어떤 물질이 동원되고 또 만들어지며, 나아가 실재reality 자체가 어떻게 주조되는지에 관심이 있다. 심지어 하나의 이름으로 불리는 대상이라도 매번의 사회물질적 수행에 따라 다중의 실재로 실행enact된다고 보는 관점도 있다. 결국 같은 STS 연구자라고 하더라도 출신 전공 분야는 물론, 다루는 주제와 이론적 틀이 넓게 퍼져 있다.

그럼에도 흥미로운 점은 STS를 하는 사람들이 서로를 잘 알아본다는 것이다. 라투르의 표현을 빌리자면 'STS에 감염된STS-infected' 사람들을 가리킨다. 이들은 단순히 '비인간 행위성', '위치 지어진 지식', '내부-작용intra-action'과 같은 난해한 용어를 알아듣는 수준을 넘어, 오늘날의 과학을 필연적인 것으로 받아들이지 않는다는 공통점이 있다. STS의 오랜 슬로건 '달랐을 수도 있다It could be otherwise'는 여전히 STS 사고방식의 근본을 이룬다. 과학은 한 장소와 순간에서 특정한 인간과 비인간, 물질과 담론이 얽히는 실천이며, 실천이 달라지면 실재도 달라진다. 단일하고 보편적인 실재란 존재하지 않는다. 그러므로 STS 학자로서 살아간다는 것은, 유명 물리학자가 '물리학은 우주 전체에서 통용되며 외계인도 우리와 같은 물리학을 한다'고 자신 있게 설명할 때 그와 반대로 외계인의 별난 과학을 상상해 보는 것이고, 어느 진화심리학자가 수컷이나 암컷의 '생물학적 본능'에 대해 가르칠 때 '본능'이라는 게 정확히 어떻게 정의되고 측정되었는지 궁금해하는 것이다. 또 중요한 점은, '달랐을 수도 있다'는 사실이 개입과 변화의 가능성을 수반한다는 것이다. 과학기술의 지금 모습이 필연적이지 않으며 더 견고하고, 공평하고, 민주적으로 바뀔 수 있다는 감각은 원하든 원치 않든 도덕적인 책임감을 부과한다. 이런 점에서 STS는 학문적인 태도뿐만 아니라 일종의 윤리 의식을 공유하면서 연결된 집단을 가리킨다. 여기서 과학기술의 실행과 본성에 대한 '과학기술학' 연구는 사회와 연결되어 다시금 '과학기술과 사회'의 문제의식과 만나게 된다.

물론 한국의 STS가 처해 있는 상황은 여러모로 서구와 다르다. 예를 들어 한국에서는 정치 성향을 막론하고 기후 변화나 진화론을 부정하는 세력이 크지 않다. STS의 자원이 지구 온난화 회의론자나 창조론자에 의해 전용되는 경우도, STS 학자가 그런 논쟁에 휘말리는 경우도 상대적으로 드물다. 다만 동시에 한국은 그만큼 과학주의가 강한 나라다. 단기간에 급속한 산업화와 기술 발전으로 경제 성장을 이룬 만큼, 과학을 모든 문제에 대한 해답으로 보는 실증주의 태도가 굳게 자리 잡고 있다. 국내 STS 공동체도 초기에는 주로 산업화의 방식에 관심 가지며 기술 자립화를 위한 공격적인 산업화 자체는 그다지 문제 삼지 않았다. 오늘날에는 많은 국내 학자가 성장 지향적인 과학관을 비판하며, 과학기술 개발에서 윤리 의식을 제고하자고 외치고 있다. 그러나 여전히 대중과 정치인에게 STS의 발언권은 국가의 과학기술 성장을 늦추지 않는 선에서만 허락되는 것 같다.

현재 국내 STS 공동체가 당면한 임무는 인재를 영입하고 존재감을 키우는 것이다. 그 전략을 구상하기 위해 미국과 유럽의 사례를 참고해 보자. 20세기에 STS가 성장한 이유로 생태계 파괴, 반핵 운동, 비트겐슈타인 철학 같은 맥락적인 설명들이 제시되어 왔다. 그러나 이 책에 실린 인터뷰들을 자세히 들여다보면, 아주 개인적이고 우연한 만남들이 STS의 확장을 견인했음을 알 수 있다. 스티브 울가는 마지막 학기에 수강한 경영 수업에서 마이클 멀케이와 인연을 맺었고, 도널드 맥켄지는 전공과 상관없는 교양 수업에서 배리 반스를 만나 그의 제자가 되었다. 쉴라 재서노프는 환경 변호사로 일하던 중에 남편이 코넬대학에 직장을 얻은 일을 계기로 코넬대학의 도로시 넬킨을 소개받았다. 중학교

물리 교사였던 위비 바이커는 과학교육 혁신 모임에서 우연히 데이비드 에지의 옆자리에 앉았다. 이들을 STS에 입문시킨 것은 모종의 사회문화적 힘보다도 기존 학자들과의 예상치 못한 접촉이었다. 마찬가지로 한국에서도 STS 분야의 규모를 넓히기 위해서는 각지의 젊은 연구자들이 교류할 수 있는 자리를 늘리고, 굳이 STS 전공자가 아니더라도 학회에 참여하고 논문을 낼 수 있도록 격려해야 한다.

나아가 STS 학계는 적극적으로 이 분야의 유용성을 홍보할 필요가 있다. 이 책에 등장하는 인물들은 STS의 잠재력을 두고 넘치는 자신감을 내비친다. 스티브 울가는 STS가 "스스로와 논쟁하고, 스스로를 갱신하고, 새로운 퍼즐, 새로운 호기심, 새로운 현상을 구상하는" 창조적인 특성을 지녔다고 확신한다. 학문적 경계가 유동적인 만큼 틀에 박히지 않은 유연한 사고를 하기 때문이다. 라투르는 STS가 늘 인류세를 준비해 왔고 이제는 '중심 학문'이 되었다고 주장한다. 이전부터 자연과 사회, 이를테면 지질학과 인류학을 구별하지 않는 언어를 발전시켜 왔기 때문에, 인간의 활동으로 인해 새로운 지질시대에 들어섰다고 평가받는 오늘날 가장 시기적절한 접근법을 취한다는 것이다. 물론 중심 학문으로서 입지를 다지기 위해서는 혼자서 튀려고 하기보다는 다른 분과들과 꾸준히 소통해야 한다. 홍성욱은 "고립된 학문은 죽는다"고 강조한다. 재서노프는 학문적 특별함이라는 것이 외딴섬에서 아무도 하지 않는 연구를 하는 게 아니라, 같은 주제를 가지고도 남들이 보지 못하는 것을 보고, 현상을 이해하는 여러 방식들 사이에서 대화하면서 의미를 확보하는 것이라고 말한다. 그렇다면 STS는 외부인이 보기에 난해한 '특이한 학문'을 추구하기보다는, 남들과 나란히 의견을 주고받으며 함께 더 나은 세계를 상상하는 '친절한 학문'을 지향해야 할 것이다.

STS 연구자에게는 적어도 두 가지 큰 강점이 있다. 첫째는 사회 혹은 사회적인 힘을 설명적인 자원으로 여기기보다는, 현장 연구를 통해 해명해야 하는 대상으로 삼는다는 것이다. STS에서 사회는 이미 구획된 하나의 영역이 아니라 이종적인 연합들이 만들어 내는 효과이다.

연구자들은 '자본주의', '계급', '의료 권력', '국제화' 같은 거시 개념에 인도되는 대신 현장 속의 미시적이고 지저분한 작용들을 꼼꼼히 기술하는 방식으로 권력 차이가 어떻게 물질로부터 발생하는지 분석한다. 기존 사회학이 사회 이론과 경험적 연구를 구별하는 경향이 있다면, STS는 늘 사례 연구로부터 이론을 도출하는 것이다. 이렇게 훈련받은 STS 연구자들은 틀을 벗어나는 사고에 특화되어 있으며, 인류세나 과학기술 재난, 시험관 아기, 인공 지능 책임성 같이, 자연과 사회 사이의 전통적인 경계를 와해하는 사건과 마주하여도 결코 당황하지 않는다. 이것이 STS가 끊임없이 자기 혁신을 해 올 수 있던 동력 중 하나이다.

둘째로, STS 학자는 늘 연구자로서 자신의 위치에 대해 성찰한다. 페미니스트 과학기술학자 도나 해러웨이에 따르면 객체와 거리를 두고 독립적·중립적으로 관찰하는 주체의 관념은 허상에 불과하다. 보는 행위는 말 그대로 '보기만 하는' 행위가 아니라, 특수한 위치에서 현장과 상호 작용하고 주변을 재조직하는 활동이기 때문이다. 이런 문제 의식에서 2021년 과사철 출신 네 명의 STS 학자는 각자의 현장 연구 경험을 기술하는 책 『겸손한 목격자들』을 공동 저술하기도 했다. 이들은 외부에서 현장을 투명하게 목격하기보다는, 어떻게 그 일부로 '연루되어', "다른 행위자들 그리고 현장과 연결되었는지" 상세하게 드러내고 그 함의를 논한다. 이 중 한 명의 연구자는 성형 수술의 현장을 참여관찰하기 위해 아예 성형외과 직원으로 취직하여 3년 동안 근무했다. 그는 한편으로 조직의 '현지인'으로서 내부 자료에 쉽게 접근할 수 있었지만, 다른 한편으로는 병원 업무로 바쁘거나 조직 내 갈등에 휘말려서 관찰 연구에 제약을 받았다고 시인한다. 이처럼 현장 연구자로서 자신의 특수한 위치와 책임을 인정하면서도 그로부터 최대한의 앎을 추구하는 태도가 해러웨이식 '겸손함'이고, 재서노프가 말하는 "스스로와 논쟁하고 스스로를 갱신하는" 힘이라고 할 수 있다.

어느 분야의 훌륭한 연구자가 되기 위해서는 그 분야의 미래를 전망하는 것과 더불어 과거를 공부해야 한다. 이 책은 STS라는 분야를 만들어 나간 주요 인물들을 통해 STS가 어떻게 등장하고, 성장하고, 심지어 어떤 갈등을 겪었는지 생생하게 전달한다는 점에서 의의가 있다. 같은 주제를 두고도 인터뷰한 인물들의 말이 어떻게 각기 다른지 찾아내는 것도 나름의 재미가 있다. 예를 들어 홍성욱은 대학원생 때 『실험실 생활』을 조금 읽고 치워 버렸다고 솔직하게 고백한다. 콜린스는 『실험실 생활』과 행위자 네트워크 이론 때문에 STS 분야의 진입 장벽이 낮아졌다며 미묘한 비판을 가한다. 한편 라투르는 『실험실 생활』의 인기가 금방 시들 줄 알았지만 여전히 인세가 쏠쏠하게 나온다고 은근슬쩍 자랑한다. 독자에게 건네는 조언도 제각기 다르다. 바이커와 맥켄지는 한 살이라도 더 어릴 때 과학을 전문적으로 공부해 놓아야 한다고 경고하며 문과생 독자들의 가슴을 철렁이게 만드는데, 다행히도 홍성욱은 이공계 출신이 아니더라도 공부하는 자세만 돼 있다면 기술적인 독해력을 키울 수 있다고 다독인다. 이런 역동적이고 상충하는 면모들이야말로 살아 있는 STS 내지는 '만들어지고 있는 STSSTS-in-the-making'라고 말할 수 있겠다. '만들어지고 있는 STS'를 내부에서 목격하는 경험은 STS를 전공하는 학생뿐만 아니라 STS가 도대체 무엇인지 궁금해하는 모두에게 가치를 지닌다. 이 책이 더 많은 사람을 STS에 '감염'시킬 수 있기를 희망해 본다.

찾아보기

게리 워스키Gary Werskey	115
데이비드 블루어David Bloor	11, 14, 24, 31, 36, 39, 40, 43, 54, 68, 86, 87, 89, 90, 108, 132, 136, 138, 139, 141, 162, 167, 173, 189, 191, 197, 224, 266
데이비드 에지David Edge	11, 23, 24, 29~31, 35, 37, 38, 87~91, 108, 109, 111, 112, 132, 133, 138, 139, 159, 171, 173, 174, 192, 224, 225, 286
데이비드 헤스David Hess	18, 241
도널드 맥켄지Donald MacKenzie	5, 24, 30, 31, 35, 41, 87, 89~91, 106~129, 151, 168, 173, 224, 226, 260, 261, 264, 285, 288
도로시 넬킨Dorothy Nelkin	64, 192, 285
도미니크 페스트르Dominique Pestre	48, 49
래리 라우든Larry Laudan	139, 141, 266
로버트 머튼Robert Merton	9, 22, 24, 97, 98, 136~138, 162, 169, 171~173, 266
로이 맥클로드Roy MacLeod	23, 87, 133, 138
로제 기유맹Roger Guillemin	30, 136
루스 슈워츠 코완Ruth Schwartz Cowan	110, 113, 114
루트비히 비트겐슈타인Ludwig Wittgenstein	25, 40, 138, 158, 162, 165~167, 173, 285
리바이 스트라우스Levi Strauss	50
마이클 멀케이Michael Mulkay	24, 29, 30, 87, 89, 131~134, 153, 159, 173, 174, 175, 221, 285
말콤 애쉬모어Malcolm Ashmore	67, 89, 134
미셸 칼롱Michel Callon	21, 22, 24, 40, 48, 50, 53~55, 86, 189, 192, 193

배리 반스Barry Barnes	11, 24, 30, 31, 34, 87, 89, 90, 108, 132, 136, 167, 189, 191, 192, 197, 199, 224, 285
브라이언 윈Brian Wynne	6, 24, 67, 177, 188~217
브뤼노 라투르Bruno Latour	5, 10, 11, 16, 21, 23, 24, 28~59, 67, 76, 86, 87, 94, 111, 113, 115, 124, 125, 129, 136~138, 140, 152, 155, 169, 170, 172, 176, 181, 189, 192~194,, 198, 200, 221, 223, 228, 230, 237, 262, 265, 266, 273, 283, 284, 286, 288
비비안 월시Vivian Walsh	55
사이먼 섀퍼Simon Schaffer	17, 24, 34, 36, 51, 94, 114, 193, 224, 264
샤론 트래윅Sharon Traweek	113, 138, 140
쉴라 재서노프Sheila Jasanoff	16, 18, 25, 60~79, 177, 198, 199, 207, 285~287
스티브 울가Steve Woolgar	6, 23, 24, 29, 30, 33, 36, 54, 59, 87, 89, 94, 115, 129, 130~155, 172, 173, 192, 221, 262, 285, 286
스티브 이얼리Steve Yearly	24, 67, 89
스티븐 셰이핀Steven Shapin	11, 17, 30, 34~36, 46, 94, 114, 115, 150, 168, 173, 174, 191~193, 197, 199, 224, 264
아델 클라크Adele Clarke	5, 25, 218~255
앤드류 피커링Andrew Pickering	24, 89, 138, 173, 264
앨런 어윈Alan Irwin	146, 241
위비 바이커Wiebe Bijker	13, 14, 25, 82~105, 113, 141, 176, 263, 286, 288
이언 해킹Ian Hacking	32, 265, 266
임레 라카토슈Imre Lakatos	167
제프 로빈슨Geoff Robinson	143

존 로John Law	21, 23, 24, 53, 87, 89, 238
주디 와익먼Judy Wajcman	91, 114
카린 크노르세티나Karin Knorr-Cetina	23, 24, 36, 113, 137, 169, 175, 194, 221
칼 포퍼Karl Popper	166, 167, 191, 265
토머스 쿤Thomas Kuhn	24, 40, 94, 136, 138, 158, 190, 191, 233, 258, 262, 265
토머스 휴즈Thomas Hughes	88, 113
트레버 핀치Trevor Pinch	13, 14, 25, 31, 62, 67, 86, 88, 89, 91, 99, 113, 141, 164, 173, 263
피터 윈치Peter Winch	25, 158, 162, 165, 166
필리프 데스콜라Philippe Descola	50
해리 콜린스Harry Collins	13, 19, 20, 23, 25, 31, 36, 40, 67, 86, 87, 89, 91, 92, 132, 133, 136, 138, 156~185
홍성욱	13, 40, 59, 164, 256~281, 286~289

《과학기술과 인간의 가치 Science, Technology and Human Values》	113, 221
《과학의 사회적 연구Social Studies of Science, 3S》	23, 35, 87, 89, 96, 113, 133, 138, 149, 159, 178, 191, 221, 224, 225, 228, 234, 276
《과학학Science Studies》	23, 113, 133, 159
《동아시아 과학, 기술, 사회East Asian Science, Technology and Society, EASTS》	236
《런던 리뷰 오브 북스London Review of Books》	36, 117, 123, 128
《북유럽 STS 학술지Nordic Journal of Science and Technology Studies, NJSTS》	189

《아이시스Isis》	110
『골렘The Golem』	25, 163, 164, 183
『과학이 만드는 민주주의Why Democracies Need Science』	169
『과학혁명의 구조The Structure of Scientific Revolutions』	158, 258, 262
『관찰된 과학Science Observed』	175, 221
『기술 시스템의 사회적 형성The Social Construction of Technological Systems』	88, 113
『기술의 사회적 형성The Social Shaping of Technology』	91, 111, 114, 263
『리바이어던과 공기 펌프Leviathan and the Air-Pump』	17, 24, 94, 193, 224
『불복종 세대The Disobedient Generation』	135
『사회과학이라는 개념The Idea of a Social Science』	158, 166
『실험실 생활Laboratory Life』	24, 30, 31, 54, 57, 59, 94, 115, 129, 135, 155, 176, 221, 262, 288
『아라미스Aramis, or the Love of Technology』	54
『영국의 통계학Statistics in Britain』	116
『자연적 질서Natural Order』	192, 199
『젊은 과학의 전선Science in Action』	192, 199
『정확성 발명하기Inventing Accuracy』	119
『중력의 유령Gravity's Ghost』	179
『지식과 사회의 상Knowledge and Social Imagery』	14, 36, 224
『지식과 성찰성Knowledge and Reflexivity』	134

『지식의 상태States of Knowledge』	75
『지식의 생태학Ecologies of Knowledge』	222, 237
『질서의 변동Changing Order』	166

4SSociety of Social Studies of Science	7, 22, 23, 29, 38, 68, 77, 87, 93, 99, 103, 111, 120, 140, 142, 153, 171, 172, 176, 183, 220, 221, 225, 228, 229, 232, 240, 242, 246
EASST유럽과학기술학협회	86, 93, 99, 221, 225
SCOTSocial Construction of Technology, 기술의 사회적 구성	13, 14, 25, 67, 72, 74, 83, 86, 88~91, 95, 96, 113, 141, 263, 269
SSKSociology of Scientific Knowledge, 과학지식사회학	10~12, 14, 17, 18, 23, 24, 30, 34, 66, 67, 72, 86, 87, 89, 92, 97, 98, 108, 114, 125, 126, 133, 141, 162, 169, 170, 172, 173, 176, 177, 189~192, 194, 196, 197, 199, 211, 214, 269
TEA 레이저	20, 132, 157, 158, 160~162, 169
경계물boundary object	15, 16, 237
경영학	148, 150, 152
경제사회 연구 협의회Economic and Social Research Council, ESRC	142
경제학	5, 23, 35, 41, 66, 70, 73, 94, 121, 126, 140, 178
공공 영역에서의 과학지식사회학Sociology of Scientific Knowledge in Public Arena, SSKiPA	191, 192, 194, 196, 197
공동생산co-production	16, 17, 71, 75, 76, 77, 199~201

공학	5, 33, 83, 100, 123, 128, 131, 132, 231, 234, 241, 257, 264, 266
과학 전쟁science wars	12, 164, 176, 194, 229, 269
과학 정보 연구소Institute for Scientific Information	171
과학과 민주주의 네트워크Science and Democracy Network, SDN	73
과학사	33, 34, 48, 49, 93~95, 103, 110, 111, 135, 150, 190, 191, 220, 257~260,, 264, 265, 270~272, 280, 283
과학사 및 과학철학 협동과정	12, 257, 259, 260, 262, 264, 270, 271, 280, 287
과학사학회History of Science Society, HSS	95, 192, 222
과학사회학	9, 10, 14, 22~24, 30, 38, 40, 92~95, 97, 98, 103, 108, 113, 132, 134, 135, 137, 138, 140, 146, 149, 171, 174, 176, 178, 183, 189~191, 215, 221, 223, 227
과학의 사회적 책임을 위한 영국협회British Society for the Social Responsibility in Science, BSSRS	107, 112

과학정책 연구 유닛Science Policy Research Unit, SPRU	53, 94, 109, 133, 150
과학철학	10, 13, 49, 93, 94, 103, 137, 138, 166, 190, 191, 260, 265, 270~272, 283
과학학 유닛Science Studies Unit	11, 12, 29, 47, 68, 83, 107~109, 114, 115, 128, 134, 138~140, 149, 150, 162, 171, 173, 192, 223, 225, 284

과학학과	12, 13, 113, 157, 257, 272, 275, 280
국제응용시스템분석연구소 International Institute for Applied Systems Analysis, IIASA	194~197
군산 복합체	190
규범	9, 10, 77, 92, 97~99, 170, 173, 180, 189, 197, 198, 204, 207, 209, 211, 212
근대성	62, 126, 269
금융	16, 70, 73, 107, 116, 119, 121, 123, 124, 126, 128, 147, 148, 151
기술 시스템	113, 122
기술사학회Society for the History of Technology, SHOT	95, 102, 103, 222
기술학technology studies	240
기후 회의론	43, 45, 52
논쟁 연구	17, 42, 75, 160, 169, 170, 264
담론	10, 16, 71, 76, 131, 134, 175, 229, 234, 240, 280, 284
대중	7, 43, 44, 48, 67, 77, 116, 117, 123, 128, 146, 164, 177, 189, 192, 193, 196, 197, 199, 205, 208~210, 212, 213, 215, 225, 231, 243, 257, 269, 285
대칭(성)	11, 15, 21, 57, 75, 90, 180
디스토피아	168, 177
마르크스주의	31, 74, 115, 152, 180, 193, 226, 258, 262, 263
물리학	87, 89, 103, 107, 126, 163, 164, 178, 193, 194, 226, 257~259, 265, 284

미국국립과학재단National science Foundation, NSF	64, 68, 163, 240
미래	18, 51, 61, 71, 72, 76, 83, 93, 99, 100, 124, 150, 153, 195, 219, 227, 228, 235, 236, 239, 242~245, 264, 272, 273, 275, 277, 287
민주주의	77, 169, 172, 189, 193, 198, 208, 212, 238, 258
바스대학교	86, 111, 132, 133, 163, 173
박사 과정	58, 63, 108, 110~112, 114, 124, 128, 132, 134, 153, 160, 169, 190, 224, 230, 242, 259, 260, 271, 275
반실재론	194
방법론	10, 13, 14, 17, 30, 33, 74~76, 113, 114, 138, 140, 161, 168, 169, 194, 233~235, 238, 243, 266, 267, 277
블랙박스	10, 13, 18, 74, 119, 123, 198, 211
비인간	5, 11, 16~18, 21, 22, 24, 122, 181, 193, 198, 284
비판	18, 29, 38, 39, 44~47, 62, 72, 74, 76, 89, 98, 119, 120, 131, 136, 144, 151, 152, 153, 164, 165, 167, 168, 176, 178, 190, 192, 198, 200, 205, 206, 215, 229, 230, 235, 236, 241, 258, 266, 280, 285, 288
비판 연구	76
사회 운동	83, 84, 110, 135, 223, 225, 258, 260, 261, 262, 273, 274

사회과학	5, 12, 29, 32, 33, 39~43, 46~48, 51, 52, 73, 75, 77, 97, 100, 124, 125, 128, 143~145, 178, 198~200, 211, 223, 228, 232, 235, 241, 243, 272
사회구성주의	18, 40, 74, 91, 95, 125, 138, 141, 265~267, 273
사회기술적 상상sociotechnical imaginary	18~19, 71, 77
사회적 구성물	141
사회주의	226, 262
상대주의	43, 45, 50, 75, 163, 164, 169
상대주의의 경험적 프로그램Empirical Program of Relativism, EPOR	10, 13, 14, 91
상호작용적 전문성interactional expertise	157, 166
생명 윤리	211, 212, 241
생태 위기	29, 37
생태학	16, 32, 41, 48, 201, 214, 227, 234, 237
서식스대학교	53, 94, 109, 133, 139
석사 과정	100, 101, 158
성찰(성)reflexivity	11, 15, 33, 75, 144, 145, 192, 193, 198, 199, 211, 234, 237, 287
소크 연구소Salk Institute	30, 136, 170, 171
수학	35, 77, 107, 109, 111, 115, 116, 122, 126~128, 131, 151, 178, 195, 283
스트롱 프로그램Strong Program	10~15, 17, 21, 36, 68, 75, 90, 108, 109, 125, 133, 167, 173, 189~193, 266, 269
시앙스포Sciences Po, 파리정치대학	48, 57
신자유주의	73, 226, 229, 232, 241

실험자의 회귀	19, 170
실험실	24, 30, 36, 43, 49, 70, 75, 77, 114, 136~138, 140, 157, 158, 169, 170, 183, 194, 197, 201, 259, 267, 268, 280
알고리즘	126, 151
암묵지tacit knowledge	7, 20, 157, 159, 160, 162, 165, 179
에꼴데민École Nationale Supérieure des Mines de Paris, 파리국립광업학교	24, 48, 53, 57, 221
에든버러 학파	10~14, 24, 30, 32, 34, 37, 39, 40, 89, 92, 97, 189~191
에든버러대학교	11, 12, 57, 58, 68, 103, 107, 112, 128, 134, 153, 190, 191, 193, 199, 215, 223, 224, 247, 284
에식스대학교	157, 158, 160
에토스	9, 39, 109, 172
연구 평가 연습research assessment exercise, RAEs	146
옥스퍼드대학교	58, 139, 146, 153
요크대학교	103, 132~134
위험	19, 119, 141, 142, 146, 165, 178, 181, 189, 194, 197, 200~205, 208~210, 213, 215
위험 평가	189, 201~205, 208~210, 213, 215
유럽 식품 안전청EFSA	200, 201
유전자 변형 작물GMO	180, 201~203, 205, 210, 214
의료사회학	70, 220, 221, 240, 243, 246, 247
의학	12, 23, 38, 49, 50, 57, 58, 69, 77, 131, 153, 154, 231, 232, 235, 237

인공 지능	23, 163, 165, 179, 267, 280, 283, 287
인류세	5, 37, 45, 52, 55, 286, 287
인류학	30, 32, 33, 35, 36, 37, 38, 41, 42, 46, 49, 50, 57, 69~71, 84, 136, 137, 189, 194, 211, 246, 272, 283, 286
인문학	5, 11, 13, 33, 34, 38, 51, 73, 77, 100, 124, 125, 176, 181, 198~200, 211
인식적 관대epistemic charity	72
재생산	61, 118, 219, 220, 224, 229, 232, 233, 235
정책	18, 53, 77, 85, 94, 98, 99, 109, 120, 122, 123, 145, 151, 154, 157, 189, 190, 192, 194, 196, 197, 200, 201, 203, 204, 207~210, 221, 226, 231, 246, 247, 259, 272, 274
정치적 전환	180, 189, 190, 199
제3의 물결Third Wave	92, 165, 168, 172, 178, 179
제삼 세계	261
젠더	37, 62, 73, 114, 219, 220, 233, 235, 236, 239, 242, 265, 274
종신 교수직tenure, 테뉴어	65, 270
주식 시장	115, 116, 124
지식 사회knowledge society	74
지원금	47, 48, 66, 111, 165, 240
컬럼비아대학교	221
케임브리지대학교	132, 183, 190, 212, 215
코넬대학교	23, 29, 57, 61~64, 77, 87, 163, 172, 183, 198, 285
탈비판post-critique	45

탈식민주의	21, 233, 235~239
토론토대학교	257, 262, 264, 269, 280
트벤테대학교	84~86, 103
패러다임	40, 42, 158, 211, 222, 233, 262
페미니스트 STS	219, 220, 227, 229, 232, 239, 240, 242
페미니즘	25, 49, 52, 53, 114, 118, 198, 219, 222, 225, 229, 232, 236, 238, 240~242
하버드대학교	57, 63, 77, 157
학회 세션	232
한국과학기술학회	270
해석적 유연성interpretive flexibility	13, 91, 96, 168
핵심 집단core set	132, 221, 231, 272
행위자 네트워크 이론Actor-Network Theory, ANT	10, 17, 21, 23, 24, 40, 53, 67, 69, 96, 115, 116, 125, 144, 157, 176, 181, 198, 234, 266, 267, 269, 273, 288
혁신사회학연구센터Centre de Sociologie de l'Innovation, CSI	53, 57, 221
현장 연구	30, 40, 57, 101, 113, 121, 137, 153, 214, 276, 286, 287

과학에 도전하는 과학:
과학기술학(STS)을 만든 사람들

처음 펴낸 날 2024년 10월 1일

지은이 브뤼노 라투르 외
엮고 옮긴이 홍성욱, 구재령

펴낸이 주일우
편집 이유나
디자인 cement

펴낸곳 이음
출판등록 제2005-000137호
(2005년 6월 27일)
주소 서울시 마포구 토정로 222
한국출판콘텐츠센터 210호
전화 02-3141-6126
팩스 02-6455-4207
전자우편 editor@eumbooks.com
홈페이지 www.eumbooks.com
인스타그램 @eum_books

ISBN 979-11-94172-04-8(93400)
값 25,000원